パルスパワーの
基礎と産業応用

環境浄化、殺菌、材料合成、医療、農業、食品、生体、エネルギー

監修 堀越 智

NTS

図4 水中に置かれたコンクリート(左側)にパルスパワーを印加した後,並べられた小石や砂利(右側)(P.5)

図6 床の上に置かれたアース電極と約10mの電線の間にパルスパワーを印加した時の放電光(P.5)

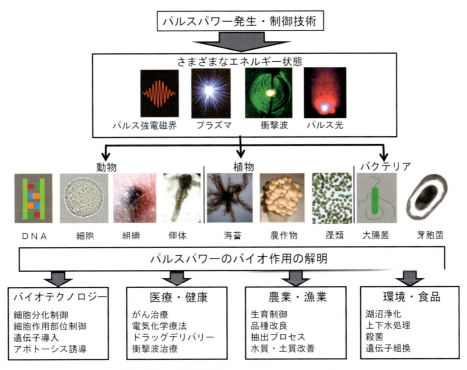

図9 異分野融合新学術分野であるバイオエレクトリクス(P.7)

(A) ドレイン電圧 10 kV, ドレイン電流 255 A, 矩形波出力時の波形

(B) ドレイン電圧 10 kV, ドレイン電流 12.8 A, 矩形波出力時の波形

 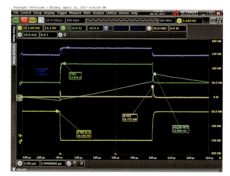

(C) ドレイン電圧 4 kV, ドレイン電流 135 A, 330 kHz での振動波出力時の波形

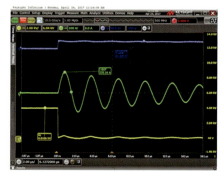

各波形写真において, 黄色はドレイン電圧で(A), (B)は 5 kV/div, (C)は 2 kV/div。緑はドレイン電流で, (A), (C)は 100 A/div, (B)は 10 A/div。青はトリガ信号で 50 V/div。時間軸は全て 2 μs/div

図2　13 kV SiC-MOSFET の評価試験結果(P.19)

(A) アノード電圧波形

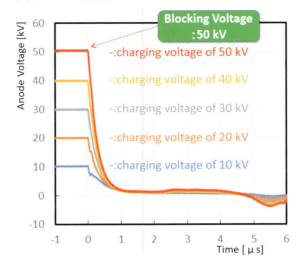

(B) アノード電流波形

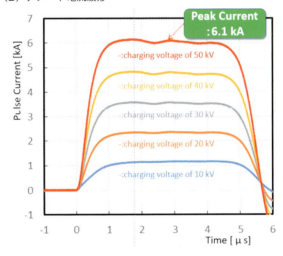

図6　50 kV SI サイリスタスイッチ（P.23）

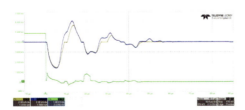

緑はアノード電圧，1 kV/div。青は負荷電流，2 kA/div。茶はアノード電流，2 kA/div。時間軸は 10 μs/div

図9　MOS ゲートサイリスタ基板の評価試験結果（P.24）

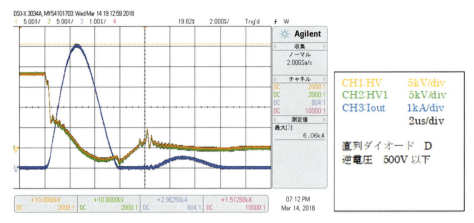

MOSゲートサイリスタ基板を5直列2並列構成。緑と黄はアノード電圧，5 kV/div。青は負荷電流，1 kA/div。時間軸は2 μs/div。18 kVp，6 kApの出力が50 Hzの繰り返しで得られている

図11　MOSゲートサイリスタユニット評価試験結果（P.25）

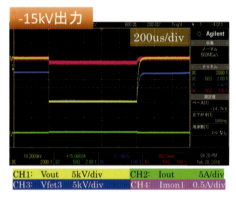

CH1（黄）は出力電圧（5 kV/div）であり，ピーク電圧は15 kV。CH2（緑）は出力電流（5 A/div）であり，ピーク電流は0.2 A。時間軸は200 μs/divであり，出力電圧のパルス幅は1 ms。15 kVp，0.2 A，1 msのパルスを25 Hzの繰り返しで発生している

図13　13 kV SiC-MOSFETを使用したスイッチの評価試験結果（P.26）

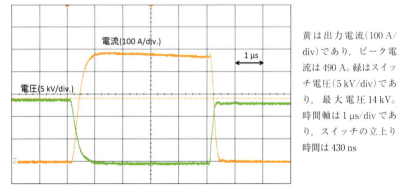

黄は出力電流（100 A/div）であり，ピーク電流は490 A。緑はスイッチ電圧（5 kV/div）であり，最大電圧14 kV。時間軸は1 μs/divであり，スイッチの立上り時間は430 ns

図15　13 kV SiC-MOSFETを使用したスイッチの評価試験結果（P.26）

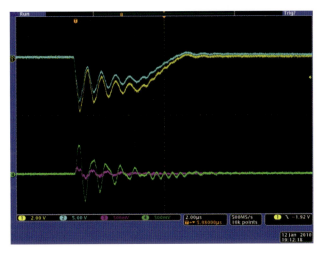

CH1(黄)は出力電圧で 4 kV/div でピーク電圧 4.5 kV。CH3(赤)は出力電流で 10 A/div でピーク電流が約 2 A。横軸は 2 μs/div。負荷インピーダンスが引くと，パルストランスの浮遊容量，浮遊インダクタンスの影響で出力波形が振動してしまう

図 18　パルストランスを使用した場合の電子銃電源の出力波形例(P.28)

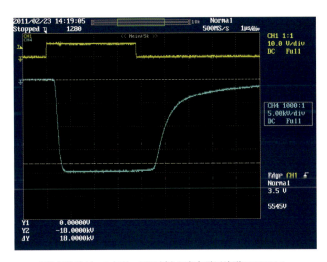

CH1(黄)はゲート信号。CH4(青)が出力電圧波形で 5 kV/div。ピーク電圧は 20 kVp。横軸は 1 μs/div。パルス幅 4.5 μs。出力波形に振動は見られず，立上りも早い

図 21　電子銃電源の出力電圧波形(負荷抵抗 1 kΩ 接続時)(P.29)

(A) 外観写真

(B) 出力波形。青は出力電圧(20kV/div)であり、最大電圧-100kV。黄は出力電流(50A/div)であり、最大電流88A。赤はゲート信号。時間軸は20μs/divであり、パルス幅は100μs

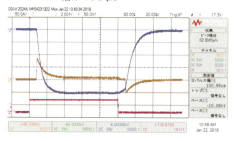

MARX 段数 40 段、出力電圧 100 kVp、出力電流 10 Ap、パルス幅 150 μs、繰返し 10 Hz

図 22　半導体 MARX 回路を使用した中性子発生装置用パルス電源（P.31）

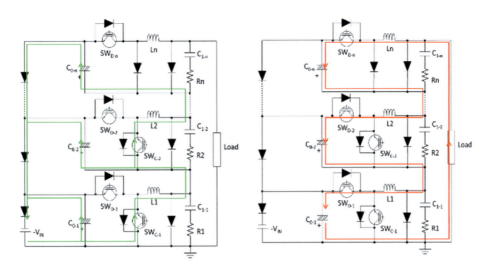

充電時は左の図の充電用スイッチ SWc-1，SWc-2 などが導通状態になり，緑の線に沿ってコンデンサ Co-1，Co-2 などに並列に充電される。放電時には充電用スイッチはすべてオフになり，放電用スイッチ SWd-1，SWd-2 などが導通することにより全てのコンデンサを直列に放電する

図 32　MARX 基板の充電時と放電時の電流の流れ方(P.36)

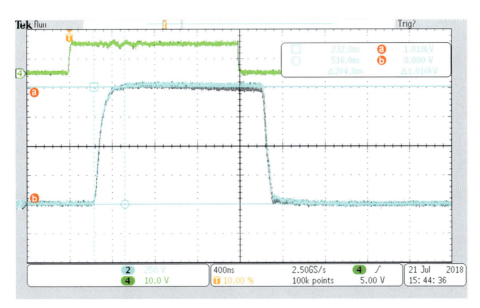

負荷抵抗 5Ω 接続時の出力電圧波形。
(青)：波形補正有り時の出力電圧波形　2.5 kV/div。ピーク電圧 10 kV
(灰)：波形補正無し時の出力電圧波形　2.5 kV/div。ピーク電圧 10 kV
(緑)：ゲート信号
補正回路を活用することにより出力電圧波形の平坦性が改善されている

図 38　J-PARC RCS キッカー用 LTD 電源の出力電圧波形(P.39)

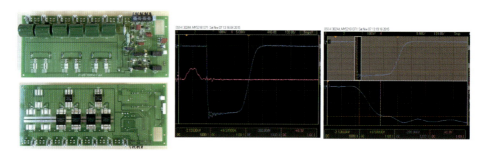

左側の写真は MARX 基板の表面(上)と裏面(下)。中央の青色の波形は出力電圧波形。縦軸は 100 V/div。横軸は 100 ns/div。右側の写真は立上り部分を拡大したもの。横軸は 5 ns/div で立上り時間は 7 ns

図 42　超高速 MARX 基板とその出力電圧波形(P.42)

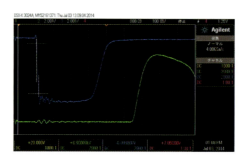

青色の波形は負荷抵抗 50 Ω 接続時の出力電圧波形。縦軸は 2 kV/div でピーク電圧は 9.4 kVp。横軸は 100 ns/div で立上り時間は 20 ns

図 43　超高速 MARX 基板 16 段を使用した HV ユニットの出力電圧波形(P.42)

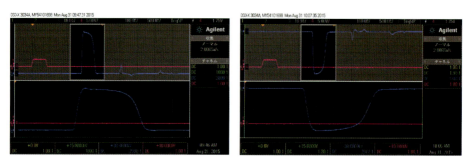

左側の青色の波形は正極性出力電圧波形。右側の波形は負極性出力電圧波形。両方とも縦軸は 10 kV/div。横軸は 100 ns/div。正極性，負極性ともピーク電圧は 60 kV で立上り時間は 40 ns。従来方式のパルストランスに比べて極めて高速の立上りを得ている

図 44　電圧重畳用パルストランスの出力電圧波形(P.43)

① 10ms/div (Burst Repetition 50ms)　　② 100μs/div (Burst 45kHz, 45 shots)

③ 200ns/div

黄の波形は図46の一次コンデンサC1の充電電圧波形で500 V/div。赤の波形は出力電圧波形で10 kV/div。45 kHzのバースト周波数で45発のパルスを出力する運転を20 Hzで繰り返している。①の波形で20 Hzの繰り返しが確認できる。②の波形で45 kHzで45発のパルスが確認できる。③で出力電圧60 kVpで立上り時間30 nsであることがわかる

図47　SOS方式高電圧パルス電源の出力電圧波形（P.44）

(a) DC+5 kV

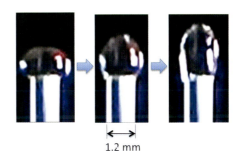

図22　正弦波交流電圧の重畳により変形する水滴の写真（P.63）

(b) DC+7 kV

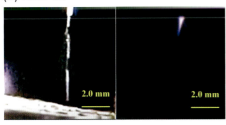

図20　直流電界下で針先から放出される水滴の高速度撮影写真（1/1000秒）と放電光の長時間露光写真（30秒）（P.62）

口-9

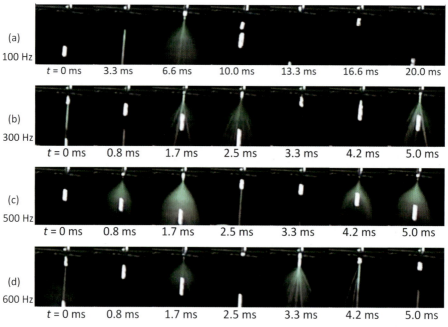

図23　DC＋6 kV に ac 3 kV を重畳したときの水滴の高速度撮影写真（P.64）

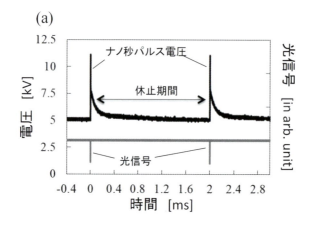

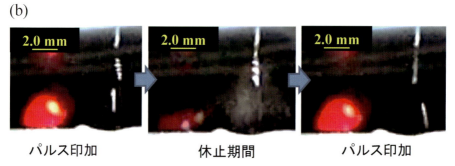

図24　DC＋5 kV に振動型インパルスを重畳したときの光信号と水滴の高速度撮影写真（P.64）

(a) 直接作用　　　　　　　　　(b) 間接作用

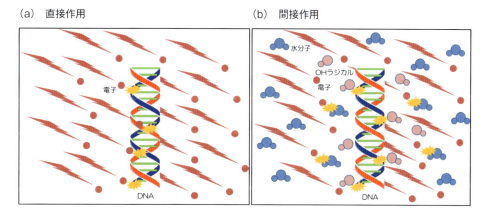

図1　電子線による滅菌メカニズム（P.68）

図7　電場の有無によるいちごの保存状態の差異（P.111）

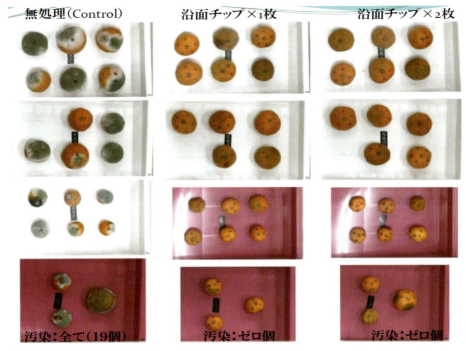

(保存期間：7日間)

提供：林信哉（九州大学大学院総合理工学研究院）

図8　沿面放電オゾナイザを用いたみかんの鮮度保持（P.112）

提供：柳生義人（佐世保工業高等専門学校）

図9　ベルトコンベア型プラズマ殺菌装置（P.113）

(a) 電場あり　　　　　(b) 電場なし

図14　チルド保存7日後のウニの様子(P.115)

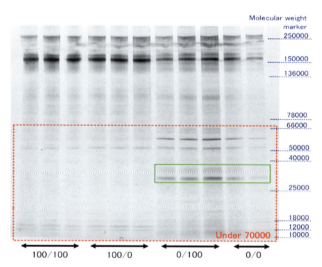

図16　漏えいタンパクのゲルの泳動像
　　　（100：電場あり，0：なし）(P.115)

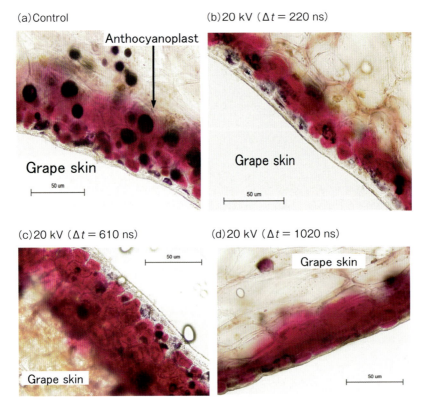

図19 印加電圧のパルス幅とブドウ表皮細胞の状態変化の様子（P.117）

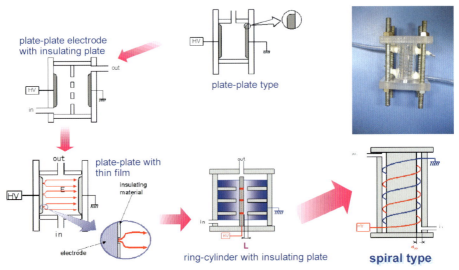

Local region of high-concentrated electric field seems to be effective for PEF inactivation. It is important to operate PEF inactivation without discharge plasma.

図3 パルス殺菌処理槽（電極形状）の変遷（P.125）

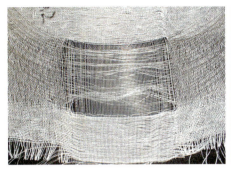 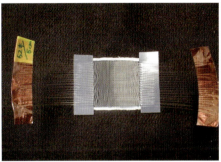

図5 タングステンワイヤーを織り込んだ織物（左）と
パルス殺菌のための織物電極の作製（右）（P.126）

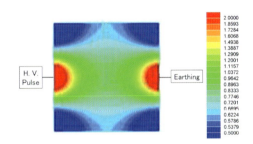

図16 図15における電界強度
シミュレーション（P.131）

(a) トマト栽培全体　　　　　　(b) 根の観察

 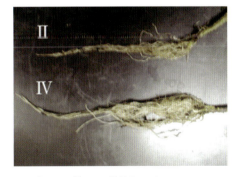

図21 栽培7週間後のトマト苗IIおよびトマト苗IVの様子（P.134）

(a)電極間の状態

(b)放電発光

図4 水中の乾燥大豆で発生した放電の発光(P.142)

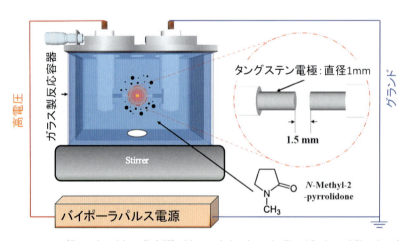

(Reproduced from Ref. 15) with permission from the Royal Society of Chemistry)

図4 ソリューションプラズマのセットアップの模式図(P.160)

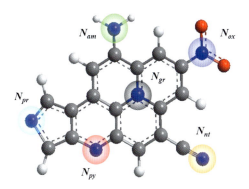

図7 カーボンに含まれる窒素の化学結合状態の模式図（P.162）

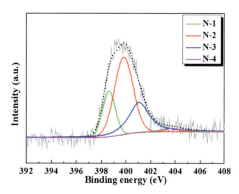

（Reproduced from Ref. 15）with permission from the Royal Society of Chemistry）

図8 NMPから合成したカーボンのXPS N 1s スペクトル（P.162）

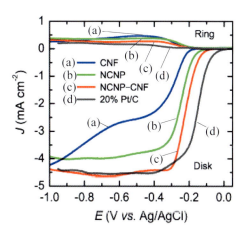

（Reproduced with permission from ref. 18）Copyright 2016 ACS）

図13 未処理のCNF単体，NCNP単体，SPで合成したカーボン複合体（NCNP-CNF）のLSV曲線（P.165）

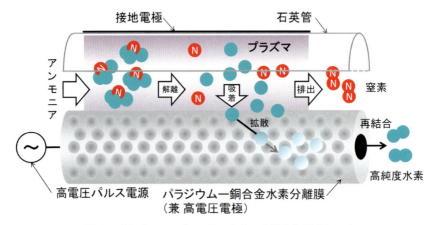

図8 プラズマメンブレンリアクターの構造と原理(P.172)

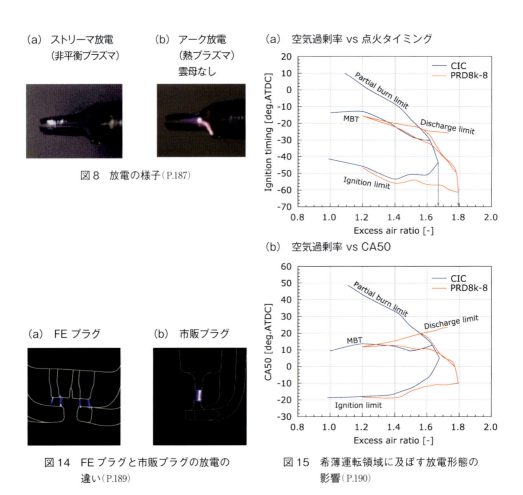

図8 放電の様子(P.187)

図14 FEプラグと市販プラグの放電の違い(P.189)

図15 希薄運転領域に及ぼす放電形態の影響(P.190)

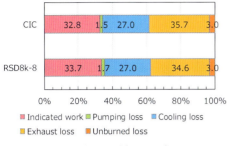

図17 熱収支の比較（$\lambda=1.6$）(P.190)

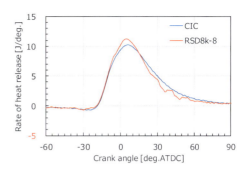

図18 MBTにおける熱発生率（$\lambda=1.6$）(P.190)

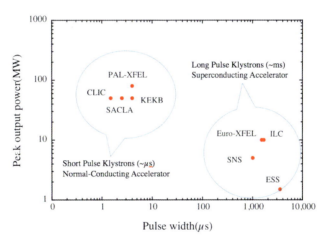

図1 高エネルギー線形加速器で使われているクライストロンを出力ピーク電力とパルス幅で分類(P.197)

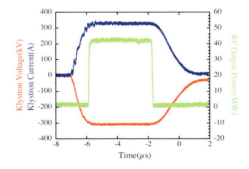

図3 クライストロンの電圧，電流，RF波形(P.198)

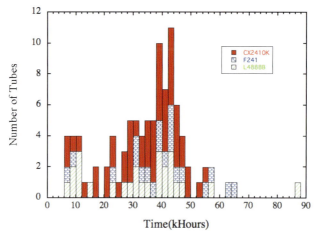

図4 サイラトロンの寿命分布(P.199)

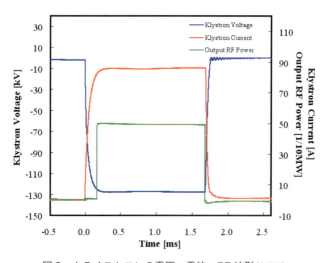

図8 クライストロンの電圧,電流,RF 波形(P.201)

発刊にあたって

　読者の皆様は「パルスパワー」という言葉を聞いて何を想像されるであろうか？　本書の著者の一人である江先生の書物を参考にすると，パルスパワーとは電磁エネルギーの操作に関する学問であり，その歴史は，核融合の関連研究で萌芽期を迎え，高出力レーザーや高エネルギー粒子ビームの関連研究で成長期・成熟期を経過し，現在では材料や環境などの関連研究で進化期を迎えようとしている。基礎を確立した現在，パルスパワー技術は利用分野の普及と浸透のステージにあると考えられる。この技術は，大エネルギーを極短時間でパルス的に印加することから，熱が発生する前に仕事を完結することができる。ごく短時間で電磁エネルギーの臨界場を作り出すことができるため，たとえばエクセルギーの高い電磁波を，エクセルギーの低い熱に変換される前に利用できる。このような高度なエネルギーの利用法は他にはなく，アイディア次第では革新的なプロセス利用を構築できる。一例として，この技術をプラズマに利用した分野では，環境保全，殺菌，乾燥，モノづくり，医療，生物，エネルギー獲得への応用がすでに報告されている。

　本書では，この画期的な高度エネルギー利用プロセスを，さらにさまざまな産業界へ浸透させたいと考え，ユーザー目線でその入門書を担うべく発刊に至った。各章の構成はパルスパワーの基礎に加え，環境浄化，殺菌，材料合成，医療，農業，食品，生体，エネルギー，工学などを取り上げた。また，パルスパワーの専門家である各著者の皆様には，パルスパワーの存在を知らない読者に対しても，その魅力を認識していただくため，方程式を極力使わないようにしていただき，内容をイメージしやすいように図解を中心に解説していただいた。さらに，専門用語も極力使わないようにお願いした。専門とは異なる章だとしても，一通り読んでいただき，新しい研究や新事業のヒントに役立ててもらえることを願っている。

　最後に，パルスパワーの初心者である筆者の呼びかけに，快く応じていただき，短時間で文章を書きあげていただいた全筆者へ謝意を表す。さらに，㈱エヌ・ティー・エスの吉田隆代表取締役，平野英樹様にはご激励をいただき，やっと出版までたどり着きましたことに感謝する。

令和元(2019)年　夏

上智大学　堀越　智

▷ 監修者・執筆者一覧 ◁

（掲載順・敬称略）

【監修】

堀越　智　　上智大学理工学部　准教授

【執筆者】

秋山　秀典　　株式会社融合技術開発センター　代表取締役社長／熊本大学
　　　　　　　名誉教授

江　偉華　　　長岡技術科学大学極限エネルギー密度工学研究センター　教授

徳地　明　　　株式会社パルスパワー技術研究所　代表取締役

門脇　一則　　愛媛大学大学院理工学研究科　教授

吉田　昌弘　　金属技研株式会社技術本部加速器応用部加速器応用課　課長

佐々木　満　　熊本大学パルスパワー科学研究所／大学院先端科学研究部　准教授

末松　久幸　　長岡技術科学大学大学院工学研究科　教授

鈴木　常生　　長岡技術科学大学大学院工学研究科　准教授

菅島　健太　　長岡技術科学大学大学院工学研究科

中山　忠親　　長岡技術科学大学大学院工学研究科　教授

新原　晧一　　長岡技術科学大学名誉教授

矢野　憲一　　熊本大学パルスパワー科学研究所　教授

諸冨　桂子　　熊本大学パルスパワー科学研究所

高木　浩一　　岩手大学理工学部／次世代アグリイノベーション研究センター
　　　　　　　教授／副センター長

猪原　哲　　　佐賀大学理工学部　准教授

大嶋　孝之　　群馬大学大学院理工学府／食健康科学教育研究センター　教授

南谷　靖史　　山形大学大学院理工学研究科　准教授

馬杉　正男　　立命館大学理工学部　教授

齋藤　永宏	名古屋大学大学院工学研究科未来社会創造機構　教授／ 信州大学先鋭領域融合研究群環境・エネルギー材料研究所　教授
石崎　貴裕	芝浦工業大学工学部　教授
牟田　幸浩	名古屋大学大学院工学研究科
蔡　尚佑	名古屋大学大学院工学研究科
神原　信志	岐阜大学大学院工学研究科　教授
早川　幸男	岐阜大学大学院工学研究科　助教
豊川　弘之	国立研究開発法人産業技術総合研究所計量標準総合センター 分析計測標準研究部門放射線イメージング計測研究グループ 研究グループ長
田上　公俊	大分大学理工学部　教授
森吉　泰生	千葉大学大学院工学研究科　教授
堀田　栄喜	東京工業大学名誉教授
明本　光生	大学共同利用機関法人高エネルギー加速器研究機構加速器科学支援 センター　特別教授
堀岡　一彦	東京工業大学名誉教授／大学共同利用機関法人高エネルギー加速器 研究機構　協力研究員

▷ 目 次 ◁

発刊にあたって　　　　　　　　　　　　　　　　　　　　　堀越　智

第1章　パルスパワーの基礎

第1節　パルスパワーとは

秋山　秀典

1. はじめに ……………………………………………………………………… 3
2. パルスパワーの特徴とその利用 ……………………………………………… 4
3. おわりに ……………………………………………………………………… 7

第2節　パルスパワーの考え方

江　偉華

1. パルスパワーの発生 ………………………………………………………… 9
2. 回路的な考え方 ……………………………………………………………… 9
3. 電磁的な考え方 …………………………………………………………… 12
4. まとめ ……………………………………………………………………… 15

第3節　半導体パルスパワー電源

徳地　明

1. はじめに …………………………………………………………………… 17
2. シリコンカーバイド(SiC)の特徴 ……………………………………… 17
3. 開発が進む高電圧 SiC デバイス(＞10 kV) ………………………… 18
4. 高電圧パルス発生回路と適用例 ………………………………………… 20
5. 高電圧パルス発生回路の将来展望 ……………………………………… 46

第2章　パルスパワーの応用

第1節　水中・水上および霧中でのパルス放電応用

門脇　一則

1. はじめに ………………………………………………………………………… 51
2. 水中放電 ………………………………………………………………………… 51
3. 水上沿面放電 …………………………………………………………………… 56
4. 霧中放電 ………………………………………………………………………… 61

第2節　電子線滅菌

吉田　昌弘

1. はじめに ………………………………………………………………………… 67
2. 電子線滅菌 ……………………………………………………………………… 68
3. 電子線滅菌の現状 ……………………………………………………………… 74
4. まとめ …………………………………………………………………………… 76

第3節　パルスエネルギーを利用した高分子合成

佐々木　満

1. パルスエネルギーとは ………………………………………………………… 79
2. パルス放電時の活性種の発生および計測 …………………………………… 79
3. パルス放電を利用した高分子合成 …………………………………………… 81
4. おわりに ………………………………………………………………………… 82

第4節　超微粒子

末松　久幸, 鈴木　常生, 菅島　健太, 中山　忠親, 新原　晧一

1. パルスパワー技術の新材料応用の困難さ …………………………………… 85
2. 超微粒子とは …………………………………………………………………… 85
3. 超微粒子作製法 ………………………………………………………………… 86
4. パルス細線放電（PWD：pulsed wire discharge）法 ……………………… 86
5. 有機物被覆超微粒子 …………………………………………………………… 87
6. ガス中PWD法による有機物被覆超微粒子の作製例 ……………………… 88

7. 液中 PWD 法による炭化物超微粒子の作製例 ……………………… 89
8. 量産用 PWD 装置開発と PWD による粒子作製 ………………… 90
9. まとめ ……………………………………………………………… 91

第5節　パルス高電界の医療応用

矢野　憲一，諸冨　桂子

1. はじめに ……………………………………………………………… 93
2. パルス高電界の医療応用 …………………………………………… 93
3. マイクロ秒パルス高電界を利用した細胞や人体への DNA 導入 … 95
4. マイクロ秒パルス高電界を利用した癌療法 ……………………… 97
5. ナノ秒パルス高電界による癌治療 ………………………………… 100
6. 癌治療以外のパルス高電界の医療応用 …………………………… 103

第6節　ポストハーベスト段階での利用

高木　浩一

1. はじめに ……………………………………………………………… 107
2. 農業分野への高電圧・パルスパワー利用の概要 ………………… 108
3. 農産物の鮮度・品質の維持への高電界・パルスパワー・プラズマの利用 …… 110
4. 高電場を用いた水産物の鮮度維持 ………………………………… 114
5. パルス高電場による成分抽出 ……………………………………… 116
6. おわりに ……………………………………………………………… 117

第7節　農業における発芽，生育促進・制御などへの利用

猪原　哲

1. はじめに ……………………………………………………………… 119
2. 担子菌への応用，種子の発芽，成長促進・制御への応用 ……… 119
3. 休眠打破の応用 ……………………………………………………… 120
4. まとめ ……………………………………………………………… 120

第8節　食品

大嶋　孝之

1. はじめに ———————————————————————————— 123
2. 液状食品の非加熱殺菌 ————————————————————— 123
3. ファージ(ウイルス)の不活化 ——————————————————— 129
4. 線虫防除への取り組み ———————————————————— 130
5. 食品排水のプラズマ処理 ———————————————————— 134
6. おわりに ———————————————————————————— 137

第9節　パルスパワーによる成分抽出および浸透制御

南谷　靖史

1. はじめに ———————————————————————————— 139
2. パルスパワーによる成分抽出制御 —————————————— 139
3. パルスパワーを用いた穀物浸水性制御 ———————————— 141
4. まとめ ———————————————————————————————— 144

第10節　電磁エネルギーの定量化手法

馬杉　正男

1. はじめに ———————————————————————————— 147
2. 生体試料に印加される電磁エネルギーの定量化 ——————— 147
3. 実験評価例 ———————————————————————————— 151
4. まとめ ———————————————————————————————— 154

第11節　溶液中プラズマへの応用

齋藤　永宏, 石崎　貴裕, 牟田　幸浩, 蔡　尚佑

1. はじめに ———————————————————————————— 157
2. ソリューションプラズマの反応 ——————————————————— 158
3. ソリューションプラズマによるカーボン材料の合成 —————— 160
4. おわりに ———————————————————————————— 165

目-4

第12節 パルスパワーと水素分離膜

神原　信志，早川　幸男

1. はじめに ……………………………………………………………………… 167
2. パルスプラズマの装置構成 ……………………………………………… 167
3. プラズマ場での化学反応 ………………………………………………… 169
4. プラズマ利用の水素製造 ………………………………………………… 170
5. プラズマメンブレンリアクター ………………………………………… 171
6. プラズマメンブレンリアクターの産業応用 ………………………… 173

第13節 非破壊検査用小型電子加速器

豊川　弘之

1. 小型電子加速器 ……………………………………………………………… 177
2. パルスパワーの応用例 …………………………………………………… 178
3. 小型電子加速器の構成 …………………………………………………… 178

第14節 内燃機関の点火と燃焼促進

田上　公俊，森吉　泰生，堀田　栄喜

1. 緒　言 ………………………………………………………………………… 183
2. 非平衡プラズマ点火の利点 ……………………………………………… 183
3. 非平衡プラズマ点火の特徴 ……………………………………………… 185
4. 非平衡プラズマ点火装置のエンジンへの適用例 …………………… 188
5. マイクロ波によるエンジン燃焼の改善 ……………………………… 190
6. マイクロレーザによるエンジン点火 ………………………………… 192
7. 結　言 ………………………………………………………………………… 194

第15節 高エネルギー加速器

明本　光生

1. はじめに ……………………………………………………………………… 197
2. 短パルス用クライストロン電源 ……………………………………… 197
3. 長パルス用クライストロン電源 ……………………………………… 200
4. 最近のクライストロン電源 ……………………………………………… 201

第16節　核融合・高エネルギー密度科学

堀岡　一彦

1. はじめに 205
2. 高エネルギー密度状態とは 205
3. 核融合 206
4. 高エネルギー密度科学 209

※本書に記載されている会社名，製品名，サービス名は各社の登録商標または商標です。なお，必ずしも商標表示（Ⓡ，TM）を付記していません。

第1章
パルスパワーの基礎

第1章 パルスパワーの基礎

第1節　パルスパワーとは

株式会社融合技術開発センター/熊本大学名誉教授　秋山　秀典

1. はじめに

　エネルギーを一定にしてパルス幅を短くすると，電力が増加する。その様子を図1に示す。たとえば，電力1kWでパルス幅が1秒の時，エネルギーは面積となり，1kJとなる。そのパルス幅を1m秒に圧縮すると電力は1MWとなり，1μ秒まで圧縮すると1GWとなり，1n秒にすると1TWとなる。世界の瞬時消費電力は約1TW，日本の瞬時消費電力は約100GW，九州の瞬時消費電力は約10GWである。このような巨大電力を短時間ではあるが，エネルギー圧縮技術を使うことにより，発生が可能である。軍事応用の場合は，世界の瞬時消費電力の100倍に相当する100TWのパルスパワーが使われることもあるが，産業応用にパルスパワーを使う場合，1MWから100MW程度が一般的である。

　このように，パルス幅は短時間であるが，巨大な電力をパルスパワー[1)-9)]と呼び，エネルギーを圧縮してパルスパワーを発生し，計測し，利用する技術を含めて，パルスパワー技術，パルスパワー工学，あるいはパルスパワー科学と呼ぶ。従来の直流や交流電力と比較して，短時間で巨大電力を発生し，その大電力を繰り返して発生することも可能である。

　電力1kWを定常に用いて，産業応用レベルの100MWを繰り返し発生する場合，パルス幅を10n秒とすると，1kJ/(100MW×10n秒)＝1kppsとなる。ここで，ppsとは，pulses per secondのことであり，一秒あたりのパルス数である。100MWは，およそ3万軒分の瞬時消費電力に相当している。一秒に1000回の割合で，パルスパワーを繰り返しずっと発生可能となる。軍事応用の場合は，超大電力のパルスパワーが必要なため，繰り返し間隔は長くなるが，産業応用を考える場合は，パルスパワーの電力は小さくても，10kppsを超える高繰り返しでの発生が要求される場合も多い。

　パルスパワー発生装置は，USAのSandia National LaboratoriesにあるZマシーンが世界最大である。その直径は33mの円盤形状，蓄積エネルギーは20MJ，パルス幅は100n秒，出力電流は26MA，放射するX線の出力は350TWである。主として，Zピンチを用いた核融合の研究に用いられている。一方，産業にも使うことのできる，コンパクト，軽量，メンテナンスフリー，安定した出力，および高繰り返しが可能なパルスパワー電源が開発されてき

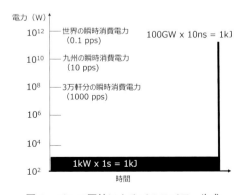

図1　パルス圧縮によるパルスパワー生成

た。図2は、15 kppsで動作する磁気パルス圧縮方式パルスパワー電源[10]であり、全固体素子で製作されているため、産業応用の条件を満たす装置である。民生用に使用するには極コンパクトで安価なパルスパワー電源が必要であり、8000 cm³とコンパクトなパルスパワー電源も㈱末松電子製作所にて開発されている。

パルスパワーは産業界に徐々に浸透しつつある。図3は、パルスパワーの応用分野をまとめた図である。パルスパワーは色々な分野で使われて、またさらに幅広く使われようとしており、環境、ナノテク、エネルギー、大型科学技術、リサイクル、農漁業、食物、医療に及んでいる。環境分野では、ダムや湖沼で夏に発生するアオコの処理、タンカーのバラスト水処理など、ナノテク分野では、パソコンで頻繁に使われるUSBメモリーを作るためのエキシマレーザ用電源、電子ビーム加工などがある。またエネルギー分野では、微細藻類からのオイルの抽出、バイオマスなど、大型科学技術分野では、加速器、核融合発電など、リサイクル分野では、コンクリートからのセメントと小石や砂利の分離、金属蒸着プラスチックの分離などがある。さらに農漁業分野では、畑を猪などから守る電気柵、果物や野菜の長期の鮮度保持のためのエチレン分解など、食物分野では、細胞膜に多数の穴をあけて食物を処理する常温調理器、ワイン製造などがある。医療分野では、歯科治療、衝撃波治療など、多くの研究開発が行われると共に、一部はすでに実用化されている。今後、さらに多くの新たな応用分野が開拓されるものと期待される。

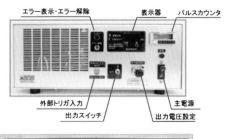
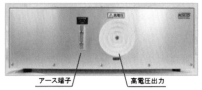

図2　15000 ppsで動作する高繰り返しパルスパワー電源，上の写真が充電コントロールユニット，下の写真がパルスパワーユニット[10]

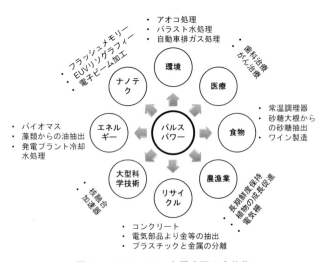

図3　パルスパワー応用分野の全体像

2. パルスパワーの特徴とその利用

パルスパワーの応用分野が広がっている理由は、産業用パルスパワー電源が比較的安価に購入できるようになってきたことと、交流や直流にはないパルスパワーの特徴によっている。以下、パルスパワーの特徴と特徴を利用した例について述べる。

パルスパワーの特徴として，最初にパルス大電力であることが挙げられる。**図4**は，パルスパワーを水中に置かれたコンクリートに印加した写真である。小石と砂利とセメントに分離されている。放電がコンクリート内に存在するわずかな気体を通して起こり，続いてコンクリート内部で発生した衝撃波により分離している。パルス大電力ゆえに起こった現象である。

極短パルス高電界も，パルスパワーの特徴として挙げられる。**図5**は，細胞に1Vの電圧を印加して，印加周波数を変えて計算した図である。細胞の直径が仮に10 μmとすると，電界は100 kV/mとなるが，実際にはMV/mと大きい電界をかける。周波数が低いと，細胞膜がコンデンサとなり，細胞膜にすべての電圧がかかる。細胞膜の片方で0.5 Vであるので，両サイドの細胞膜を考えると1 Vとなる。周波数が高くなるにしたがって，核膜，核内，および細胞質にも電界がかかるようになる。パルス幅を短くすると高い周波数成分が存在するようになり，細胞膜以外に電界がかかることとなる。このような現象を使って，がん細胞にアポトーシスを誘導する実験もなされている。

極短パルス大電流も，パルスパワーの特徴として挙げられる。**図6**は，床に置かれた銅板をアース電極とし，約10 mの細い電線を銅板上に張り，パルスパワーを印加した時の写真である。極短パルス大電流ゆえに全体に放電している。極短パルスであることが雷のようなアーク放電が起こることを阻止し，大電流であることが，10 mに亘る均一な放電を可能としている。この均一な放電中に排ガスに含まれる窒素酸化物を通すと100％の分解が可能である。

現在試みられている多くのパルスパワーの産業応用は，研究段階のものも多いが，産業応用に成功している例として，パーソナルコンピュータでよく使われるUSBメモリーなどを製造するのに使われる事例と，イノシシや鹿などから農場を守る電気柵の事例を取り上げる。

※口絵参照

図4 水中に置かれたコンクリート（左側）にパルスパワーを印加した後，並べられた小石や砂利（右側）

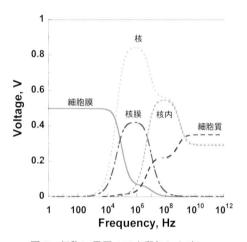

図5 細胞に電圧1 Vを印加した時に，細胞のどこに電圧がかかるかの計算値であり，その周波数依存性

※口絵参照

図6 床の上に置かれたアース電極と約10 mの電線の間にパルスパワーを印加した時の放電光

回路パターンを露光装置を用いて転写する技術はリソグラフィ（露光技術）と呼ばれている。現在，この露光装置として，エキシマレーザ光源がしばしば使われている。エキシマレーザ光源ではパルス放電が使われており，このパルス放電を起こすためにパルスパワー電源が用いられている。図7は，パルスパワー電源でエキシマレーザ光源を作り，この光源が組み込まれた半導体露光装置によって半導体デバイスの微細化を達成し，製造された半導体デバイスを組み込んだ電子機器が広く使われている。その販売額は世界の名目GDPの3％弱である。このように，パルスパワー技術が電子機器市場の根幹技術となっている。

農業分野においても，成功例がみられる。イノシシ，鹿，猿，熊などが山から下りてきて食べ物をあさることが頻繁に起こっている。東北地方においてもイノシシが出てくることが話題になり，これらの動物が農場に入り農作物を荒らす被害は大きい問題となっている。図8[11]に示すように，電線で農場を囲み，電線と大地にさされたアース棒の間に，パルス高電圧を1秒に1回程度印加する。たとえば猪が農場に入ろうとして，電線に触ると電線からイノシシ，アース棒に電流が流れ，イノシシは電気ショックを受ける。イノシシが電気ショックを受けるという学習をすることにより，農場には入らなくなる。このようなシステムを電気柵と呼ぶ。電気柵は，1975年以来，㈱末松電子製作所で販売されており，パルスパワー技術が古くから使われている例である。

パルスパワーの応用展開はさまざまあるが，パルスパワーの生体への作用に注目し，図9に示すように，パルスパワーの発生・制御技術，パルスパワーからプラズマや衝撃波などにエネルギー形態を変換し，パルスパワー自体を含め

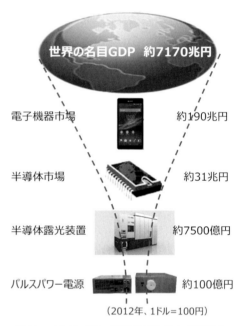

図7　パルスパワー電源を組み込んだ半導体露光装置により半導体デバイスが製造され，電子機器に組み込まれる様子

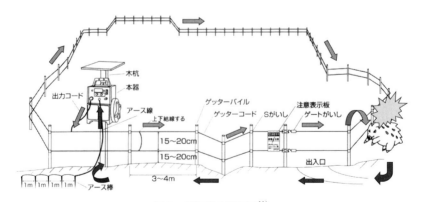

図8　電気柵の詳細図[11]

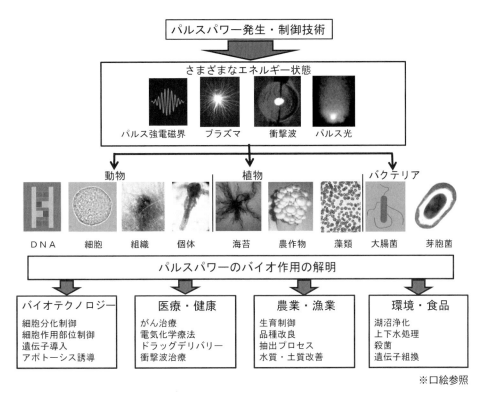

図9 異分野融合新学術分野であるバイオエレクトリクス

これらの変換されたエネルギー形態の動物，植物，バクテリアへの作用効果を解明し，バイオテクノロジー，医療・健康，農業・漁業，環境・食品へ展開する異分野融合新学術分野は，バイオエレクトリクスと呼ばれている。熊本大学，USAのオールドドミニオン大学，ドイツのカールスルーエ技術研究所（KIT）の間で，2005年にバイオエレクトリクスの研究交流協定が結ばれて始まり，現在は欧米を中心に15機関が参加している。著者が熊本大学に在籍中の2017年に，オールドドミニオン大学のDr. Richard Hellerと共編者となって，世界初のBioelectrics[12]を出版した。

3. おわりに

本稿の最後に，パルスパワー技術を用いた産業応用の今後の展望について考えてみたい。パルスパワーの応用分野への取り組みは，世界の大学，企業，研究機関で取り組まれており，隔年で開催されているパルスパワー国際会議にて発表されている。パルスパワーの応用研究は，それぞれの応用に適したパルスパワー電源作りから始まり，新たな応用の基礎研究，開発研究へのモード変換，事業化・実用化と繋がる。パルスパワー技術の産業応用の観点から見た場合，一つ一つ製造・販売につなげる試みが，さらに多くのパルスパワー応用製品を生むと思われる。

文　献

1) 原雅則，秋山秀典：高電圧パルスパワー工学，1-290，森北出版(1991)．

2) 京都ハイパワーテクノロジー研究会編：パルスパワー工学の基礎と応用，1-258，近代科学社(1992)．

3) 八井浄，江偉華：パルス電磁エネルギー工学，1-218，電気学会(2002)．

4) 秋山秀典編著：高電圧パルスパワー工学，1-172，オーム社(2003)．

5) G. A. Mesyats：Pulsed Power, 1-564, Springer (2005)．

6) H. Bluhm：Pulsed Power Systems：Principles and Applications, 1-326, Springer(2006)．

7) J. Lehr and P. Ron：Foundations of Pulsed Power Technology, 1-625, Wiley(2017)．

8) A. Kuchler：High Voltage Engineering, 1-631, Springer(2018)．

9) 高木浩一，金澤誠司編著：高電圧パルスパワー工学，1-280, 理工図書(2018)．

10) ㈱末松電子製作所ホームページ，パルスパワー電源装置，
http://www.suematsu-el.jp/

11) ㈱末松電子製作所ホームページ，電気さく，
http://www.getter.co.jp/electric_fence1.html

12) H. Akiyama and R. Heller：Bioelectrics, 1-481, Springer(2017)．

第2節　パルスパワーの考え方

長岡技術科学大学　江　偉華

1. パルスパワーの発生

　第1章で述べられたように，パルスパワーは短い時間幅を持つ電気エネルギーとして，瞬間的な大電力を持つ特徴がある。パルスパワーの発生には，エネルギーの蓄積が不可欠であり，このエネルギーを短時間に放出することはカギである。

　図1は一般的なパルスパワー発生の方法を示す。これを実現するには，回路的な考え方と電磁的な考え方がある。本稿は，基礎知識の観点から，これらの考え方について解説する。

図1　パルスパワー発生手順を示す概念図

2. 回路的な考え方

2.1 容量性エネルギーと誘導性エネルギー

　電磁気学からわかるように，コンデンサに電圧をかけて充電したり，インダクターに電流を流して励磁したりすれば，エネルギーを蓄積することになる。それぞれのエネルギーは，式(1)に与えられ，それぞれ容量性エネルギーと誘導性エネルギーという。ここで V_C と I_L はコンデンサー電圧とインダクター電流である。

$$W_C = \frac{1}{2}CV_C^2, \quad W_L = \frac{1}{2}LI_L^2 \tag{1}$$

　一方，回路素子の出力電力は，電圧と電流の積を用いて評価される。たとえば，コンデンサーとインダクターの出力電力について，式(2)があり，それぞれの蓄積エネルギーの時間変化率に等しいことがわかる。

$$P_C = V_C I_C = -V_C C \frac{dV_C}{dt} = -\frac{dW_C}{dt}, \quad P_L = V_L I_L = -I_L L \frac{dI_L}{dt} = -\frac{dW_L}{dt} \tag{2}$$

　図2は，コンデンサー或いはインダクターの蓄積エネルギーを放出させる回路を示す。あらかじめ電圧 V_0 で充電されたコンデンサーに対して，負荷を繋げる(図2(a)のスイッチSを

ONにする)ことによって，その蓄積エネルギーを引き出すことができる。また，あらかじめ電流 I_0 で励磁されたインダクターに対して，電流源回路を切り離す(図2(b)のスイッチSをOFFにする)ことによって，その蓄積エネルギーを負荷 R へ出力することができる。これら RC 回路と RL 回路の出力電圧は，それぞれ式(3)のように得られる。

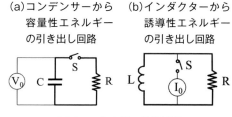

図2　エネルギー放出回路

$$V_{RC} = V_0 exp\left(-\frac{t}{RC}\right), \quad V_{RL} = I_0 R exp\left(-\frac{Rt}{L}\right) \tag{3}$$

ここで，t はスイッチの ON か OFF 以後の時間である。いずれの場合も，出力電圧は時間に対して指数的に減少し，その時間定数はそれぞれ RC と L/R であることがわかる。すなわち，容量性エネルギー放出の時間定数は負荷 R に比例し，誘導性エネルギー放出の時間定数は R に反比例する。

2.2 パルスフォーミングネットワーク

上述のように，コンデンサーだけあるいはインダクターだけの場合，出力電圧の時間変化は指数関数となる。これを変えるには，コンデンサーとインダクターを組み合わせる方法がある。たとえば図3に示す回路は，パルスフォーミングネットワーク(PFN)という。PFN では，複数のコンデンサーが異なるインダクタンスを介して負荷に接続している。その結果，各々のコンデンサーの出力がピークに達するタイミングがそれぞれ異なり，負荷において得られた出力電圧は比較的安定する。

PFN を使って容量性エネルギー蓄積する場合，電圧 V_0 で全てのコンデンサーに対して充電する。スイッチSを閉じると，負荷に対して出力することができる。PFNの段数が多ければ多いほど出力波形は方形波に近づく。なお，ここで負荷 $R = \sqrt{L/C}$ の条件が必要である。

PFN は誘導性エネルギー蓄積方式でも使用可能である。図4の PFN に対して，あらかじめ電流 I_0 で全てのインダクターを励磁してから，スイッチSを開いて負荷に対して出力することができる。

PFN の出力波形を方形波で近似した場合，容量性エネルギー蓄積の場合の出力電圧および誘導性エネルギー蓄積の場合の出力電流は，それぞれ式(4)のように得られる。

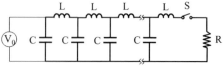

図3　容量性エネルギー蓄積パルスフォーミングネットワーク

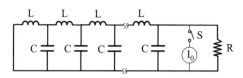

図4　誘導性エネルギー蓄積パルスフォーミングネットワーク

$$V_{PFN} = \frac{V_0}{2} \quad \left(容量性エネルギー蓄積の場合\right)$$

$$I_{PFN} = \frac{I_0}{2} \quad \left(誘導性エネルギー蓄積の場合\right) \tag{4}$$

また，出力パルスの時間幅は，式(5)で与えられる。

$$\Delta t = 2n\sqrt{LC} \tag{5}$$

2.3 パルス圧縮

コンデンサーとインダクターの組み合わせ回路において，スイッチング素子を適切に用いることによって，パルスの時間幅を制御することができる。

たとえば，図5(a)のパルス圧縮回路について考える。ここで，$C_1=C_2=C_3$ と $L_1>L_2>L_3$ があるとする。あらかじめ C_1 が充電された状態でスイッチ S_1 を ON にすると，S_2 が OFF のため，C_1 のエネルギーは C_2 へ移行される。C_2 の電圧がピークに達した瞬間に S_2 が ON，S_1 が OFF に変わると，C_2 のエネルギーは C_3 へ移行される。以後同じような過程で，C_3 のエネルギーが最大となる瞬間に S_3 を ON にし，負荷 R に対して出力する。

ここで重要なことは，$L_1>L_2>L_3$ があるため，順次回路電流の時間幅が短くなり，ピーク値が高くなる。図5(b)は，回路電流波形のイメージ図を示す。理想なパルス圧縮回路における各コンデンサーの充電電圧は同じ値である。従って，電流値の上昇に比例してピークパワーが増大する。

パルス圧縮回路のスイッチとして，磁気スイッチを使用する場合が多い。磁気スイッチは基本的に可飽和インダクターである。図6に示すように，非飽和インダクタンスと飽和インダクタンスが顕著に異なり，パルス電圧に対して，近似的に非飽和＝OFF，飽和＝ONとみなしてよいものである。磁気スイッチを用いたパ

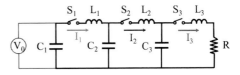

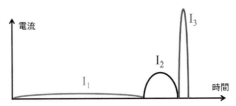

図5　パルス圧縮回路と動作波形イメージ

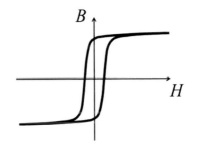

図6　可飽和インダクターの
典型的磁気特性

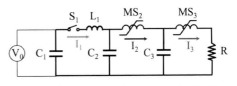

図7　磁気スイッチを用いたパルス圧縮回路

ルス圧縮回路例を図7に示す。S_1以外は，磁気スイッチ(MS)である。すなわち，MS_2とMS_3は，あらかじめ非飽和のインダクターで，必要なタイミングに飽和するように設計されている。もちろんMS_2とMS_3は全く同じものではない。飽和するタイミングが異なるし，飽和後のインダクタンスも違うからである。

磁気スイッチの飽和現象は，電圧印加に伴う内部磁束の蓄積の結果である。このため磁気スイッチは直流電圧を制御することができない。初段スイッチ(S_1)は磁気スイッチ以外のものでなければならない。高繰り返しパルスパワー発生回路のスイッチとして，半導体デバイスを用いるケースが非常に多い。この場合，半導体スイッチの定格による制限が，パルス圧縮回路を必要とする理由となっている。

3. 電磁的な考え方

3.1 電磁エネルギー

電磁気学からわかるように，電界と磁界はエネルギーを持っている。それぞれのエネルギー密度は，式(6)に与えられる。ここで，EとHはそれぞれ電界ベクトルと磁界ベクトルであり，εとμは誘電率と透磁率である。また，式(7)は，単位時間に単位面積を通過するエネルギーを表し，ポインティングベクトルと呼ばれる。任意の空間点におけるポインティングベクトルの発散について，式(8)があり，同じ場所のエネルギー密度の時間変化率に等しいことがわかる。

$$w_E = \frac{1}{2}\varepsilon|\mathbf{E}|^2, \quad w_H = \frac{1}{2}\mu|\mathbf{H}|^2 \tag{6}$$

$$\mathbf{P} = \mathbf{E} \times \mathbf{H} \tag{7}$$

$$\nabla \cdot \mathbf{P} = \nabla \cdot (\mathbf{E} \times \mathbf{H}) = -\varepsilon \mathbf{E} \cdot \frac{\partial \mathbf{E}}{\partial t} - \mu \mathbf{H} \cdot \frac{\partial \mathbf{H}}{\partial t} = -\frac{\partial}{\partial t}(w_E + w_H) \tag{8}$$

たとえば，図8に示す二つの同軸円筒状電極の構造について考える。この同軸線路の内電極の外半径と外電極の内半径はそれぞれR_{in}とR_{out}である。電磁気学より，単位長さ当たりの静電容量とインダクタンスは，それぞれ式(9)に与えられる。ここで，εとμはそれぞれ電極間媒質の誘電率と透磁率である。

図8　同軸伝送線路

$$C = \frac{2\pi\varepsilon}{ln(R_{out}/R_{in})}, \quad L = \frac{\mu}{2\pi}ln\left(\frac{R_{out}}{R_{in}}\right) \tag{9}$$

二つの電極の間に電圧(V_0)をかけると，式(10)の電界が生成し，式(6)より，単位長さ当たりの電界エネルギーは式(11)である。また，電極に軸方向の電流(I_0)を流すと，式(12)の磁界が生成

し，式(6)より，単位長さ当たりの磁界エネルギーは式(13)である。さらに，電界と磁界が両方存在する場合，式(7)より，単位時間当たり電極間の断面を通過するエネルギーは，式(14)に与えられる。

$$E(r) = \frac{V_0}{r \ln(R_{out}/R_{in})} \tag{10}$$

$$W_E = \int_{R_{in}}^{R_{out}} \frac{1}{2}\varepsilon E^2 \cdot 2\pi r\, dr = \frac{\pi\varepsilon V_0^2}{\ln(R_{out}/R_{in})} = \frac{1}{2}CV_0^2 \tag{11}$$

$$H(r) = \frac{I_0}{2\pi r} \tag{12}$$

$$W_B = \int_{R_{in}}^{R_{out}} \frac{1}{2}\mu H^2 \cdot 2\pi r\, dr = \frac{\mu I_0^2}{4\pi} \ln\left(\frac{R_{out}}{R_{in}}\right) = \frac{1}{2}LI_0^2 \tag{13}$$

$$P = \int_{R_{in}}^{R_{out}} E(r) \cdot H(r) \cdot 2\pi r\, dr = V_0 I_0 \tag{14}$$

3.2 パルスフォーミングライン

図8の同軸構造を使ってパルスパワーを発生する場合，パルスフォーミングライン（PFL）という。容量性エネルギー蓄積の場合，図9(a)に示すように，あらかじめ電圧（V_0）を印加している状態でスイッチSを閉じると，負荷に対して出力する。これは図2(a)の方法と同じように見えるが，単純なコンデンサーの場合と違って，ここで線路内電圧の変化は場所によって異なる。すなわち負荷に近い部分の電圧が先に低下し，この変化は波として導体間の空間を伝搬する。図10(a)はその様子を現す。波の伝搬速度は，式(15)に与えられ，媒質の物性のみに依存する。また，式(16)で表されるのはPFLの特性インピーダンスと呼ばれる。負荷抵抗R=Zの場合，インピーダンス整合といい，出力電力は最大となる。

$$v = \frac{1}{\sqrt{LC}} = \frac{1}{\sqrt{\varepsilon\mu}} \tag{15}$$

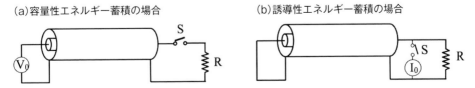

図9　パルスフォーミングライン（PFL）からのエネルギー放出回路

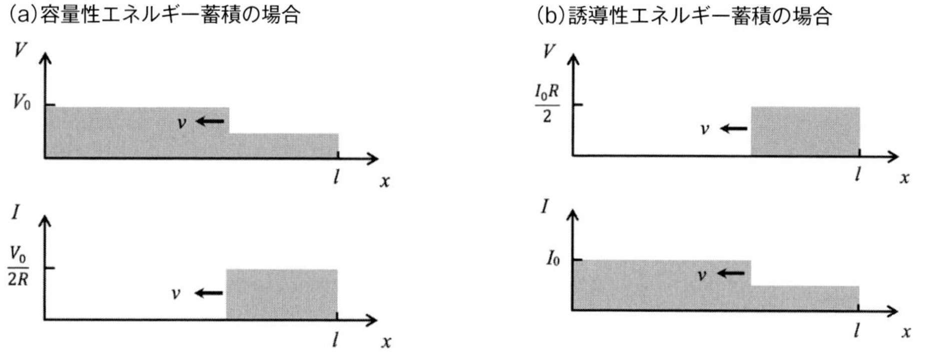

第1章　パルスパワーの基礎

(a)容量性エネルギー蓄積の場合　　　　　　(b)誘導性エネルギー蓄積の場合

V と I は線路内の電圧と電流分布を表す。ℓ は線路の長さである

図10　パルスフォーミングライン（PFL）からのエネルギー放出過程

$$Z = \sqrt{L/C} \tag{16}$$

PFL は誘導性エネルギー蓄積方式でも使用可能である。図9(b)に示すように，あらかじめ電流(I_0)で励磁している状態でスイッチ S を開くと，負荷に対して出力する。線路における波伝搬の様子を図10(b)に示す。

PFL の出力波形を方形波で近似した場合，容量性エネルギー蓄積の場合の出力電圧および誘導性エネルギー蓄積の場合の出力電流は，それぞれ式(17)のように得られる。

また，出力パルスの時間幅は，式(18)で与えられる。

$$
\begin{aligned}
V_{\mathrm{PFL}} &= \frac{V_0}{2} \quad \left(\text{容量性エネルギー蓄積の場合}\right) \\
I_{\mathrm{PFL}} &= \frac{I_0}{2} \quad \left(\text{誘導性エネルギー蓄積の場合}\right)
\end{aligned}
\tag{17}
$$

$$\Delta t = 2l\sqrt{LC} = \frac{2l}{v} \tag{18}$$

3.3　パルスシャペナー

図8の同軸線路は，パルスを転送することができる。たとえば，線路の左側からパルスエネルギーを入力すると，それが波形を保ちながら同軸線路を伝搬し，線路の右側から出力される（図11(a)）。なお，ここで線路媒質の特性は線形であると仮定している。すなわち非線形の場合，波形が変わることがある。

たとえば，線路媒質の透磁率が非線形の特性を持つ場合について考える。ここで，透磁率は常に定数ではなく，磁場強度が強くなるに連れて小さくなるとする。式(15)より，誘電率が変わらなければ，強度が比較的強い電磁界成分は比較的弱い成分より伝搬速度が速いことがわかる。よって，図11(b)に示すように，一定の立ち上がり時間を持つ波形を入力した場合，遅れ

— 14 —

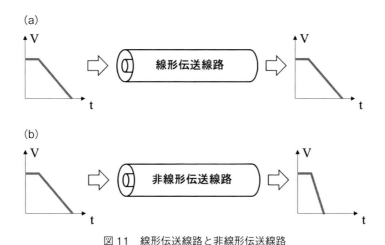

図11　線形伝送線路と非線形伝送線路

て入った比較的高い波高値成分は先行した比較的低い波高値成分を追いかけるようになり，結果的に出力波形の立ち上がり時間が短くなる結果につながる。このような伝送線路はパルスシャペナーという。

4. まとめ

本稿は，電磁気学の観点から，パルスパワー発生の基本的考え方について述べた。回路的な側面と電磁的な側面から，エネルギーの蓄積と放出，およびその時間幅の圧縮原理について解説した。ここで強調したいことは，実際二つの側面から見ているのは同じ現象である。

エネルギーの蓄積を考えるとき，コンデンサーとインダクターは，インピーダンスの異なるPFLとみなすことができる。PFLはCとLの両方を持つが，静電界あるいは静磁界を蓄えるとき，それぞれCあるいはLの成分だけを利用する。また，式(16)より，理想コンデンサーはZ～0のPFLとなり，理想インダクターはZ～∞のPFLとなる。

一方，エネルギーの放出を考えるとき，PFLの電界と磁界の両方が関与するため，そのCとLの両方が重要となる。式(15)より，L～0あるいはC～0の場合，転送速度vが無限大に近く。すなわち，理想コンデンサーあるいは理想インダクターの場合，波動現象を無視することができる。

PFLは物理的にPFNと同じものである。両者の違いは，PFNは集中定数素子で構成される回路に対して，PFLは分布定数回路である。同じように，図7のパルス圧縮回路と図11(b)の非線形伝送線路との関係は，基本的に集中定数回路と分布定数回路の違いである。磁気スイッチは極度の非線形素子と考えることができる。

第1章　パルスパワーの基礎

第3節　半導体パルスパワー電源

株式会社パルスパワー技術研究所　徳地　明

1.　はじめに

　従来，高電圧パルス電源は，高電圧，大電流，極短パルスといった非常に厳しい使用条件のために，半導体化が進まず，未だに，サイラトロンなどの放電管や真空管が多く使用されている。1904年に真空管が発明されてから，電気製品の商品化が進んだが，1939年に半導体デバイスが開発されると，ほぼ全ての電気製品は半導体化により，小型化，低コスト化，高性能化が急速に進んだ。今では，真空管を使用した製品は見ることがなくなった。唯一，高電圧パルス電源には，未だに真空管あるいは放電管が利用されている。しかし，これらの放電管は，寿命が短い，メンテナンスが必要，付帯電源が必要，安定度が悪い，価格が高いなどの多くの欠点があり，パルスパワーの産業応用にとって大きな足かせとなってきた。

　シリコン(Si：Silicon)を中心とした半導体デバイスも高電圧化，大電流化，高速化が進み，さらにはパルスパワー・エレクトロニクスト呼ばれる回路技術の発展により，高電圧，大電流，短パルス，高繰り返しといった非常に厳しい使用条件においても使用可能な半導体パルス電源が開発されてきた。これは多数の半導体デバイスを直列・並列に動作させることによって実現している。

　さらに近年になり，新たな半導体材料であるシリコンカーバイド(SiC：Silicon Carbide)半導体のデバイス開発が進み[1]，より高電圧，より大電流の半導体デバイスが使用可能な状況となり，特に，高電圧パルス電源開発に当たって非常に恵まれた状況になってきている。SiCデバイスを使用することにより，Siデバイス使用時に比べて遙かに少ない数のデバイス数でパルス電源が実現できるようになってきた。また，さらに最近ではガリウムナイトライド(GaN：Gallium Nitride)半導体も徐々に商品化が進んできており，さらに高速でスイッチング可能な素子として期待されている。

　本稿では，最近普及が進んできたSiCの特徴と半導体デバイスを高電圧パルス電源に適用する際の各種回路方式について述べ，それらの回路方式の実施例を説明する。

2.　シリコンカーバイド(SiC)の特徴

　表1にSiCの特徴的な性質を記載した。まずSiCはエネルギーギャップが3.26 eVとSiに比べて約3倍の値を有している。このため，200℃以上の高温での動作が可能となっている。これは高電圧パルス電源としては高繰り返しでのパルス運転が可能であることを示し，電界破壊強度が3 MV/cmとSiの10倍の値を有している。このため，同じ耐圧であればSiの10分

— 17 —

第1章　パルスパワーの基礎

表1　シリコンカーバイド（SiC）の特徴

項目	Si	SiC	特徴
エネルギーバンドギャップ（eV）	1.12	3.26	高温動作（＞200℃）
絶縁破壊強度（MV/cm）	0.3	3.0	高耐圧（＞10 kV） 低オン抵抗（1/300）
熱伝導率（W/cmK）	1.5	4.9	高排熱
飽和ドリフト速度 10^7（cm/s）	1.0	2.7	高周波動作

の1の厚さでよく，ON 抵抗は理論上 300 分の1に低減可能と考えられている。従来と同じ厚さとした場合は，10 kV 以上の高電圧デバイスが実現可能となる。さらに，熱伝導率は4.9 W/cmK とこれも Si の約3倍の値を有している。このため，より良好な放熱特性を得られ，ハイパワーの高繰返しパルス発生が可能となっている。飽和ドリフト速度も 2.7×10^7 cm/s と，これも Si の約3倍の値を有していることから，さらに高周波での動作を実現できるデバイスとなっている。これらの多くの優れた特性により，SiC デバイスは高電圧パルス電源にとって，極めて有益なデバイスであるといえる。

3. 開発が進む高電圧 SiC デバイス（＞10 kV）

　現在市販されている SiC デバイスの定格電圧は 650 V〜1200 V が主流であり，一部 1700 V のものも商品化されている。前述の通り SiC の特徴として高電圧が上げられており，今後，さらに高電圧の SiC デバイスが商品化されることが，パルスパワーの応用に取って大いに期待されている。**表2**に現在，国立研究開発法人産業技術総合研究所と共同研究体つくばパワーエレクトロニクスコンステレーション（TPEC）のプロジェクトにより，開発が進められている10 kV 以上の高電圧 SiC デバイスを示す[2]。

　絶縁ゲート型バイポーラトランジスタ（IGBT：Insulated Gate Bipolar Transistor）では，コ

表2　TPEC で開発中の超高電圧 SiC デバイス

素子	電圧 （kV）	電流 （A）	スイッチング 時間（ns）	主な用途
IGBT	〜16	200	100	クライストロンモジュレータ
MOS-FET	3.3〜13	100	60	クライストロンモジュレータ キッカー電源 電子銃電源 アノードモジュレータ イオンビーム引出し電源 ストリーマ放電/バリア放電 排水処理，排ガス処理 ガスレーザ，EUV パルス電界非加熱滅菌
DSRD （PIND）	2.4〜13	100	2.3	グリッドパルサ ストリップラインキッカー電源 ストリーマ放電 エンジン燃焼アシスト RIDAR 駆動電源

— 18 —

レクタ電圧 16 kV のものが開発[3]されており，単体で 200 A のパルス電流を流せることが確認できている[4]。スイッチング時間も 100 ns 程度と問題のない早さを示している。ただし，SiC の IGBT は安定した製造が難しく，今後は，SiC 製の電界効果トランジスタ（MOS-FET：Metal Oxide Semiconductor Field Effect Transistor）に移行していく可能性が高いと考えられている。

　MOS-FET においても 3.3 kV 定格のものと，さらに 13 kV 耐圧のものの開発[5]が進められている。3.3 kV 品はすでに，量産を視野に入れて開発が進められている。13 kV 品については，今後の市場動向を注視しながら，量産化について慎重に計画されていくことになるだろう。13 kV 定格の SiC-MOSFET の実物の写真を図1に示す。大きさも 14 mm×16 mm 程度であり，非常に小さいが，評価試験では気中で 10 kV の使用が可能であることが確認されている。この素子の評価試験結果を図2に示す。10 kV 印加状態から最大で 255 A のパルス電流

図1　13 kV SiC-MOSFET（TPEC 製）

（A）ドレイン電圧 10 kV，ドレイン電流 255 A，矩形波出力時の波形

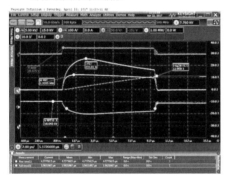

（B）ドレイン電圧 10 kV，ドレイン電流 12.8 A，矩形波出力時の波形

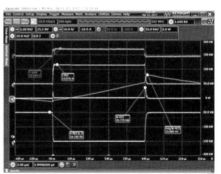

（C）ドレイン電圧 4 kV，ドレイン電流 135 A，330 kHz での振動波出力時の波形

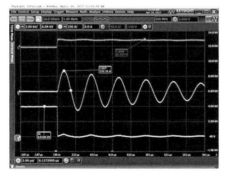

各波形写真において，黄色はドレイン電圧で（A），（B）は 5 kV/div，（C）は 2 kV/div。緑はドレイン電流で，（A），（C）は 100 A/div，（B）は 10 A/div。青はトリガ信号で 50 V/div。時間軸は全て 2 μs/div

※口絵参照

図2　13 kV SiC-MOSFET の評価試験結果

が流せることを確認されている（図2（A））。ただし，ドレイン電流が増えるに従い，FETのON抵抗が増えるため，効率・発熱を考えると数10 A（図2（B））で使用することが現実的といえる。さらに，図2（C）に示すように，4 kV充電で，135 Aのピーク電流で周波数330 kHzの正弦波振動波形で動作することも確認できている。このように，10 kV以上の耐圧を持ち，数10 A以上の電流を高速で流せる半導体素子はこ

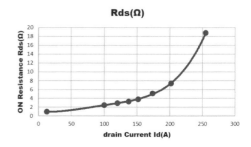

図3　13 kV SiC-MOSFETのドレイン電流とON抵抗の関係

れまで存在しなかった。10 kVのパルスを発生するのに1200 Vの耐圧のMOS-FETを10個以上直列に動作するしかなかったが，この新しいSiC-MOSFETを使用すれば1個の素子で10 kVのパルス発生が可能となり，周辺回路も含めて考えれば大幅な小型化と高信頼化が可能となる。

　これらの素子の普及のためには，多くのユーザーがこれら既存の素子を使用すること，電源メーカーがこれらの素子を使用した小型，高性能の高電圧パルス電源をデモンストレーションすることによる，新しい産業応用の創成と多くのユーザーの獲得が必要であり，これらのアプローチにより，半導体メーカーを量産化に働きかけていく必要がある。

　13 kV SiC-MOSFETのドレイン電流に対するON抵抗の変化を測定した結果を図3に示す。このグラフから分かるように，ドレイン電流が増えるに従い，ON抵抗が増加し，図2（A）に示すように大電流領域では，ドレイン電圧が0まで下がらず，電圧を抱えたままで電流が流れるのでON時損失は極めて大きくなる，特殊の例を除けば，本デバイスの動作電流は数10 A以下で使うべきである。それでもなお，クライストロンモジュレータ，キッカー電源，電子銃電源，アノードモジュレータ，イオンビームの高速引き出しなどの加速器分野への応用には十分魅力的なデバイスといえる。

　表2のドリフト・ステップ・リカバリー・ダイオード（DSRD：Drift Step Recovery Diode）は，構造的にはPINダイオードと同様である。いわゆる，半導体オープニングスイッチ（SOS：Semiconductor Opening Switch）の一種である。順電流を流した直後に高速に逆電圧を印加すると，ダイオードのPN半導体内部に溜まった少数キャリアが消滅するまでの短い時間の間だけ逆電流が流れ，少数キャリアの消滅とともに高速に逆電流が遮断される際に急峻なスパイク電圧の発生を利用するものである。

　これらのデバイスは全て，10 kV以上の耐圧を有し，非常に小型であるため，加速器用途をはじめとしたあらゆる産業応用用の高電圧パルス電源に非常に効果的に使用できるものと期待されている[6]。

4. 高電圧パルス発生回路と適用例

　従来高電圧パルス発生の回路は比較的単純なものしかなかったが，半導体をスイッチング素子に使用することで，多彩な回路構成が考案されている。代表的な高電圧パルス発生回路の特徴とその適用例を表3に示す。以下に各方式の詳細と実際の適用例を解説する。

第3節　半導体パルスパワー電源

表3　半導体デバイスを使用した6種類の高電圧パルス発生回路と代表的な使用例

回路方式	電圧(kV)	電流(A)	パルス幅(μs)	波形制御性	使用素子	主な用途
①ダイレクト方式（マトリックス方式）	50	6k	4.5	×	IGBT MOS-FET SCR	クライストロンモジュレータ マグネトロン電源
②半導体 MARX 方式	100	50	100	○	IGBT MOS-FET	電子銃電源 グリッドパルサ マグネトロン電源 中性子発生電源 パルス電界非加熱滅菌
③チョッパーMARX方式	120	140	1,700	◎	MOS-FET	クライストロンモジュレータ
④LTD 方式	40	4k	1.5	○	MOS-FET	キッカー電源 ストリーマ放電，バリア放電 排水処理，排ガス処理 ガスレーザ，EUV
⑤電圧重畳方式	50	200	0.3	○	IGBT MOS-FET	キッカー電源
⑥SOS 方式	11	220	3.7 ns	×	SOSD DSRD	グリッドパルサ キッカー電源 ストリーマ放電 エンジン燃焼アシスト RIDAR 駆動電源

4.1　ダイレクト方式（マトリックス方式）

　ダイレクト方式は半導体スイッチを単純に直列，並列に複数個接続することで，必要な高電圧，大電流のパルスを発生するもので，従来はほとんどがこの回路が使用されていた。また，サイラトロンなどの放電管を半導体に置き換える際も，この方式をとることになる。多数の半導体を直並列に接続することからマトリックス方式と呼ばれることもある。基本的に全ての半導体デバイスを同時に ON/OFF する必要があり，全ての直列素子には均等な電圧が印加され，全ての並列素子には均等な電流が流れるように構成されなければならない。万一，誤動作などで一部の半導体が動作しない，あるいは一部の半導体だけが動作した場合には，一部の素子に過大な電圧の印加や，一部の素子に過大な電流が流れるなど，半導体デバイスが故障することがあるという欠点がある。パルストランスや波形成形回路網（PFN：Pulse Forming Network）と組み合わせて使用することが多い。パルストランスを使用することにより，半導体スイッチで扱える電圧よりも高い出力電圧を発生したり，半導体スイッチで扱える電流よりも大きな出力電流を発生したりすることが可能である。この回路方式自体では能動的に出力波形を調整する機能はないが，PFN と併用することにより，出力電圧波形を受動的に調整することが可能である。直列素子の均等な電圧分担を確保するために適宜スナバ回路が必要となる。また，並列素子の均等な電流分担を確保するために，回路の抵抗分やインダクタンス成分を合わせる工夫が必要であり，これは，回路の部品配置やリターン電流の経路も含めて検討の上，製作することが重要となる。

　本方式の1つ目の実施例として特定国立研究開発法人理化学研究所の X 線自由電子レーザ SACLA（SPring-8 Angstrom Compact free electron LAser）を紹介する。70台以上のクライ

— 21 —

ストロンモジュレータが使用されており，その全てにサイラトロンが使用されている。SACLAでは非常に高精度の高電圧パルス発生を必要としているが，サイラトロンはショット毎に数10PPMのオーダーで出力電圧が変動することがあり，さらには寿命が近づくとこの変動は大きくなる。日常のメンテナンスにも労力を必要としており，寿命がくると交換しなければならず電源の保守管理上の負担になっている。このサイラトロンを半導体スイッチである静電誘導サイリスタ（SIサイリスタ：Static Induction thyristor）[7]に置き換える開発が行われている[8)-12)]。開発した高電圧スイッチの試験回路を，**図4**に示す。SIサイリスタスイッチにPFNを接続したもので，クライストロンの代替負荷として模擬抵抗負荷（RL）を接続している。**図5**はSIサイリスタスイッチの外観写真である。評価試験時の，SIサイリスタスイッチの電圧波形と電流波形を**図6**（A）と（B）にそれぞれ示す。サイラトロン1本の代わりにSIサイリスタを24直列8並列に接続し，50kV, 6.1kA, 4.5μsのパルスを発生している。**図7**に本クライストロンモジュレータの全体回路図を示す。本電源の出力部には1：16のパルストランスが接続され，クライストロン負荷に350kV, 310Aの高電圧パルスを印加するものである。

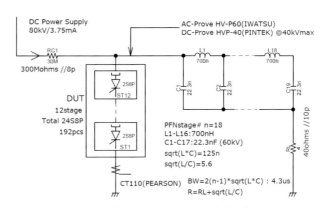

図4 高電圧SIサイリスタ試験回路

図5 50kV SIサイリスタスイッチ外観写真

　SACLAではこの半導体スイッチを使用して，50kV, 5.2kA, 5μs, 60Hzでの動作確認を行っている。50kV, 3.2kA, 7.8μsで1800時間以上故障なく運転しており，サイラトロンを半導体スイッチに置き換える目途が立ったといえる。

　残念ながら，本SIサイリスタは既に製造中止となっており，現在，新規入手ができないが，MOSゲートサイリスタなどの別の半導体スイッチを使用してSIサイリスタと同等以上の性能のスイッチ基板が開発されている[13)]。**図8**はMOSゲートサイリスタ（IXYS社：MMIX1H60N150V1, 1500V, 11.8kAp）を6個直列に接続した基板で，設計目標は6kV, 6kAp, 10μsである。前述MOSゲートサイリスタ基板での評価試験結果を**図9**に示す。5kV充電にて，5kAの振動パ

ルス電流を単発で流せることが確認されている。図10は，本基板を5枚直列2枚並列接続したスイッチの外形写真である。このスイッチの評価試験時の波形（図11）では，18 kV，6 kA，6 μs，50 Hzで連続動作することを確認されており，SIサイリスタの代替品として十分使用可能と判断できる。

2つ目の実施例として，大強度陽子加速器施設J-PARC（Japan Proton Accelerator Research Complex）の試験用イオン源電源に適用[14]されたものでBNCT用イオン源への適用も検討されている。J-PARC試験用イオン源電源では約40 kVの定電圧加速電源に約10 kV，1 msの高速変調パルス電源を重畳し，RFQを通過させることでエネルギーの高い1 msのイオンビームだけを引き出している。従来は900 V耐圧のSi製MOS-FETを16直列することで9 kVの高速変調パルス電圧を発生していた。直列数が多く，それぞれに電源供給回路，ゲート回路が必要となり，ス

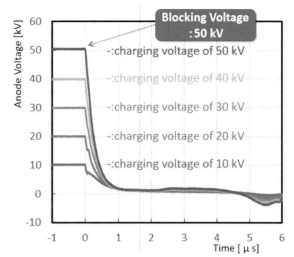

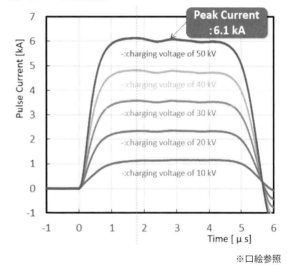

図6　50 kV SIサイリスタスイッチ

イッチ基板の寸法は300 mm×600 mmと大きい（図12の左側）。この基板を13 kV-SiC-MOSFETを使用した基板に改造したときの写真を図12の右側に示す。1枚の基板に1個の13 kV素子が実装されており，これを3枚直列に使用することで15 kV以上のパルス電圧が発生できる。1枚の基板の大きさは180 mm×100 mmで3枚合わせても従来基板の半分以下の大きさであり，実力として従来基板の約2倍の電圧のパルス発生が可能となっている。13 kVデバイスを使用した新基板での出力波形を図13に示す。出力電圧15 kV，出力電流0.2 A，パルス幅1 msのパルスを25 Hzの繰り返しで発生できることが確認されている。現在，J-PARCの試験用イオン源電源に実装され，約1年間，異常なく動作している。

最後の実施例として，KEKのデジタル加速器の入射キッカーの高圧スイッチへの適用を計

第1章　パルスパワーの基礎

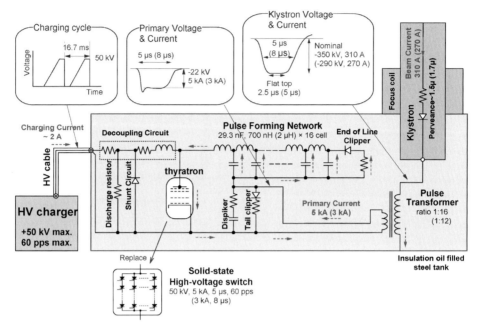

図7　クライストロン電源全体回路図

図8　MOSゲートサイリスタ基板
（6素子直列）

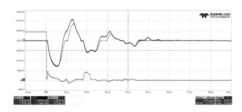

緑はアノード電圧，1 kV/div。青は負荷電流，
2 kA/div。茶はアノード電流，2 kA/div。時間軸
は10 μs/div

※口絵参照

図9　MOSゲートサイリスタ基板の
評価試験結果

MOSゲートサイリスタ基板を5直列2並列構成

図10　MOSゲートサイリスタユニット

― 24 ―

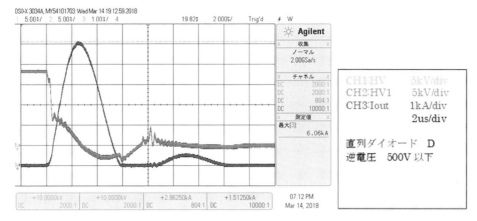

MOSゲートサイリスタ基板を5直列2並列構成。緑と黄はアノード電圧，5 kV/div。青は負荷電流，1 kA/div。時間軸は2 μs/div。18 kVp, 6 kApの出力が50 Hzの繰り返しで得られている

※口絵参照

図11　MOSゲートサイリスタユニット評価試験結果

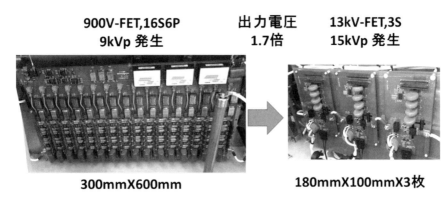

左側の写真は従来のスイッチ基板で900 V定格のSi-MOSFETを16直列，6並列で使用しており，基板サイズは300 mm×600 mmと大きい。右側の写真は新型のスイッチ基板で13 kV定格のSiC-MOSFETを使用している。1枚の基板サイズは180 mm×100 mmで3枚の基板を使用しているが，従来基板の半分以下の大きさで，出力電圧は従来基板の1.7倍の電圧発生が可能である

図12　13 kV FETを使用したイオン源電源の小形化

画しているものを紹介する。このスイッチにはサイラトロンが使用されていたが，半導体化を目的として2014年にSIサイリスタに置き換えが完了した[15]。しかし，このデバイスが製造中止になったことに加えて，半導体スイッチの小型化を目指して，13 kV-SiC-MOSFETを使用したシステムへの変更が検討された[16]。本電源では20 kVで400 A以上のパルス発生が必要となる。従来は4 kV耐圧のSI-Thyを10直列することで実現していた。高い印加電圧ではSIサイリスタの漏れ電流が急激に上昇することから，定格電圧の半分の2 kVで使用していた。直列数が多く，それぞれに電源供給回路，ゲート回路が必要となり，高圧スイッチ部の高さは200 mm必要であった（**図14**の左側）。この高圧スイッチに代わる性能のものを13 kV-

第1章 パルスパワーの基礎

SiC-MOSFET を使用した基板で製作された。図14の右側に改造後の写真を示す。1枚の基板に12個の13 kV 素子が並列に実装されており，これを2枚直列に使用することで20 kV 以上のパルスが発生できる。2枚の基板を積み上げた高さは100 mm で従来品の半分の高さであり，段間の絶縁距離を短くすることでさらに小型化が可能である。13 kV デバイスを使用した新スイッチでの動作波形を図15に示す。スイッチ電圧14 kV，スイッチ電流490 A での動作が確認されている。このスイッチの立上り時間は430 ns と多少，遅くなっているが，これはゲート回路の誤動作を抑止するために，故意にゲート電圧の立上り時間を遅くしているためで，さらに高速化の改善が期待される。

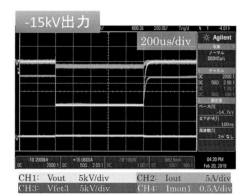

CH1(黄)は出力電圧(5 kV/div)であり，ピーク電圧は15 kV。CH2(緑)は出力電流(5 A/div)であり，ピーク電流は0.2 A。時間軸は200 μs/div であり，出力電圧のパルス幅は1 ms。15 kVp, 0.2 A, 1 ms のパルスを25 Hz の繰り返しで発生している

※口絵参照

図13　13 kV SiC-MOSFET を使用したスイッチの評価試験結果

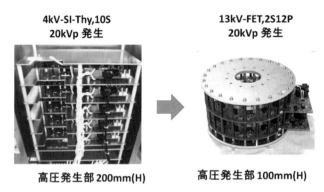

左側の写真は従来のスイッチで4 kV 定格の SI サイリスタを10直列で使用しており，スイッチの高さは約200 mm だった。右側の写真は新型のスイッチで13 kV 定格の SiC-MOSFET を12並列，2直列で使用している。スイッチの高さは約100 mm で従来のスイッチの約半分になっている

図14　13KU-FET を使用した高圧発生部の小形化

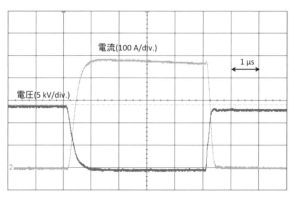

黄は出力電流(100 A/div)であり，ピーク電流は490 A。緑はスイッチ電圧(5 kV/div)であり，最大電圧14 kV。時間軸は1 μs/div であり，スイッチの立上り時間は430 ns

※口絵参照

図15　13 kV SiC-MOSFET を使用したスイッチの評価試験結果

4.2 半導体 MARX 方式

MARX 回路は古くから高電圧パルスの発生に使用されてきた回路方式である。従来からある MARX 回路は図 16(A) に示すように，複数のコンデンサを抵抗を通して並列に充電し，ギャップスイッチの導通により，全てのコンデンサを直列に放電することで，充電電圧の段数倍だけの高電圧を発生する非常に一般的な高電圧パルスの発生回路であるが，半導体 MARX 回路では図 16(B) に示すように充電抵抗の代わりに半導体スイッチを使用し，ギャップスイッチの代わりに別の半導体スイッチを使用することで非常に高繰返しで動作可能など，従来の MARX 回路に比べて多くの特徴を有している。半導体 MARX 方式は，ダイレクト方式と異なり，単に，半導体スイッチが直列になっているのではなく，コンデンサと充電用半導体スイッチ，放電用半導体スイッチを一組としたパルス電源モジュールを直列に接続することで低い電圧で充電し，高い電圧のパルスを発生することが可能である。また，必ずしも，全てのスイッチを同時に動作させる必要はなく，動作タイミングを意識的に変えることで，出力電圧波形を任意に変えることが可能である。従って，スイッチの誤動作が起こった場合でも，スイッチが故障しづらい特徴がある。

MARX 方式電源の一例を図 17 に示す[17]。600 V 充電の MRAX 回路を 5 段直列に接続し，

(A) 回路図

(A) 従来型の MARX 回路でスイッチにはギャップスイッチを使用している

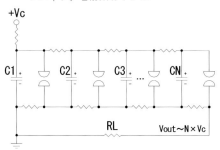

(B) 半導体方式の MARX 回路でスイッチには MOSFET などの半導体スイッチを使用し，充電抵抗の代わりにダイオードを使用している

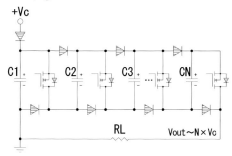

図 16 MARX 方式の回路図

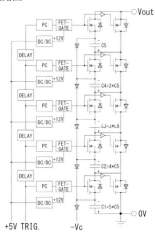

(B) 出力電圧波形で 500 V/div。時間軸は 200 μs/div。600 V の充電電圧で 5 段の MARX が全数 ON すると約 5 倍の 3000 V の電圧を出力する

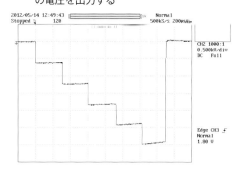

放電スイッチのタイミングをずらすことで階段状の出力波形が得られる

図 17 半導体 MARX 回路の一例[17]

出力電圧 3000 V のパルス発生が可能であり，それぞれのトリガ信号を故意にずらすことで階段状のパルス出力が得られている。この動作例で分かるように，各段のゲートタイミングは任意に変えて動作することが可能であり，それによって，出力電圧波形を多様に変化させることが可能であるばかりではなく，万一のゲート回路の誤動作に対しても，半導体デバイスに過電圧がかかることがなく，故障のリスクは低い回路構成となっている。

電子銃用パルス電源も小型化や高信頼化が要求されている。

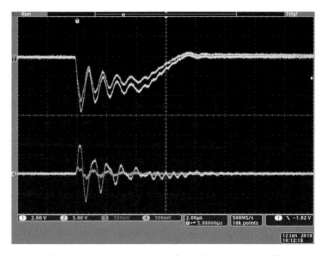

CH1（黄）は出力電圧で 4 kV/div でピーク電圧 4.5 kV。CH3（赤）は出力電流で 10 A/div でピーク電流が約 2 A。横軸は 2 μs/div。負荷インピーダンスが引くと，パルストランスの浮遊容量，浮遊インダクタンスの影響で出力波形が振動してしまう

※口絵参照

図18　パルストランスを使用した場合の電子銃電源の出力波形例

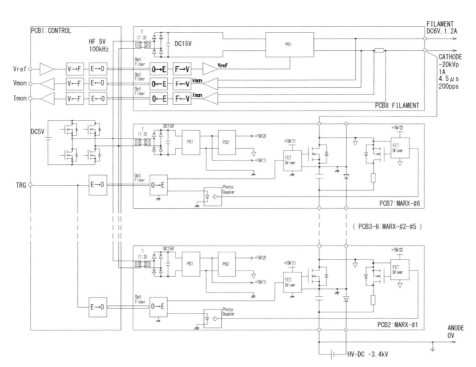

MARX 段数 6 段，出力電圧 −20 kVp，出力電流 1 Ap，パルス幅 4.5 μs，繰返し 200 Hz。高圧出力電位にフィラメント電源が配置され，接地電位には全体の制御部がある

図19　半導体 MARX 回路を使用した電子銃用高電圧パルス電源

— 28 —

従来は，パルストランスを使用して高電圧のパルスを発生する方法が採用されることが多かったが，電子銃はインピーダンスが高く，電圧は 20 kV 程度以上と高いが，電流は 1 A 程度以下と低いため，パルストランスの浮遊容量，漏れインダクタンスの影響により波形に振動が生じていた。パルストランスを使用した電子銃電源の出力電圧波形の一例を図 18 に示す。実際にはこの振動を吸収するために大きなダミー抵抗を並列に接続する必要があり，電子銃に必要な電力は小さいにもかかわらず，ダミー抵抗で大電力を消費させるために，大きな電源が必要となっていた。近年は，半導体スイッチの高圧化が進み，MARX 回路を使用することにより，小型，高効率，出力波形の振動の小さい，立ち上がりの早い電子銃電源が製作されるようになってきた。キッカー電源やクライストロンモジュレータなど高電圧のパルス電源には，半導体 MARX 回路が多用されてきた。図 19 は半導体 MARX を使用した代表的な電子銃電源のブロックダイヤグラム例を示す。この回路では 6 段の MARX 回路を使用した高電圧パルス発生部とその出力電位に浮いたフィラメント電源と，全体を制御し各段に制御電源を供給するための制御基板から構成されている。Si 製の 4 kV 耐圧の MOSFET を 2 直列で使用した MARX 基板を 6 段直列として出力電圧 20 kVp，出力電流 1 Ap，パルス幅 4.5 μs，繰り返し 200 pps で動作している（図 20）。全電源システムの寸法は，幅 100 mm，奥行き 200 mm，高さ 220 mm と非常にコンパクトで質量も 2 kg と非常に軽量である。図 21 に負荷抵抗 20 kΩ 接続時の出力電圧波形を示す。非常に高い負荷インピーダンスにも関わらず，出力電圧波形に振動は見られず，立上りも十分な早さである。

前項で説明したダイレクト方式や本項の半導体 MARX 方式では，各段の半導体スイッチはそれぞれの段に応じた高電圧の電位に浮いた回路構成となって

一番下に制御部があり，その上に 6 段の MARX 回路，更にその上にフィラメント電源が配置され，最上部にはコロナリングがついている。質量 2 kg と非常に小型軽量

図 20　電子銃電源の外観

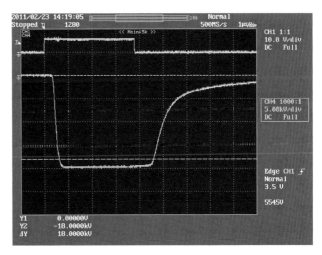

CH1（黄）はゲート信号。CH4（青）が出力電圧波形で 5 kV/div。ピーク電圧は 20 kVp。横軸は 1 μs/div。パルス幅 4.5 μs。出力波形に振動は見られず，立上りも早い

※口絵参照

図 21　電子銃電源の出力電圧波形（負荷抵抗 1 kΩ 接続時）

第1章　パルスパワーの基礎

おり，それぞれの高電圧の電位に制御用の電源をいかに供給するかが重要な技術課題となっている。一般的な方法には次の4種類の方法が使用あるいは検討されている。

①　絶縁型 DCDC コンバータ方式

比較的簡単な回路構成で実現可能であるが，市販されている絶縁型 DCDC コンバータの耐電圧はせいぜい 10 kV であり，信頼性を加味して考えると，せいぜい，3～4 kV の回路にしか採用はできない。数 kV の低い出力電圧のパルス発生回路では多用されている。

②　絶縁トランス供給方式

小型のコアを使用した小型の絶縁トランスを構成し1次2次間を絶縁して交流電圧で高圧電位に電力を送る方式である。100 kHz 程度の高周波で電力を送ることで，コアの小型化が可能である。図5の 50 kV の半導体スイッチにもこの方式で 50 kV の高電圧電位に制御用電力を供給している。さらに，図20の電子銃電源でも同様にこの方式を採用している。絶縁トランスを小型化することにより，一次二次間の浮遊容量を低減することが可能である。電子銃電源などでは高電圧に浮いたカソードに定電圧のヒーター電源や，グリッド電源を供給する必要がある場合が多いが，これらの付帯電源の電源供給も同じように小型の絶縁トランスを使用することで装置全体が小型になるばかりでなく，出力電圧波形の振動や不要な誤動作を抑止している。

一次巻線と二次巻線の距離を離して設置し，磁界でカップリングさせて電力を供給する非接触給電も基本的には絶縁トランス供給方式だけである。

③　高電位自己給電方式

②の絶縁トランス方式では出力電圧が高くなるにつれて，各段の絶縁トランスが大型になり，そのために，浮遊容量も増え，出力電圧波形が振動し，各段へのノイズ電流が増えて誤動作しやすくなるなどの問題がある。本方式は外部（接地電位）から制御電源を供給するのではなく，高電位に浮いた半導体スイッチに印加された高電圧からダイレクトに制御用の低電圧電源を取得するものである。入力電圧が数 kV と高く出力電圧がたとえば＋15 V といった低電圧を得る超高電圧 DCDC コンバータを採用することで可能となる。すでに紹介したように，3.3 kV の SiC-MOSFET や 13 kV の SiC-MOSFET が試作されているので，これらを使用することで高電圧入力のスイッチング電源が構成可能であり，これにより高電圧から効率よく低電圧の制御電源を取得することが可能となっている。この実施例は**図22**で示す。

④　光ファイバー給電方式

まだ，実用化の段階ではないが，光ファイバーを使用して電力を供給する方式が検討されている。現時点では数百 mW の出力を得る程度であり，一般的な制御電源としては容量が不十分で，コストも非常に高い。この方式が実用化されれば，簡便な方法で高電位に電力を供給することが可能となるので，今後の開発に期待したい[18]。

話を半導体 MARX 方式の実施例に戻す。中性子発生装置にも高電圧のパルス電源が必要となる。半導体 MARX 回路を使用した中性子発生用高電圧パルス電源を図22に示す。Si 製の 4 kV 耐圧の IGBT を使用した MARX 基板を40段直列として，出力電圧 100 kVp，出力電流

— 30 —

10 Ap，パルス幅150 μs，繰り返し10 pps で動作している。絶縁油中に配置することにより非常に高電圧の電源にもかかわらず小型の装置になっている。前に説明したように半導体MARX 回路では，各MARX 基板に制御用直流電源の供給が必要になる。出力電圧が50 kV 以下程度の比較的出力電圧が低い装置では，小型の絶縁トランスなどで制御電源を供給することができるが，この装置のように出力電圧が100 kV を超えるような高電圧の装置では絶縁トランスが大型になり，実現が難しくなる。この装置では，外部から制御電源を送る方式はとらず，MARX 基板内で，3 kV の高電圧に充電された主回路コンデンサから高電圧のDCDCコンバータにより＋15 V の制御電源を取り出す方式を採用している。図23 はこの電源に使用している半導体MARX 基板の写真であり，基板の左側にこの高電圧DCDC コンバータ回路が実装されている。この方式では，外部から制御電源を絶縁して供給する必要が無いので，原理的にいくら高い電圧の半導体MARX 電源でも製造が可能となる。

13 kV-SiC-MOSFET を使用すれば，これらのパルス電源はさらに大幅な小型化が可能となる。前述の25 kV の出力電圧の電子銃電源であれば3段のMARX 回路で実現できるので，高さはおよそ170 mm 程度となる。さらに50 kV の電子銃電源でも5段のMARX 回路で実現できるので，高圧発生部の高さがおよそ290 mmで実現でき，従来品の25 kV 電源よりも小さな電源で出力電圧は2倍以上にすることが可能である。また，油絶縁と併用すれば，100 kV 以上の電子銃電源も比較的容易に実現できる。図24 は13 kV-SiC-MOFET を使用した5段のMARX 回路を使用した50 kV の高電圧パルス発生装置の例であり，出力電圧で50.2 kV の発生を確認している。

市販のSiC-MOSFET を使用した半導体

(A) 外観写真

(B) 出力波形。青は出力電圧（20 kV/div）であり，最大電圧－100 kV。黄は出力電流（50 A/div）であり，最大電流88 A。赤はゲート信号。時間軸は20 μs/div であり，パルス幅は100 μs

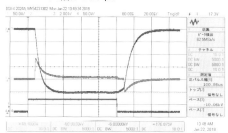

MARX 段数40段，出力電圧100 kVp，出力電流10 Ap，パルス幅150 μs，繰返し10 Hz

※口絵参照

図22　半導体MARX 回路を使用した中性子発生装置用パルス電源

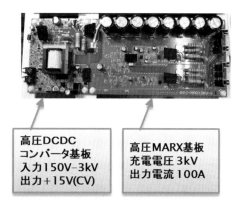

基板右側は3 kV のMARX 回路で，基板左側に3 kV からDC15 V の制御電源を得るための高圧DCDC コンバータ回路が組み込まれている

図23　半導体MARX 基板外観写真

MARX回路の実施例をもう一つ紹介する。**図25**は高電圧パルス殺菌[19]用の高電圧パルス電源である。出力電圧は20 kVp，出力電流は2 kApでパルス幅は最大1 μs，繰り返しは200 Hzである。本回路は28段の半導体MARX回路となっており，1段当たりの充電電圧は720 Vである。定格電圧1200 V，定格電流72 AのSiC-MOSFETを20並列で動作させることで2 kAのパルス電流を流している。電源内部の写真を**図26**に示す。実際には7段ステージの積み重ね構造なっており，各ステージには4段のMARX基板が実装されている。各MARX基

左側に充電制御部。右側に高電圧パルス発生部

図25 高電圧パルス滅菌用高電圧パルス電源外観

(A) 外観写真

(B) 出力電圧波形。10 kV/div であり，最大電圧−50.2 kV。時間軸は500 ns/div であり，パルス幅は1.7 μs

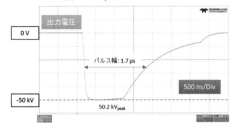

MARX段数5段，出力電圧50 kVp，出力電流10 Ap，パルス幅1 μs，繰返し30 Hz

図24 13 kV SiC-MOSFET を MARX 回路に使用した50 kV 電子銃電源

7段のステージがあり，それぞれのステージに4段の半導体MARX回路が設置されている。合計28段のMARX回路。すべてのMARX回路は光ファイバーでゲート信号が供給される

図26 高電圧パルス発生部の内部

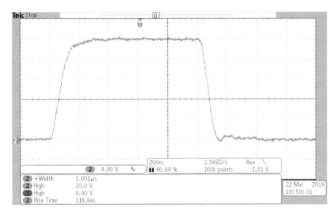

図27　高電圧パルス滅菌用高電圧パルス電源の出力電圧波形

板には光ファイバーでトリガ信号が供給され，制御電源は100 kHzの高周波インバータを使用した高周波絶縁トランスで供給している。回路全体を極めて低インピーダンスになるような構造としており，負荷インピーダンスは10Ωと低いが立上りの早いパルスを実現している。本電源の10Ω負荷時の出力電圧波形を図27に示す。出力電圧は20 kVでパルス幅は1 μsであり，立上り時間は117 ns，立下り時間は78 nsと高速である。また，負荷が短絡した際は，過電流を検出し，即時に運転が停止し，電源と負荷を保護する安全回路が組み込まれている。

4.3　チョッパーMARX方式

出力パルス幅がmsなどと長い場合，コンデンサ電圧のドループにより，出力電圧が時間とともに低下してしまう。すなわち，パルス電源のコンデンサから負荷に電流が流れ出ることにより，コンデンサの充電電圧が低下し，出力電圧が低下するのである。これを改善するためには，コンデンサの容量を増やせばよいのだが，ドループを半分にするにはコンデンサの容量を2倍にする必要があり，また，パルス幅が1000倍になれば容量を1000倍に増やさなければならない。ms以上の長いパルスの場合コンデンサが非常に大型になってしまう問題があった。ここで，コンデンサの静電容量を増やさずに出力電圧の低下を効果的に改善する方法がこのチョッパーMARX方式である。MARX回路の放電用スイッチを高周波チョッパー動作によるパルス幅制御により，コンデンサの電圧が下がるに伴い，パルス幅デューティを広げ，ロングパルスでも出力電圧が一定に制御することを可能とする方式である。

国際リニアコライダー（ILC：International Linear Collider）用に開発されたチョッパーMARX方式のロングパルス電源[20]-[32]を図28に示す。チョッパー用半導体スイッチにはSiC-MOSFETを使用することで効率が改善されており，さらに，3.3 kVSiC-MOSFETといった高電圧のデバイスを使用することにより，充電電圧2 kVに対して十分な電圧余裕が確保でき，スロースタートなどの幅広い波形制御において，スイッチングデバイスに発生する種々のスパイク電圧に対しても余裕をもって対応できることが確認されている。本装置では80段のチョッパー型MARX回路を使用することで120 kV 140 A 1.9 msのパルス電圧を生成し，マルチビームクライストロンのカソードに供給する。80段のMARX回路は20個のMARXユ

第1章 パルスパワーの基礎

ニットに分割されており，1個のMARXユニットには4段のMARX基板が組み込まれており，その写真を図29に示す。MARX基板の写真を図30に示す。MARX基板には主コンデンサ，チョッパー放電用SiC-MOSFET，充電用SiC-MOSFET，フィルター用リアクトル，フィルター用コンデンサが実装されている。チョッパー放電用SiC-MOSFETは50 kHzの高周波チョッパー制御により出力電圧が一定に維持できるように調整されており，さらに，4段のMARX基板のチョッパーの位相を90度ずつずらすことにより，出力電圧のリップルの低減を図っている。これらのゲート信号の制御はデジタル制御法の一つであるFPGA (Field Programmable Gate Array)を使用して実現している。その制御の仕組みを図31に示す。

一段当たりのMARX回路は充電電圧が2 kVで出力電圧1.6 kV，出力電流140 A，パルス幅1.9 msで動作する。パルスの出しはじめでは出力パルスのデューティーは80％であり，2 kVの充電電圧に対して出力電圧は80％の1.6 kVとなっている。出力パルスの終わりでは，コンデンサの電圧が初期充電電圧の80％の1.6 kVまで低下するので出力パルスのデューティーを100％まで上げること

20段のMARXユニットから構成されており，目標仕様は120 kV，140 A，1.7 ms，5 Hz

図28　ILC用に開発中のチョッパーMARX型クライストロンモジュレータ

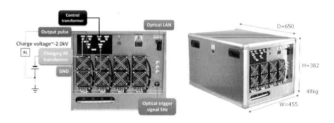

それぞれのMARXユニット内には4段のMARX基板が収納されている

図29　MARXユニット外観

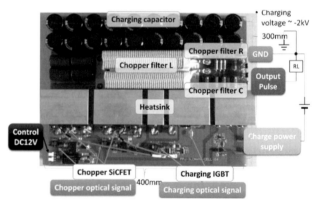

主コンデンサ，チョッパー放電用SiC-MOSFET，充電用SiC-MOSFET，フィルター用リアクトル，フィルター用コンデンサなどが実装されている

図30　MARX基板外観

により，出力電圧を 1.6 kV で維持している。

充電時の電流の流れ方と放電時の電流の流れ方を図32に示す。各MARX基板のチョッパー位相をずらすことで出力電圧リップルを軽減している。さらには，20個のMARXユニットのそれぞれのチョッパーの位相も全てマイコンを使用した全体制御盤で調整されており，出力電圧のリップルを±0.11％まで効果的に低減することに成功している。この波形を図33に示す。チョッパー制御を行うことにより，平坦性の良い波形の他，図34に示すように意識的に右肩上がりの波形や右肩下がりの波形を得ることも可能であり，幅広い応用に活用可能である。チョッパー制御による出力電圧の補正を行うことで，主コンデンサを従来方法に比べて約100分の1の小型化を実現している。すなわち，±0.11％という出力電圧の平坦度をコンデンサのドループだけで達成するためには，現状の20％のドループを0.22％まで下げなくはならない。このためにはコンデンサの静電容量を90(=20％÷0.22％)倍に増やす必要がある

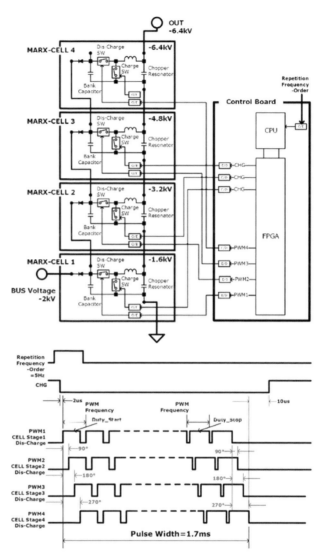

MARXユニット内の4枚のMARX基板のゲートタイミングを90°づつずらすことにより，それぞれの出力リップルの位相をずらし，効果的に出力電圧のリップルを低減している。さらに，20個のMARXユニットごとの位相も全体制御盤によりそれぞれ最適条件に調整されている

図31　MARX基板の制御信号

が，チョッパー制御を行うことで20％のドループでも出力電圧の平坦度は極めて高い状態を得ることができる。出力電圧は80％に減るので，電源の台数は25％増えるが，電源の大部分を構成するコンデンサが90分の1になることで電源全体の大きさは大幅な小型化になっている。さらには，MARX回路を使用して高電圧を発生しているので，msのロングパルスにもかかわらず，大型のパルストランスを不要としており，全体として大幅な小型化を実現している。

— 35 —

第1章 パルスパワーの基礎

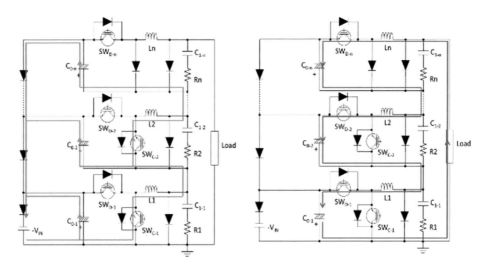

充電時は左の図の充電用スイッチ SWc-1, SWc-2 などが導通状態になり, 緑の線に沿ってコンデンサ Co-1, Co-2 などに並列に充電される。放電時には充電用スイッチはすべてオフになり, 放電用スイッチ SWd-1, SWd-2 などが導通することにより全てのコンデンサを直列に放電する

※口絵参照

図32　MARX 基板の充電時と放電時の電流の流れ方

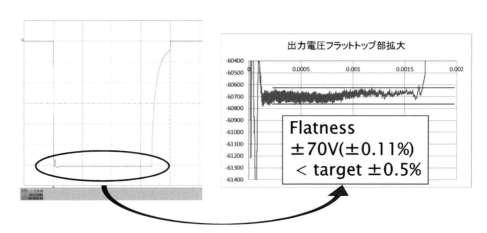

左側の波形は約 2 kΩ の負荷を接続した時の出力電圧波形で, 縦軸は 10 kV/div。横軸は 500 μs/div。ピーク電圧は 60.7 kV。右側の波形はフラットトップ部を縦軸に拡大したもので 100 V/div であり, 平坦度は ±0.11% を達成

図33　チョッパー型 MARX 電源の出力電圧波形

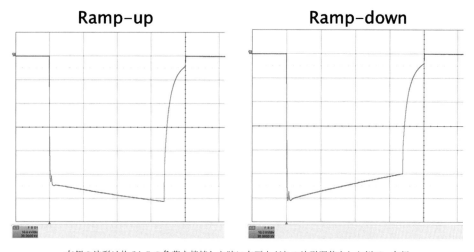

左側の波形は約 2 kΩ の負荷を接続した時に右肩上がりの波形調整をした例で，左側の波形は右肩下がりの波形調整した例．縦軸は 10 kV/div．横軸は 500 μs/div．チョッパーのデューティーを細かく調整することで自在に波形が調整できる

図 34　チョッパー型 MARX 電源の出力電圧波形制御

4.4　LTD 方式

　LTD（Linear Transformer Driver）方式[33]は回路的には MARX 方式と似ているが，強磁性体コアを使用し，誘導電圧を足し合わせることで高電圧を発生する回路である．構造的にもパルス電源の中央部分に磁性体コアを配置し，コアの周辺に円形状にコンデンサと半導体スイッチを配置していることが大きな特徴である．誘導電圧を足し合わせることで高電圧を発生しているため，各 LTD 基板は全て接地電位で動作し，充電電圧や制御電源も全て共通であり，全ての LTD 基板を並列に接続することが可能である．基本的に円形の磁性体コアの外側は接地電位の回路となっており，磁性体コアの内側のみに高電圧が発生する．MARX 回路では，制御電源などを供給するために，絶縁トランスなどで絶縁して供給することが必要であり，高電圧出力時にはこの絶縁の確保が技術的課題であったが，LTD では全ての LTD 基板は接地電位であり，同電位であるので，制御電源やトリガ信号の絶縁が不要である．MARX と同様にトリガタイミングを変えることで出力電圧波形の高速制御が可能である．

　LTD の基本回路を図 35 に示す．LTD は複数段の LTD 基板を積み重ねた構成となっている．各 LTD 基板には主コンデンサと放電用半導体スイッチ（IGBT や MOSFET など）が実装されている．基板中心には円形のコアが実装されている．積み重ねられた LTD 基板の主コンデンサは同一の充電用直流電源により，並列に充電される．放電用半導体スイッチを導通させることにより，導通している期間だけ，コアにワンターン電圧が印加される．全てコアの内側に直列に接続された負荷には全てのコアの誘起電圧が足し合わされるため，段数倍の出力電圧を発生する．主コンデンサ，放電用半導体スイッチは LTD 基板上で並列に多数配置することにより，必要な大電流を得ることができる．また，LTD 基板を多数積み重ねることで必要な高電圧を得ることができる．プリント基板上に全ての回路部品が実装されており，製造コストを低減できるばかりでなく，低インダクタンスな回路を構成しやすく，立上りの早い高電圧大

第1章 パルスパワーの基礎

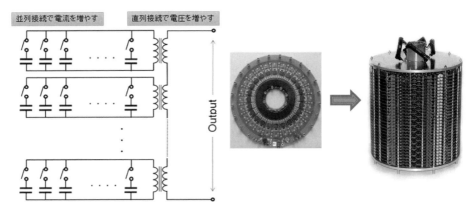

基本的には1:1のトランスコアを複数段積み重ねた回路。LTD基板上にはコンデンサとスイッチを複数配置。この並列数を増やすことで出力電流を増やす。1:1のトランスコアを乗せたLTD基板の積上げ数を段数を増やすことで出力電圧を増やせる

図35 LTDの基本回路

電流の短パルスを発生するのに適している。基本的に簡易的な空冷冷却でも数 kHz の繰り返しの運転が可能である。

J-PARC の RCS キッカー電源用に開発した LTD 電源[34)-38)] の外観を図36に示す。主回路用 LTD 基板 13 枚と補正回路用 LTD 基板 11 枚を使用している。主回路用 LTD 基板の回路図と外観を図37に示す。主回路用 LTD 基板には 1.2 kV 定格の SiC-MOS-FET を 2 個直列に使用しており、出力電圧 800 V、負荷からの反射電圧 −800 V の両極性の電圧に対して耐圧を確保するようにしている。この SiC-MOSFET を 15 回路並列に使用することで、出力電流 2000 A という大電流出力にに対しても小さなロスでパルス発生が可能となっている。主回路用 LTD 基板は 1 枚あたり 800 V、2000 A、1.5 μs の出力パルスを発生する。補正回路用 LTD 基板は出電圧 40 V であり、補正回路用 LTD 基板の ON タイミングを調整することにより、主回路用 LTD 基板の出力電圧波形のドループを補正する。図38は本実験回路での出力電流波形を示しているが、補正回路を動作させないときは出力電流波形がドループにより尻下がりになっているが、補正回路を動作させる

本電源では主回路用 LTD 基板が 13 枚と補正回路用 LTD 基板が 11 枚使用し、10 kVp, 2 kAp, 1.5 μs の平坦性の良い矩形波パルスを 25 Hz の繰り返しで出力する

図36 J-PARC RCS キッカー用 LTD 電源外観

— 38 —

第3節 半導体パルスパワー電源

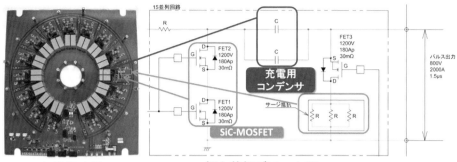

主基板外観　　　　新主基板ブロック図

主回路用 LTD 基板には，1.2 kV，72 A 定格の SiC-MOSFET を 2 S 接続した回路を 15 回路並列接続することで，2000 A のパルス電流の発生を実現している。左の写真の充電用コンデンサの内側にはトロイダル上の磁性体コアが収納される

図37　J-PARC RCS キッカー用主回路用 LTD 基板

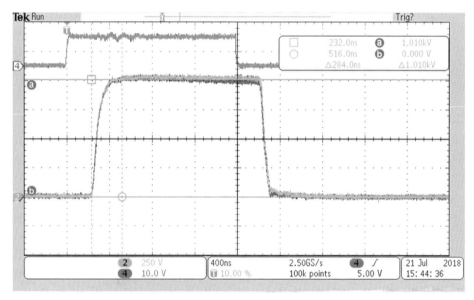

負荷抵抗 5 Ω 接続時の出力電圧波形。
(青)：波形補正有り時の出力電圧波形　2.5 kV/div。ピーク電圧 10 kV
(灰)：波形補正無し時の出力電圧波形　2.5 kV/div。ピーク電圧 10 kV
(緑)：ゲート信号
補正回路を活用することにより出力電圧波形の平坦性が改善されている

※口絵参照

図38　J-PARC RCS キッカー用 LTD 電源の出力電圧波形

ことで出力パルス幅 1.5 μs の間，ドループの補正された平坦な波形を得ることが確認できている。主回路用 LTD 基板を 50 段と補正回路用 LTD 基板を 20 段使用することで，40 kV，2 kA，1.5 μs の矩形波出力が得られる計画であり，この電源をさらに 2 並列で動作させることで，従来使用してきたサイラトロン電源に代わる半導体電源が実現する見込みである。従来

― 39 ―

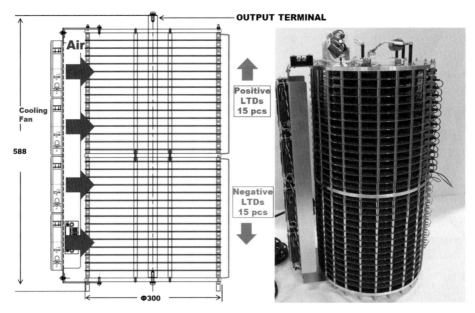

正極性出力のLTDが15段と負極性出力のLTDが15段が直列に接続

図39　両極性出力LTD電源

よりも大幅な小型化が期待され，さらにはこれまで実現できなかった自在な波形制御が可能となる。

図39は正極性出力のLTD基板15枚と負極製出力のLTD基板15枚を積み重ねたもので，それぞれの極性のLTD基板のゲート信号を調整することにより，正極性，負極性の両極性の出力を自在に発生することができる[39)40)]。この電源の出力電圧波形例を図40に示す。−10 kV

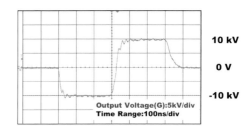

負極性の電圧を出した直後に正極性の電圧を出力

図40　両極性出力LTD電源の出力電圧波形

の出力を300 ns発信した後，その直後に+10 kVの出力を300 ns発信する。この波形を1 kHzの繰返しで発生可能であり，それぞれの出力電圧の立上り時間は25 nsと早い。

4.5　電圧重畳方式

従来，高電圧のパルスを発生するにはパルストランスを使用する回路が多用されてきた。しかし，一般的なパルストランスは昇圧するために，1次巻線に比べて2次巻線を多数回巻いているため，リーケージインダクタンスや浮遊容量が多くなり，立上り時間が遅くなったり，出力電圧波形に振動がのったりする問題があった。電圧重畳回路では，基本的には1次巻線，2次巻線とも1ターン構成のコアを複数個使用し，1次巻線に並列に電圧パルスを供給し，直列接続された2次巻線にコア数倍の電圧が出てくるもので，高電圧パルスを高速で立上げることが可能である。電圧重畳方式では通常は1次巻線，2次巻線とも電線を巻くのではなくコアの支持構造の金属容器自身を巻線として使用する。

第3節　半導体パルスパワー電源

　国立研究開発法人日本原子力研究開発機構，大学共同利用機関法人高エネルギー加速器研究機構が共同開発した茨城県東海村のJ-PARC MLF棟は，長さ約140 m，幅70 m，高さ30 mで，加速器から世界最高強度の，パルス陽子ビーム（3 GeV，25 Hzを，333 μA）を生成し，これらを用い中性子ビーム及びミュオンビームの物質・生命科学研究が行われている。

　ミュオンビームは荷電粒子なので，電界によって，その方向を変えることができる。J-PARCでは複数のユーザーにミュオンビームを供給するために，パルス電界により，ミュオンビームの進行方向を変更するためのパルス電界ビームキッカーが使用されており，それに使用されるパルス電源の要求仕様を表4に示す。

　図41は，1サイト分のビームキッカーシステム用パルス電源[41)42)]である。2台のパルス電

表4　ミュオン振り分け用キッカー電源の要求仕様

Parameter	Requirement value
Rated output voltage	+54 kV and -54 kV (bipolar)
Output pulse width	300ns (+54 kV), 300ns (-54 kV)
Output impedance	50 Ω
Discharge voltage wave form	square wave
Output pulse rise time	50 nsec
Reputation frequency	25 Hz

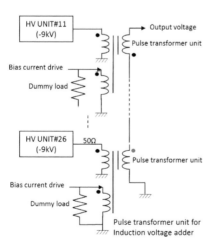
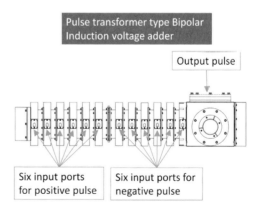

正極性のパルス電源ラック1台，負極性のパルス電源ラック1台とパルス電圧重畳用パルストランスから構成される

図41　電圧重畳方式を使用したビームキッカーシステム用パルス電源

第1章　パルスパワーの基礎

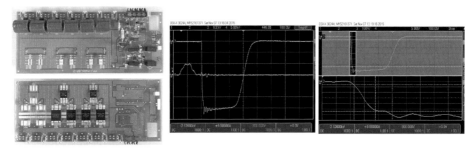

左側の写真はMARX基板の表面(上)と裏面(下)。中央の青色の波形は出力電圧波形。縦軸は100 V/div。
横軸は100 ns/div。右側の写真は立上り部分を拡大したもの。横軸は5 ns/divで立上り時間は7 ns

※口絵参照

図42　超高速MARX基板とその出力電圧波形

源ラック(A, B)は各ビームキッカーサイトに配置されている。1台のパルス電源ラックには6台のHVユニットが収納されている。各HVユニットは16段の半導体MARX回路構成となっており，600 V充電で9 kV，300 nsの高電圧極短パルスを発生する。12台のHVユニットの出力電圧は，ファインメットコアを使用した，12個の1：1のパルストランスで誘導的に加算されるが，1台のパルス電源ラックAに接続された6台のパルストランスは正極性のパルスを発生し，もう1台のパルス電源ラックBに接続された別の6台のパルストランスは負極性のパルスを発生する。パルス電源ラックAを動作させると，12個のパルストランスの出力には+54 kV(=+9 kV×6)のパルス電圧が発生し，パルス電源ラックBを動作させると，-54 kV(=-9 kV×6)のパルス電圧が発生する。パルス電源ラックに入れるゲート信号を切り替えることで，出力電圧の極性を自在に極めて高速で切り替えることができる。さらに，このパルス電界ビームキッカーにはビームの進行方向に対して右側と左側にそれぞれ1対の平板電極が使用されているが，右側の電極には上記の12個のパルストランスが接続されており，左側の電極には別の12個のパルストランスが接続されている。右側の電極に正極性の電圧を印加するときには左側の電極には負極性の電圧を印加し，右側の電極に負極性の電圧を印加するときには左側の電極には正極性の電圧を印加することで，一対の電極間に最大+108 kVと-108 kVの電圧を高速で極性切り替えして印加することができる。それにより，飛来したミュオンビームに対して高速で右偏向，左偏向，直進の切り替えをすることで，複数のユーザーに対してビームを分配することを目的にしている。300 nsec以内という短い高電圧パルスを600 ns以内に極性を切り替える要求を実現するために，MARX回路には立上り時間5 nsの超高速MOS-FETが使用されている。図42

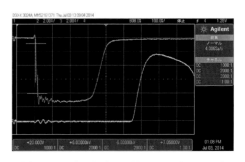

青色の波形は負荷抵抗50 Ω接続時の出力電圧波形。
縦軸は2 kV/divでピーク電圧は9.4 kVp。横軸は
100 ns/divで立上り時間は20 ns

※口絵参照

図43　超高速MARX基板16段を使用した
　　　HVユニットの出力電圧波形

— 42 —

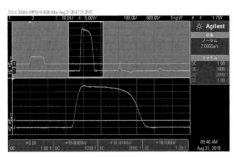 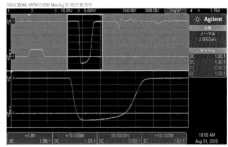

左側の青色の波形は正極性出力電圧波形。右側の波形は負極性出力電圧波形。両方とも縦軸は 10 kV/div。横軸は 100 ns/div。正極性，負極性ともピーク電圧は 60 kV で立上り時間は 40 ns。従来方式のパルストランスに比べて極めて高速の立上りを得ている

※口絵参照

図 44　電圧重畳用パルストランスの出力電圧波形

に MARX 基板とその出力電圧波形を示す。600 V で 300 ns のパルスを 7 ns という非常に速い立上りで出力している。また，図 43 に HV ユニットの出力電圧波形を示す。16 段の MARX 回路により出力電圧は 9 kVp 以上に上昇している。立上り時間は回路全体のインダクタンス分により 20 ns と遅くなっているが，それでも十分な早さが得られている。さらに，図 44 には 12 個のパルストランスの出力電圧波形を示す。正極性用の 6 台の HV ユニットを動作させたときは，正極性の電圧が発生し，負極性用の 6 台の HV ユニットを動作させたときは負極性の電圧が発生することが確認できる。また，それぞれの出力電圧は 60 kVp であり，立上り時間は 40 ns である。HV ユニットの出力電圧の立上り時間に対してさらに遅れているのは主にパルストランスの浮遊容量によるものであるが，従来の 1 個のパルストランスを使用した方式に比べるとはるかに高速に電圧が立ち上がっている。

4.6　SOS 方式

通常，半導体素子は高速で動作する MOSFET でもそのターンオン時間は 10 ns 程度以上必要である。そのため，これまでの回路方式では 10 ns 以下の立上り時間のパルスを発生することは難しかった。ダイオードに順方向の電流を流したのちに，急峻に逆電圧を印加すると，短時間逆電流が流れたのちに 1 ns 以下と非常に高速で電流を遮断できる素子が存在する。この特性を利用して急峻な高電圧パルスを

出力電圧 60 kV。立上り時間は 30 ns と非常に高速で立上る

図 45　SOS 方式高電圧パルス電源

発生する回路方式をSOS方式という。SOS方式を使用した電源例[43]を図45に，その回路図を図46に示す。1 kVの直流電圧に充電された初段コンデンサC0はIGBTの動作により，1次コンデンサC1に急速充電する。この際，共振充電により，

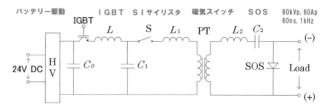

最終段にSOSダイオードを使用して高電圧パルスを高速に立ち上げている。

図46　SOS方式高電圧パルス電源の回路図

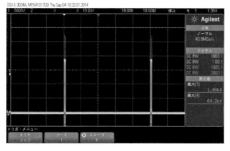

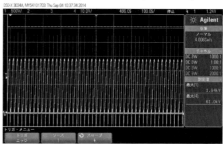

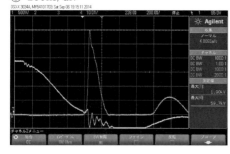

黄の波形は図46の一次コンデンサC1の充電電圧波形で500 V/div。赤の波形は出力電圧波形で10 kV/div。45 kHzのバースト周波数で45発のパルスを出力する運転を20 Hzで繰り返している。①の波形で20 Hzの繰り返しが確認できる。②の波形で45 kHzで45発のパルスが確認できる。③で出力電圧60 kVpで立上り時間30 nsであることがわかる

※口絵参照

図47　SOS方式高電圧パルス電源の出力電圧波形

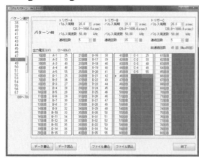

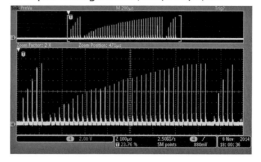

左のパソコンプログラムにデータを入力することにより，出力電圧を1パルス毎に変えることが可能である。右側は出力電圧波形例で下の波形は100 μs/divであり20 μs毎に違った電圧の波形を出力している。最高出力は60 kVp

図48　1パルス毎の出力電圧を変えた場合の出力電圧波形例

第3節 半導体パルスパワー電源

C1の電圧はC0の電圧の約2倍に昇圧される。C1が充電された直後にSIサイリスタのSが放電されると，パルストランスPTとSOSダイオードを介してPTの2次コンデンサC2に30kVの高電圧で充電される。この際，SOSダイオードには順方向の電流が流れ少数キャリアがpn接合部に蓄積される。C2がピーク電圧付近まで充電されるタイミングでPTの鉄心の強磁性体が磁気飽和を起こし，C2からPTの2次巻線とSOSダイオードを通して急峻な逆電流が流れるが，蓄積された少数キャリアが残っている間はSOSダイオードには逆電流が流れ，少数キャリアの消滅と共に，逆電流は急激に遮断され，その際，電流の流れる回路に浮遊するインダクタンス（L）に流れる電流（I）が急激に減少するためにいわゆる，L×dI/dtの原理により，SOSダイオード間に急峻なスパイク電圧が発生する。本電源での出力電圧波形を図47に示す。立上り時間30nsでピーク電圧60kVの出力が得られている。本電源は50kHzの高繰返しでのバースト運転も可能となっており，さらに，そのバーストパルスの1パルス毎をプログラミングすることにより自在に調整することが可能となっている。図48に50kHz

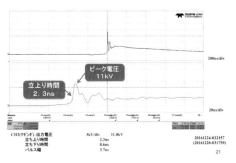

2.2kV耐圧のSiC-DSRDを4個直列使用し，立上り時間2.3nsでピーク電圧11kVを発生している。負荷抵抗は50Ω

図49 SOSダイオードにSiCのDSRDを使用した超高速パルス電源

ベアチップスタック試作

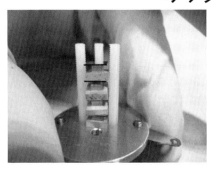

高速スイッチ回路ではパッケージの足の部分のリード線もスイッチ速度の劣化につながるため，インダクタンスを低減するベアチップスタックを試作した

2.2kV耐圧のSiC-DSRDを4個直列使用した。ベアチップを使用することで低インダクタンス化を実現した

図50 SiCのDSRDのベアチップスタック

表 5 半導体素子と回路方式の選定基準例

パルス幅		< 10 ns <	1 µs <	100 µs <
波形可制御	大電流（1 kA 以上）	④ LTD（MOSFET） ⑤ 電圧重畳回路（MOSFET）	② MARX（IGBT）	③ チョッパーMARX（IGBT）
	小電流（100 A 以下）	② MARX（MOSFET）		③ チョッパーMARX（MOSFET）
波形非制御		⑥ SOS（DSRD）	① ダイレクト（MOSFET/IGBT）	

のバースト運転にて 80 発の出力パルのそれぞれを変更した場合の出力電圧波形を示す。

SiC を使用して 2.4 kV〜13 kV という高い耐圧を有する DSRD（Drift Step Recovery Diode）が開発されており[44)-46)]，これを SOS 回路に適用することで**図 49** に示すように立上り時間 2.3 ns でピーク電圧 11 kV，ピーク電流 220 A のパルスを 1 kHz の繰り返しで発生することが確認できている。この DSRD の写真を**図 50** に示す。2.2 kV の耐圧の DSRD チップを 4 個直列にスタックすることで 10 kV 以上の耐圧を確保しながら，ns オーダーの急峻な電圧パルスの発生が可能となっている。

4.7 回路方式と使用素子の選定

本稿では高耐圧半導体を使用した 6 種類の回路方式を説明してきたが，高電圧パルス電源を考えたときに，どの素子をどの回路方式で採用するのがいいのかを判断するための一つの基準となり，これを**表 5** に示す。仕様素子と回路方式を選定する基準として，発生するパルス幅，出力電流，波形制御性に基づいて整理した。今後，GaN の商品化やさらに次世代の半導体の開発が進むことにより，この選定基準は適宜見直しが必要になってくるだろう。

5. 高電圧パルス発生回路の将来展望

高電圧パルス電源の半導体化は今後ますます進化し続け，半導体の高電圧化，大電流化，高速化がますます加速するであろう。さらに，それを活用したパルスパワーエレクトロニクスと言われる回路技術も発展していくことが予想される。この両技術は，パルスパワー技術の両輪となり，デバイスがさらに進歩することで，回路技術が進歩し，その結果，それを活用した産業応用も発展すると考えられる。これにより，新しい需要が拡大し，半導体デバイスの進歩のための資金を生む。このサイクルを絶え間なく回し続けることでパルスパワー産業が，スパイラルアップしていく。

半導体デバイスはシリコンから SiC に移行し，さらに，GaN の普及により高周波化が進み，新たな産業需要が生まれてくる。また，SiC，GaN の次世代の半導体として酸化ガリウムやダイヤモンド半導体の研究も進められており，これらの素子の開発が進むとこれらを活用したパルスパワー技術により，ますます科学技術の研究装置も高度化を誘発させ，新たな技術革新を生み出し，パルスパワーの産業応用が，新たなステージに進むであろう。

文　献

1) 松波弘之：「半導体 SiC 技術と応用」，日刊工業新聞社.

2) 徳地明ほか：「13 kV 高電圧 SiC デバイスの加速器応用に関する研究」，第 15 回日本加速器学会，長岡(2018).

3) 米澤善幸：「16 kV 級の超高耐電圧 SiC トランジスタ」，産総研 TODAY, 14,(2014).

4) 近藤力ほか：「高電圧用半導体デバイスのスイッチング特性」，第 12 回日本加速器学会，若狭(2015).

5) H. Michikoshi et al.："A Surface-Mountable 1.2 cc Compact Molded Package Suitable for 13 kV SiC MOSFET," in PCIM Europe 2018：International Exhibition and Conference for Power Electronics, Intelligent Motion, Renewable Energy and Energy Management,(2018).

6) 徳地明ほか：「SiC 化が進む加速器用高電圧パルス電源の研究」，第 14 回日本加速器学会，札幌(2017).

7) J. Nishizawa et al.："Field-Effect Transistor Versus Analog Transistor(Static Induction Transistor)," IEEE Trans. on Electron Devices, **ED-22**(4),(1975).

8) 稲垣隆宏ほか：「SACLA 油密閉型モジュレータに用いる 50 kV 半導体スイッチの開発」，第 14 回日本加速器学会，札幌(2017).

9) 天神薫ほか：「クライストロンモジュレータ用 50 kV 半導体スイッチ回路の開発」，第 13 回日本加速器学会，千葉(2016).

10) Akira Tokuchi et al.："Development of a high-power solid-state switch using static induction thyristors for a klystron modulator" NIM-A 769(2015).

11) T. Inagaki et al.："Development of a solid-state high-voltage switch device for an insulation oil-filled klystron modulator", PPC2017, Brighton, UK(2017).

12) K. Tenjin et al.：50 kV Solid-state Switch using Static Induction Thyristors for The Klystron Modulator, EAPPC2016, Lisbon, Portugal,(2016).

13) 森均ほか：「クライストロンモジュレータ用高電圧半導体スイッチの開発」，第 14 回日本加速器学会，札幌(2017).

14) 林秀原ほか：「13 kV-SiC-MOSFET を用いたイオン源電源の改善」，第 15 回日本加速器学会，長岡(2018).

15) H. Kobayashi et al.："Electrostatic Injection Kicker for KEK Digital Accelerator driven by Static Induction Thyristor Matrix Array Power System", EAPPC2014, kumamoto (2014).

16) 岡村勝也ほか：「13 kV 級 SiC-MOSFET を使用したパルスパワー電源の開発」，第 15 回日本加速器学会，長岡(2018).

17) 明本光生ほか：「マルクス回路方式によるパルスドループ補償」，第 9 回日本加速器学会，大阪(2012).

18) 古川電工ニュースリリース，光給電カメラの製品化に世界で初めて成功,(2014).

19) 勝木淳：「パルスパワーによるバクテリアの殺菌」，*J. PlasmaFusionRes.*, **79**(1),(2003).

20) 中島啓光ほか：「KEK における ILC クライストロン用チョッパー型マルクス電源の改善と大電力試験」，第 15 回日本加速器学会，長岡(2018).

21) 澤村陽ほか：「面実装型 3.3 kVSiC ILC 電源の開発」，第 15 回日本加速器学会，長岡(2018).

22) 澤村陽ほか：「3.3 kVSiC による ILC 用チョッパー型 MARX 電源の高耐圧化」，第 14 回日本加速器学会，札幌(2017).

23) 佐々木尋章ほか：「チョッパ型 MARX 電源の特性改善」，第 14 回日本加速器学会，札幌(2017).

24) 徳地明ほか：「ILC 用 SiC MOS FET MARX 方式クライストロン モジュレータ用電源の

第1章 パルスパワーの基礎

25) 中島啓光ほか：「KEK における ILC クライストロン用チョッパー型マルクス電源の現状」，第 13 回日本加速器学会，千葉(2016).

26) 鈴木隆太郎ほか：「ILC 用 MARX 電源の最適化」，第 13 回日本加速器学会，千葉(2016).

27) 林拓実ほか：「ILC 用マルクス電源の複数段ユニットにおける定電圧制御」，第 13 回日本加速器学会，千葉(2016).

28) 中島啓光ほか：「ILC クライストロン電源用チョッパー型マルクスユニットの大電力試験」，第 12 回日本加速器学会，敦賀(2015).

29) 鈴木隆太郎ほか：「MARX 基板の最適化」，第 12 回日本加速器学会，敦賀(2015).

30) 林拓実ほか：「ILC 用 MARX 電源全体充電・制御方式の検討」，第 12 回日本加速器学会，敦賀(2015).

31) A. Tokuchi et al.：Development of SiC MOS FET MARX type Klystron Modulator for International Linear Collider, EAPPC2016, Lisbon, Portugal(2016).

32) Y. Sawamura et al.：Development of SiC MOS FET MARX type Klystron Modulator for International Linear Collider", EAPPC2016, Lisbon, Portugal(2016).

33) J. Weihua et al.：Pulsed Power Generation by Solid-State LTD", IEEE TRANSACTIONS ON PLASMA SCIENCE, **42**(11), 3603-3608 (2014).

34) 虫邉陽一ほか：「バイポーラ型 SIC-LTD パルス電源の改良」，第 15 回日本加速器学会，長岡(2018).

35) 虫邉陽一ほか：「キッカーマグネット用バイポーラ型 SIC-LTD 電源の開発」，第 14 回日本加速器学会，札幌(2017).

36) 高柳智弘ほか：「SiC-MOSFET の LTD 回路を用いた RCS キッカー用新電源の開発」，第

14 回日本加速器学会，札幌(2017).

37) 高柳智弘ほか：「SiC-MOSFET を用いた半導体スイッチ電源の開発」，第 14 回日本加速器学会，長岡(2018).

38) Y. Mushibe et al.：Improvement of bipolar LTD using SiC MOSFETs", EAPPC2018, Chansha, China(2018).

39) 黄瀬圭祐ほか：「MOS-FETs ベースの LTD を用いた両極性パルス発生器の開発」，第 13 回日本加速器学会，千葉(2016).

40) K. Kise et al.：A development of a bipolar pulse generator using MOS-FETs based LTD", EAPPC2016, Lisbon, Portugal(2016).

41) 澤村陽ほか：「J-PARC ミュオンビームキッカー用 MOS-FET MARX 駆動バイポーラパルストランス合成方式電源の開発」，第 12 回日本加速器学会，敦賀(2015).

42) Y. Sawamura et al.：A development of bipolar Induction voltage adders driven by MOS-FETs", EAPPC2014, kumamoto (2014).

43) Y. Sawamura et al.：Development of SOS type High-speed High-voltage Pulse Generator equipped with voltage controlled 30 kHz high rate burst mode", EAPPC2016, Lisbon, Portugal(2016).

44) 内藤孝ほか：「SiC 半導体を用いた超短パルス高電圧電源の開発」，第 14 回日本加速器学会，札幌(2017).

45) 内藤孝ほか：「高速，高電圧パルス電源の開発」，第 13 回日本加速器学会，千葉(2016).

46) T. Goto et al.：Experimental Demonstration on Ultra High Voltage and High Speed 4H-SiC DSRD with Smaller Numbers of Die Stacks for Pulse Power", ICSCRM2017, Washington DC, USA(2017).

— 48 —

第 2 章
パルスパワーの応用

第2章　パルスパワーの応用

第1節　水中・水上および霧中での
　　　　パルス放電応用

愛媛大学　門脇　一則

1.　はじめに

　パルスパワーを用いた水処理研究における重要な課題のひとつは，水の中もしくは水と気体界面でのプラズマ化学反応の機構を正しく理解することである。次いで，実機レベルでの水処理のエネルギー効率を高めることを目的として，電極間における媒質の配置の最適化や，印加電圧波形の最適化を目指すことが，もうひとつの重要な課題である。これまでに数多くの研究者らによって，これらの課題を解決するための調査や研究がなされてきた[1]-[4]。

　電極間の媒質の種類やその分布状態でストリーマ放電の進展開始電圧や進展距離は大きく変化する。代表的な配置の種類として，針のような突起状電極の先端部が水中にある場合（水中放電），水面近傍にある場合（水上沿面放電），気液混相領域にある場合（霧中放電）の3つが挙げられる。それぞれには長所短所があり，それらの特徴を理解した上で処理装置の設計に反映させるべきである。水中放電，水上沿面放電，霧中放電，いずれの形態においても水の高導電性ゆえに流れる伝導電流に起因するジュール熱損失を抑えるためには，立ち上がりの早いパルス電圧を印加して瞬時にストリーマ放電を進展させる必要がある。筆者らはこれまで，水中放電，水上沿面放電，霧中放電のそれぞれにおける長所を生かし短所を補うためのパルスパワー応用技術の構築に取り組んできた。以下，その研究の概要を中心に解説する。

2.　水中放電

2.1　水中放電を進展させるための工夫

　水中放電における長所は，放電により形成されるOHラジカルなどの活性種が直接液体中の有機物に作用しやすい点である。さらには，水という媒質を介して衝撃波が広範囲に伝搬するので，機械的応力による水中微生物（菌類や藻類）への殺菌処理や，水中固形物の粉砕処理も期待できる点である[5]-[7]。一方で水中放電の短所は，放電開始電圧が高くなることである。さらに液体中でのストリーマ進展速度は気体中のそれよりも二桁程度小さいので，波高値を高めるだけでなく，パルス幅も長くしないと放電が進展しない。結果的に，水中の有機物を分解するような処理の場合，そのエネルギー効率は他の方法よりも著しく劣ることが欠点である。この短所を克服するために，さまざまな方法で媒質中に気泡を混在させる工夫がなされてきた。これらの手法を用いて，水中の有機物の分解を試みた研究例や，水中微生物の死滅を試みた研究例が数多く報告されている。たとえば国内では，電極下側から電極間に気泡を導入することにより放電開始電圧を低下させる方法が，佐藤らにより示されている[8][9]。野村らは，マイクロ

— 51 —

波と超音波を局所的に集中させ，マイクロキャビティを形成することによって液中プラズマを定常的に形成することに成功している[10]。猪原らは，高速水流によってキャビテーション気泡群を水中に形成し，その気泡群発生箇所に高電圧を印加して放電プラズマを形成する方法を考案している[11]。筆者らは，コンデンサの充放電により形成される単一インパルス電圧の波頭部に，同軸ケーブル中を極性反転しながら往復を繰り返す進行波により引き起こされる振動電圧（進行波パルス）を重畳することによって，放電発生確率を高める方法を提案している[12]。次節では，この振動重畳インパルス電圧による水中放電の進展特性について解説する。

2.2 単一インパルスへの進行波パルスの重畳効果

図1は，最も基本的な単一インパルス発生回路である。スイッチS_1を閉じて，コンデンサを直流電圧$-V[V]$で充電したのち，S_2を閉じると，出力端には波頭の高さ$V[V]$で，$\tau = CR[s]$の時定数で指数関数的に減衰する単一パルス電圧が出力される。図2は筆者らが水中放電用電源として用いている振動重畳インパルス電圧発生回路である。その回路は，図1の基本回路におけるコンデンサとスイッチS_2との間に長さ$L[m]$で特性インピーダンス$Z_0[\Omega]$の同軸ケーブルが挿入されているだけである。この同軸ケーブルはパルス形成線路の役割を果たす。充電により静電エネルギーが蓄積された状態のもとで，S_2を閉じることにより電圧と電流の進行波が線路に沿って伝搬を開始する。仮に，ケーブルのどちらかの終端部でインピーダンスマッチングがとられているならば，進行波はそこで吸収されるため，出力電圧波形は図1の回路のそれと同じになる。しかし図2の回路の場合，S_2によりケーブルの一端は直接接地されるため，電圧の進行波は極性反転しながら反射してもう片方の端部（コンデンサ側）に進行する。ケーブルから見たコンデンサ側のインピーダンスをケーブルの特性インピーダンスよりも十分大きくしておけば，こちら側では極性反転せずに反射する。図3は，水中放電の進展過程を光学的に観測するための実験系の概略図である[12]。図中の左端にあるギャップスイッチが図2中のS_2に相当する。4000 pFのコンデンサと1 MΩの抵抗よりなるCR回路の先が出力端であり，そこに純水で満たされた針対平板電

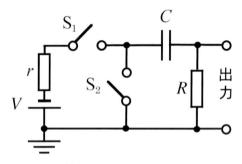

図1　最も基本的なインパルス電圧発生回路図

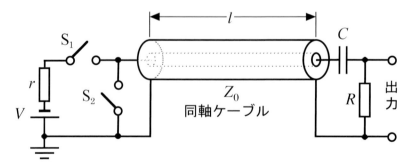

図2　振動重畳インパルス電圧発生回路

第1節　水中・水上および霧中でのパルス放電応用

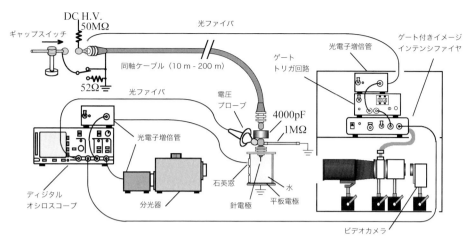

図3　水中放電の光学的観測システムの外観

極が接続されている。52 Ωの整合抵抗を介さずにギャップスイッチを閉じて同軸ケーブルを直接接地すると、単一インパルスに進行波電圧パルスが重畳された振動重畳インパルス電圧が出力される。**図4**(a)は直流電圧 $V=10$ kVで長さ$L=10$ mの同軸ケーブルを充電した場合の出力電圧波形である。波頭部が20 kVまで到達したのち、周期的な振動を繰り返しながら10 kVに収束しているのがわかる。この後、電圧は指数関数的に減衰し最終的にゼロに収束する。振動の周期は進行波が同軸ケーブルを二往復するのに要する時間に相当する。図4(b)は、同軸ケーブルの長さを$L=100$ mにした場合の出力電圧波形である。ポリエチレン製同軸ケーブル内の進行波の伝搬速度は2.0×10^8 m/sなので、100 mのケーブルを二往復するのに要する

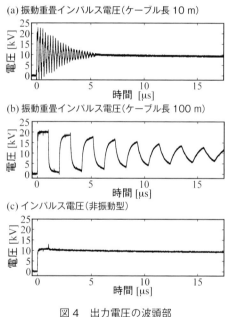

図4　出力電圧の波頭部

時間は2 μsである。図4(b)を見て明らかなように、2 μsの周期で振動が繰り返されているのがわかる。一方、進行波の反射を抑止するために整合抵抗を介して接地した場合の出力電圧波形を図4(c)に示す。この場合は進行波パルスの重畳が無いために、波高値$V=10$ kVで時定数が数ミリ秒の単一インパルス電圧が印加されるのみである。このような進行波の往復による振動電圧の重畳により、電極からのストリーマの進展を促進することができる。たとえば、純水で満たされたギャップ長100 mmの針対平板電極間に30 kVの単一インパルスを印加しても、ストリーマ放電が電極間に広い範囲で進展することはない。しかしこれに振動電圧を重畳することにより、**図5**に示すようなストリーマの進展が可能となる。このとき、充電電圧は30 kVであるが、極性反転パルスの重畳によって、電極間に印加される電圧の最大波高値は

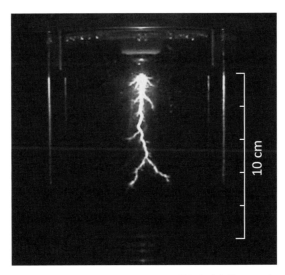

図5 水中放電光の静止写真の一例(最大波高値60 kV)

60 kVに達している。近年,高耐圧かつ高速な半導体スイッチが上市されている。たとえば,立ち上がりが100 nsオーダーで耐圧が30 kV級のサイリスタスイッチをすれば,このような水中パルス放電を毎秒数十回以上の高頻度で繰り返し発生させることも可能である。

2.3 振動重畳インパルス印加時の水中ストリーマ進展機構

筆者らは,パルス電圧を印加してからストリーマが進展を開始するまでの時間を統計的に調べた結果,パルスの振動周期と放電開始遅れ時間との間には密接な関係があることを明らかにしている。以下では,放電開始遅れ時間分布の統計と,進行波パルス重畳時の過渡的放電光の観察結果について紹介する。

図6は,導電率が1.5 mS/mの純水で満たされた針対平板電極間(ギャップ長100 mm)に,図4(a)(b)に示された振動重畳インパルスを印加した場合の放電開始遅れ時間のラウエプロットである。図中に記載のパラメータは振動重畳インパルス波頭部の振幅である。それぞれの条件毎に20回の電圧印加を行い,各回における放電開始遅れ時間を測定し,合計20個の遅れ時間のデータをもとにプロットしている。$t=0$の時点で電圧印加が開始されるとして,その後の残存率(すなわち放電が進展していない確率)の時間変化を片対数グラフ上に描くことによって,放電開始遅れ時間の分布が得られる。プロットの傾きが,最初は緩やかなのに,ある時間帯から急になっているような場合は,何らかの物理過程を経るために必要な形成遅れ時間を過ぎてから放電が引き起こされることを意味している。片対数グラフ上でプロットの傾きが常に一定で直線を示す場合,単位時間当たりの放電発生確率は常に一定であることを意味する。すなわちこのような場合は,電子なだれの初期電子供給などの確率現象に起因して,水中放電が引き起こされていると解釈することができる。図6(a)を見ると,最大振幅40 kVの場合だと,0.1 μs以内に5割の確率で放電が始まり,残りの5割は0.3 μsの時点に集中している。このことは,振動パルスの第一周期で半分,残りの半分は第二周期の振動電圧が印加された時にストリーマが進展していることを意味する。これに対して,最大振幅が36 kV以下の場合

— 54 —

には，放電開始の集中する時間帯は認められない。一方，図6(b)では，最大振幅32 kV以上であれば，2 μsを過ぎた時点で放電が引き起こされる確率が非常に高くなる。この時間帯というのは，振動の第一周期で電圧がピークに到達しているときに放電が始まっているのではなく，その後の第二周期の立ち上がり時点で放電が進展を開始していることを意味している。このことは，第一周期の電圧上昇および降下の過程で，針先端近傍での濃密な空間電荷群の移動を伴う充放電現象によって，ミクロな気泡が針先周辺に形成されていることを示唆している。

最大値60 kVの振動重畳インパルスを印加したときの，電圧波形と光電子増倍管で検出された光信号を図7に示す。振動が繰り返されるたびにストリーマの進展を示唆する光信号パルスが検出されているのがわかる。図7のグラフの上に記された(a)から(f)の矢印の時間に，高速ゲート付きイメージインテンシファイヤを用いて切り取り撮影された過渡的放電光の写真を図8(a)～(f)に示す。振動が繰り返される毎に放電チャネルの先端部でストリーマが進展しているのがわかる。

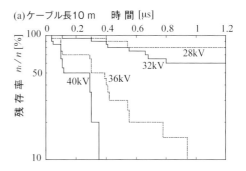

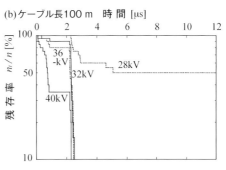

図6 正極性の振動重畳インパルスを印加した場合における水中放電の遅れ時間のラウエプロット

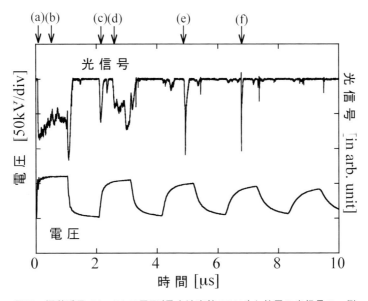

図7 振動重畳インパルス電圧(最大波高値60 kV)と放電の光信号の一例

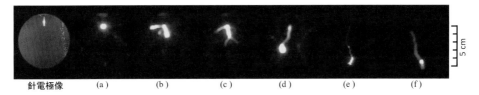

図8 振動重畳インパルス電圧印加時の過渡的放電光((a)から(f)の撮影のタイミングは図7の(a)から(f)の矢印に対応,シャッター速度は,50 nsに統一)

3. 水上沿面放電

3.1 水上沿面放電の長所と短所

　水上沿面放電の進展機構は,一般的に知られている固体誘電体における沿面放電のそれと同じである。すなわち放電の進展方向が電気力線の向きと平行な場合と,進展方向が電気力線の向きと垂直な場合に分類できる。いずれの場合においても,水中放電の開始電圧と比べて桁違いに小さい印加電圧で進展可能なのが沿面放電の利点である。特に,背後電極上に厚さ数mm以下の水の層を形成し,その状態で水面に接する突起状電極から進展する沿面放電は,印加電圧が低くても,ストリーマ先端の電界強度を高く維持できる点が特徴である。一方で,放電の進展方向が二次元(沿面)に限定されることや,水の導電率の上昇とともに沿面放電の進展距離は小さくなるなどの点が短所として挙げられる。以下では,接地された平板電極上を流れる膜状の水面に配置した突起電極に,振動重畳インパルスを印加した時の沿面放電の進展特性と,それを利用した水質改善技術について紹介する。

3.2 水上沿面放電の進展特性

　図9は厚さ3 mm程度の流水の上に広がる水上沿面放電の静止写真である。水面に接するように垂直に立てられた針電極に,波頭部の最大値が20 kVで振動周期が1 μsの振動重畳インパルスを毎秒50回繰り返し印加すると,水面を放射状に広がる沿面放電光が定常的に形成される。これにより,水中の有機物の分解(酸化)や,水中微生物の死滅が加速される。インジゴカルミン水溶液を沿面放電処理するための実験システムの概要図を図10に示す[13]。図中左側に配置されている振動重畳インパルス発生装置の構造は前節で説明したそれと同じである。図の中央に位置する水槽内では,1 Lのインジゴカルミン水溶液がポンプで循環されている。循環によって,ステンレス製平板電極と針電極との間に3 mm程度の流水層が形成される。循環用の配管の一部から水溶液を抽出し,その色相変化を分光器と光パワーメータで評価することができる。さらに水槽上面の鏡に映る沿面放電光を高速ゲート付きイメージインテンシファイヤで観察することも可能である。

　波頭部の最大振幅が20 kV(正極性)の振動重畳インパルスを印加した場合の,振動の第一周期から第三周期までの過渡的放電光の写真を

図9 水上沿面放電光の静止写真
(最大波高値20 kV)

— 56 —

図11に示す。負極生における振動の第一周期から第三周期までの過渡的放電光の写真を図12に示す。図8の水中放電の進展長が，振動の繰り返しとともに不連続的に伸びていたのに対し，沿面放電の場合は第一周期の時点で進展距離が最大に達しているのがわかる。また，正極性の進展能力は負極性のそれよりも高く，正極性におけるプラズマと水との接触面積は，負極性のそれよりも大きい。水槽内の気圧を0.02 MPa（0.2気圧）まで減圧した状態で電圧を印加した時の沿面放電光も観察している。減圧下での，第一周期における正極性沿面放電光の進展過程を切り取った写真を，図13に示すとともに，負極性沿面放電光の写真を図14に示す。減圧により沿面放電光の進展速度は，大気圧下でのそれよりもさらに速くなる。

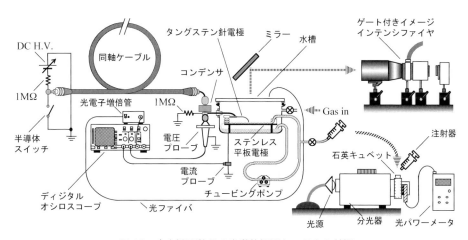

図10　水上沿面放電の光学的観測システムの外観

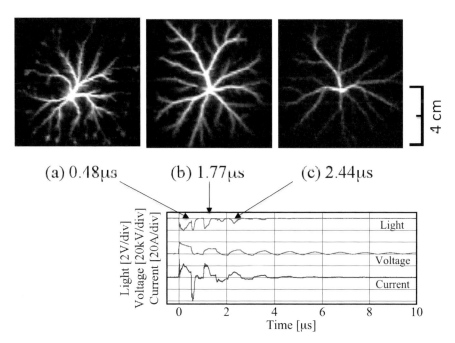

図11　正極性の振動重畳インパルス電圧印加時の過渡的放電光
（大気圧空気中，シャッター速度は50 ns）

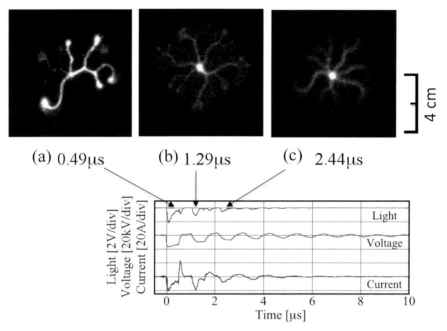

図12 負極性の振動重畳インパルス電圧印加時の過渡的放電光
（大気圧空気中，シャッター速度は50 ns）

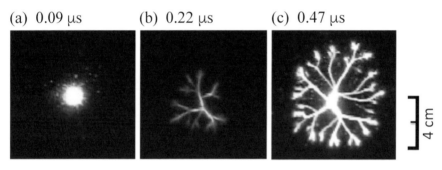

図13 減圧下（0.02 MPa）で正極性の振動重畳インパルス電圧印加時の過渡的放電光
（シャッター速度は50 ns）

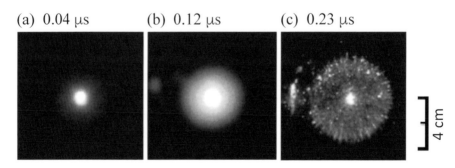

図14 減圧下（0.02 MPa）で負極性の振動重畳インパルス電圧印加時の過渡的放電光
（シャッター速度は50 ns）

3.3 水上沿面放電によるインジゴカルミン水溶液の脱色

　流水層の厚みをさらに薄くして，突起状電極と平板電極の距離を縮めることによって，低い電圧でも高電界を形成できるようになり，結果的にパルス発生回路に蓄積する静電エネルギーを低減することができる。さらに突起状電極の数を増やすことにより，沿面放電と水面との接触面積が大きくなり，その結果，電圧印加1回あたりの処理量を増やすことができる。さらに水槽内の気体成分を調整することにより，反応率を高めることができる。このような改善を施した状態で，インジゴカルミン水溶液の脱色に要するエネルギー効率を評価した結果について紹介する。インジゴカルミンは，代表的な青色染料のひとつである。インジゴカルミンは酸化により二重結合部が切断され，その結果，青色の色相が失われるので，この現象を利用して水中の有機物に対する放電処理の有効性を検証する例が多い。

　ギャップ長1mmのネジ対平板電極の外観写真を図15に示す[14)15)]。1本の針電極から広い範囲に沿面放電を進展させるためには，進展に要する時間以上のパルス幅を有する電圧を印加しなければいけない。これに対し，図15のように棒ネジを水面上に沿って横向きに配置すれば，ネジ山の1つひとつから沿面放電が水上に形成される。これならば個々の沿面放電の進展距離は小さくても，ネジを長くすることにより水面とプラズマとの接触面積を増やすことができるので，パルス幅を短縮して投入するエネルギーを抑制することができる。

　波頭部の最大値が+10kVの振動重畳インパルス電圧の繰り返し印加により1Lのインジゴカルミン水溶液中のインジゴカルミン分子の酸化を試みた。放電処理時間の経過とともに，酸化されずに残存するインジゴカルミンの残留濃度は指数関数的に減少することが予想される。インジゴカルミンの残留濃度と放電処理時間との関係を図16に示す。図中のパラメータは振動重畳インパルス発生装置内の同軸ケーブルの長さである。[3.2]の水中放電実験では100mの同軸ケーブルを用いていたのに対し，わずか数メートルの同軸ケーブルで水上沿面放電が引き起こされている事実に注目すべきである。プラズマに投入した電力の測定結果をもとにして，図16の横軸を累積投入エネルギー密度に置き換えたグラフを図17に示す。残留濃度を初期値の10%にするために単位重量あたりの水溶液に投入するエネルギーは，5J/cm^{3}と見積もられる。

　図18は，処理装置のスケールアップを目指して大型水槽内で水上沿面放電を引き起こすこ

(a) 上からの外観

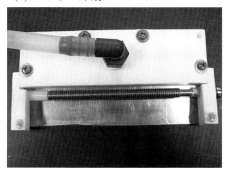

(b) 正面からの外観

ネジ山のピッチ: 1.41 mm

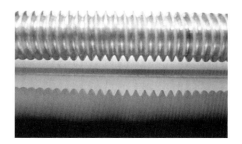

図15　ネジ対平板電極の写真

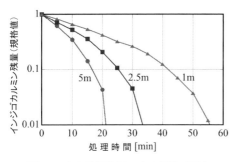

図16 水上沿面放電による処理時間とインジゴカルミン残留量との関係(電圧の最大振幅+8 kV)

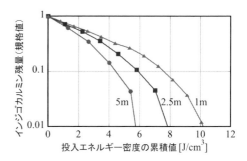

図17 水上沿面放電による投入エネルギー密度累積値とインジゴカルミン残留量との関係(電圧の最大振幅+8 kV)

図18 水上沿面放電処理装置の外観

とにより，10Lのインジゴカルミン水溶液を処理している様子を撮影した写真である。この実験において得られたインジゴカルミン残留率と累積投入エネルギー密度との関係を図19に示す。装置のスケールアップにより，図17の結果よりも一桁少ないエネルギー量で分解処理ができているのがわかる。

インジゴカルミン以外にも，難分解性物質のひとつであるフッ素系有機化合物(PFOAやPFOS)への水上沿面放電処理の効果も確認さ

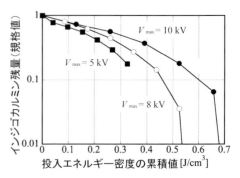

図19 図18の装置で処理したときの投入エネルギー密度累積値とインジゴカルミン残留量との関係

れている。西村らは，オゾン処理では分解しない PFOA や PFOS に対して沿面放電処理を施したところ，分解が促進されることを確認している[16]。さらに有機物の分解にとどまらず，微生物や菌類の死滅にも有効であることがわかっている。たとえば著者らは，芽胞（spore state）という極めて高い抵抗性を示す状態で水中に浮遊する枯草菌（*Bacillus subtilis*）に対し，水上沿面放電処理を施すことによって，芽胞菌の高分子 DNA が破壊されることを実験的に明らかにしている[17]。

4. 霧中放電

4.1 霧中放電の長所と短所

　霧中放電とは，霧状の水滴が分布している雰囲気中を進展する放電のことである。この方法の長所は，単位重量あたりの水とプラズマとの接触表面積が大きくなるという点である。そのため，1回のパルス電圧印加により形成される放電プラズマの体積が小さくても，他の手法よりも処理率を高めることが可能である。さらにもうひとつの長所として，導電率の高い液体に対しても，放電処理が可能であるという点が挙げられる。水中放電や水上沿面放電におけるストリーマ進展能力は，液体の導電率の上昇とともに著しく低下する。実際の水処理を想定した場合，処理対象となる排水は高導電率である可能性が高い。そのような低インピーダンスの排水に電圧を印加しても大きな伝導電流が流れるだけでプラズマを生成することは困難である。これに対して，空間の大部分が気体であって，その空間に微小な液滴が点在している状況であれば，液体の導電率の影響をさほど受けることなく，ストリーマ放電の進展が可能である。一方，霧中放電の短所は，放電開始電圧が水滴の分布状態に大きく依存しているため，繰り返しパルス放電の安定化が難しい点である。特に，放電開始の起点となる突起状電極先端部に水滴が付着してしまうと，途端に放電開始電圧が上昇してしまうことが問題である。

4.2 エレクトロスプレー法の応用

　霧中に含まれる水滴の直径が小さいほど，単位重量あたりの水とプラズマとの接触面積は大きくなる。一般的に用いられるシャワー用ノズルから mm オーダーの水滴をプラズマ空間に自由落下させる手法は簡便であることから，この手法を用いて水処理を試みた事例は多い[18][19]。さらに水滴を細かくする方法として，超音波加湿器を利用する方法や，エレクトロスプレー（静電噴霧）法により，μm オーダーの水滴を空間に形成する方法などが知られている。エレクトロスプレー法とは，液体が供給されている注射針の先端を高電界にすると，帯電した液体に加わる静電気力が液体自身の表面張力を凌駕し，その結果，同極性に帯電したミクロな水滴が互いに反発しながら針先端から放出されるという原理を利用した手法である。エレクトロスプレー法によって放出された水滴は，高電界領域である針先端を通過することから，それだけでも水処理の効果があるように思える。事実，エレクトロスプレー法だけでインジゴカルミン水溶液が脱色されるという報告例もある[20]。ただしここで注意しなければいけないのは，注射針の先端部で，エレクトロスプレー法による霧滴と，ストリーマ放電によるプラズマを同時に形成することは物理的に困難であるという点である。従って，エレクトロスプレー法を用

いて放電処理をする場合には，噴霧用の直流高圧電源および電極系とは別に，パルス放電用の電源と電極系を準備することが多い[21]。すなわち，1本の針電極先端近傍で，噴霧とプラズマの形成を両立することができれば，極めて単純な電極構成で高効率な水処理が可能となる。最近筆者らは，静電噴霧とパルスストリーマ放電の進展を，単一の針電極先端部の同一空間で実現することを目的とした研究を推進している。課題を解決するために，振動重畳インパルス電圧を用いて，毎秒数百回の繰り返し頻度で，噴霧と放電を交互に進展させることに成功している。次に，振動重畳インパルス電圧の繰り返し印加による霧中放電の進展特性について解説する。

4.3 振動インパルス重畳型脈動電圧による噴霧と放電の交互進展

電極間距離10 mmの注射針対平板電極間に+5 kVもしくは+7 kVの平滑な直流電圧を印加した時の静電噴霧の高速度撮影写真と放電光の静止写真を図20に示す。(a)の+5 kVの場合，エレクトロスプレー法によって注射針の先端から微小な液滴が噴霧され，電極間に拡散しているのがわかる。一方，同条件下での放電光を暗室にて撮影したところ，針の先端部から伸びるテイラコーンに沿った領域がわずかに光っているだけで，ストリーマコロナが広い範囲に進展していないことがわかる。この状態から放電光を進展させるために電圧を+7 kVまで上昇させた時の写真が(b)である。(a)と比べて(b)の放電光の強さと分布領域は大きくなったものの，微小液滴は形成されていないことがわかる。その理由は電圧上昇に伴い針先端の電界強度が放電開始電界を越えると，放電の進展により電荷が放出されてしまい，その結果，電荷を失った針先の水滴が大粒のまま自由落下するためである。このように，静電噴霧とストリーマコロナの形成はトレードオフの関係にある。

図21は，噴霧と放電を交互に進展させることを目的として，筆者らが用いている振動インパルス重畳型脈動電源の回路図である。針電極に正の直流電圧が常時印加されている状況のもとで，間欠的に振動インパルス電圧が重畳される。この回路におけるC_1やR_1の値を調整することによって，進行波パルスの波頭部でストリーマが進展し，さらに次の進行波パルスが重畳されるまでの間に微小液滴を安定して噴霧することができる。何故，C_1やR_1の値を調整することが，放電と噴霧の交互進展の安定化の鍵を握っているのかというと，インパルスの波尾部分の周波数成分が噴霧の安定化と密接に関係しているからである。別の言い方をすれば，波尾部分の周波数成分を，針先に形成される水滴の固有振動周波数と合致させていることが，交互進展の安定化にとって極めて重要である。

(a) DC+5 kV

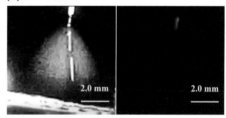

(b) DC+7 kV

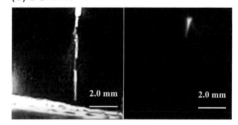

※口絵参照

図20　直流電界下で針先から放出される水滴の高速度撮影写真(1/1000秒)と放電光の長時間露光写真(30秒)

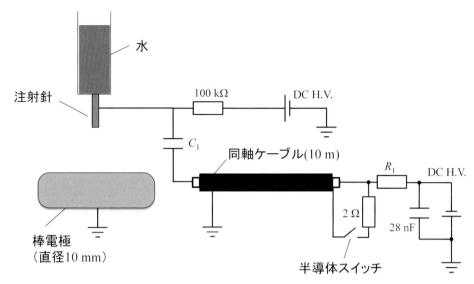

図21 直流に振動型インパルスを重畳するための回路図

図22 は，上向きに置かれた注射針の先に置かれた水滴に，およそ150 Hz の正弦波交流電圧を印加した時のコマ取り写真である。このとき，最大値がわずか2 kV の交流電圧を印加しているだけにもかかわらず，針の上に形成された球状の水滴が大きく上下に振動する理由は，正弦波交流の周波数が水滴の固有振動周波数に合致しているからである。すなわち振動型インパルス電圧の周波数成分中に，水滴の固有振動周波数が含まれていれば，振動型インパルスの

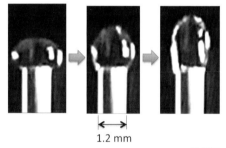

※口絵参照

図22 正弦波交流電圧の重畳により変形する水滴の写真

繰り返し印加により水滴の変形が加速され，結果的にテイラーコーンが周期的に形成されると考える。図23 は，+6 kV の直流電圧に最大値3 kV の正弦波交流電圧が重畳された脈動電圧（振幅範囲：+3 kV〜+9 kV）を印加した時の静電噴霧の高速撮影写真である。正弦波交流の周波数を100 Hz から600 Hz まで振って，静電噴霧の脈動周波数依存性を調べた結果，図23 の写真から明らかなように，500 Hz 付近の正弦波交流を重畳した時に，最も静電噴霧が安定していることがわかる。

+5 kV の直流電圧に振動型インパルスを毎秒500 回重畳した時の脈動電圧波形と光電子増倍管で検出された光信号を図24(a)に示すと共に，同条件での電圧印加中の電極間を高速コマ取り撮影（ひとコマ1/1200 秒）した写真を図24(b)に示す。光電子増倍管からの信号が示すように，進行波パルスの波頭部で，ストリーマ放電の進展を示す光信号が検出されている。(b) の3枚のコマ取り写真のうち，背後のLED が点灯している左右の写真は，進行波パルスが重畳された時間帯に切り取られた像である。これに対して，LED が消えている中央の写真は進行波パルスが印加されたのち，次のパルスが印加されるまでの期間を切り取った像である。進

第2章 パルスパワーの応用

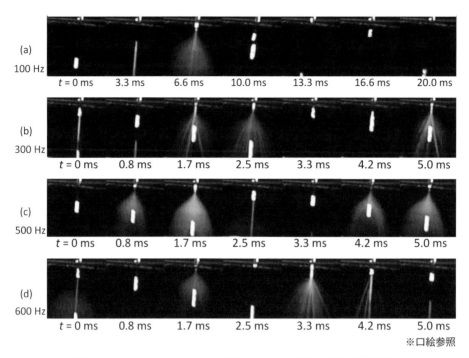

図23 DC＋6 kV に ac 3 kV を重畳したときの水滴の高速度撮影写真

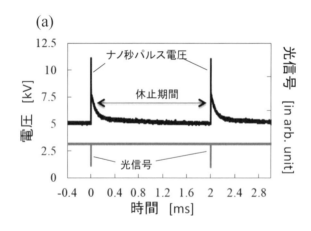

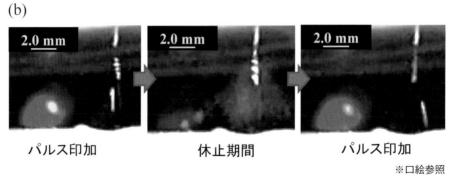

図24 DC＋5 kV に振動型インパルスを重畳したときの光信号と水滴の高速度撮影写真

行波パルス重畳時に撮影された左右の写真では，微小液滴の噴霧は認められないのに対して，進行波パルスの休止期間中に噴霧が引き起こされているのがわかる。このように放電と噴霧の交互進展を安定させるためには，単に幅の短い急峻なパルスを直流に重畳すれば良いだけではなく，パルスの波尾を長くすることによって，水滴の固有振動周波数と同じ周波数成分を印加電圧に含ませておくことが重要である。このように，繰り返しパルスパワーの周波数成分を制御することにより，静電噴霧とストリーマ放電の同一空間での進展を時間的に制御することに成功した例は著者らの知る限りにおいて見当たらない。静電噴霧用電極とストリーマ進展用電極とを別の空間に配置して水処理をする従来方法と比べた場合の有効性について，今後さらに検討する価値があると考えている。

文　献

1) P. Bruggeman and C. Leys：*J. of Phys. D：Appl. Phys.*, **42**(5), 1-28(2009).

2) B. R. Locke et al.：*Ind. Eng. Chem. Res.*, **45**(3), 882-905(2006).

3) 安岡康一：電学論 A, **129**(1), 15-22(2009).

4) プラズマによる水処理・水高機能化と水界面における反応過程調査専門委員会：「液中・液界面プラズマの反応過程と先端応用」，電気学会技術報告(2011).

5) 佐久川貴志ほか：電学論 A, **126**(7), 703-708(2006).

6) 浪平隆男ほか：電学論 A, **126**(3), 197-198(2006).

7) 中司宏ほか：電学論 A, **123**(6), 531-536(2003).

8) M. Sato et al.：*IEEE Trans. Indust. Appl.*, **32**(1), 106-112(1996).

9) 佐藤正之：応用物理, **69**, 301-304(2000).

10) S. Nomura and H. Toyota：*Appl. Phys. Lett.* **83**(22), 4503(2003).

11) 猪原哲ほか：電学論 A, **132**(8), 656-663(2012).

12) K. Kadowaki et al.：*IEEE Trans. Diel. Elect. Insul.* **13**(3) 484-491(2006).

13) K. Kadowaki et al.：Proc. of the Asian Conf. on Elect. Discharge, 1-4(2006).

14) K. Kadowaki et al.：Proc. of the 5th Asia-Pacific Inter. Symp. on the Basics and Appl. of Plasma Technol., **1**, 54-57(2007).

15) 門脇一則：水環境学会誌, **34**(10), 308-311(2011).

16) 西村文武ほか：土木学会論文集 G(環境), **69**(7), III_411-III_417(2013).

17) K. Kadowaki et al.：*Bios. Biotech. and Biochem.*, **73**(9), 1978-1983(2009).

18) 須貝太一ほか：電学論 A, **131**(5), 401-407(2011).

19) T. Nose et al.：*IEEE Trans. Plasma Sci.*, **41**(1), 112-118(2013).

20) Zanhua Wang：*Journal of Electrostatics* **66**(9-10), 476-481(2008).

21) E. Njatawidjaja et al.：*J. of Electrostatics* **63**(5) 353-359(2005).

第2章　パルスパワーの応用

第2節　電子線滅菌

金属技研株式会社　吉田　昌弘

1.　はじめに

　電離放射線の一種である電子線は，熱収縮チューブ・タイヤなど高分子材料の架橋反応や，グラフト重合反応による機能性高分子材料の生成，半導体ウェハの格子欠陥制御，医療機器の滅菌など，さまざまな分野で産業利用されている。

　電子線滅菌は，医療機器などの滅菌対象物に付着している主に細菌などの増殖性の微生物を，電子線を用いて殺滅するプロセスである。医療機器では，高圧蒸気滅菌，EOG（エチレンオキサイドガス）滅菌，放射線滅菌（ガンマ線滅菌・電子線滅菌）のように，主に3種類の方法で滅菌処理されている。**表1**に各滅菌方法の比較を示す。高圧蒸気滅菌やEOG滅菌は，放射線滅菌の装置に比べると比較的安価で初期投資が小さく，病院でも導入されているところもあり，医療機材の院内滅菌に利用されている。

　高圧蒸気滅菌は高温・高圧の蒸気を使用するため，耐熱性の高いステンレスなど処理可能な材質が限られてしまう。このため，医療機器に多く使用されている耐熱性の低いプラスチックやゴムを使用した製品には適用できない。EOG滅菌は比較的低温（50〜60℃）プロセスであるため，プラスチックやゴムを用いた製品でも適用可能である。しかし，エチレンオキサイドガスは，人体に対して発がん性を有する高い毒性を持っているため，滅菌作業者のための安全管理や環境への排出規制などさまざまな制約がある。また，EOG滅菌後はエアレーションと呼ばれる長時間のガス抜きを実施しているが，エチレンオキサイドガスはプラスチックやゴムに吸着しやすく，残留ガスの削減やその管理が問題視されている[1]。

表1　各滅菌方法の比較

	高圧蒸気滅菌	ガス滅菌	放射線滅菌	
			ガンマ線滅菌	電子線滅菌
滅菌媒体	高温高圧蒸気	EOG（酸化エチレンガス）	ガンマ線（コバルト60）	電子線（加速器）
滅菌対象への要求	耐熱性	耐熱性（60℃程度，適用範囲は広い）	耐放射線性	耐放射線性
処理方法	バッチ式	バッチ式	連続式	連続式
処理時間	数十分	数時間	数時間	数秒
処理温度	〜120℃	50〜60℃	常温	常温
残留物	なし	残留ガス	なし	なし
後処理	乾燥	エアレーション（ガス抜き）	なし	なし
問題点	耐熱性のない材料は不可	残留ガスに発がん性排出規制の強化	放射性同位体の管理，廃棄処理	装置が高価

放射線滅菌には，ガンマ線滅菌と電子線滅菌の2種類があり，放射線滅菌への需要は高まっている。特に放射性同位元素を使用しない電子線滅菌への期待は高まっている。ガンマ線滅菌と電子線滅菌の違いについては，次に詳しく述べる。

2. 電子線滅菌

2.1 電子線滅菌の特徴

電子線により微生物の細胞を死に至らしめるメカニズムには，図1に示すように「直接作用」と「間接作用」の2つがある。「直接作用」は，電子線が微生物を構成する原子・分子に直接的に作用し，DNAの二重螺旋構造を切断して細胞を死に至らしめる。一方，「間接作用」は，電子線が周囲の水分子と相互作用した結果生じるOHラジカルなどのフリーラジカルを介して，間接的に微生物のDNAに損傷を与える。大気中で電子線滅菌処理を行う場合，一般には間接作用による効果の方が大きい。

ガンマ線滅菌のメカニズムも電子線滅菌とほぼ同様であるが，ガンマ線滅菌の場合，滅菌に関わる電子は，物質とガンマ線が相互作用した結果生じる2次電子である。

表1で示したように，電子線，ガンマ線を含む放射線滅菌は常温プロセスであるため，材料に耐熱性を要求せず，残留物も無いため滅菌処理後の後工程は不要である。また，電子線・ガンマ線は透過性を有するため，滅菌対象物である製品を袋に詰めて密封した最終梱包状態での滅菌が可能である。

医療機器滅菌では，滅菌処理後，滅菌対象物に1個の微生物が存在する確率が100万分の1以下であることを保証(無菌性保証)する必要があり，滅菌バリデーションを通して滅菌プロセスの無菌性保証が担保されている。滅菌バリデーションとは，製造所の滅菌に係る構造設備並びに手順，工程その他の製造管理および品質管理の方法が無菌性を保証することを検証し，これを文書化することによって，要求事項に適合する製品の無菌性を恒常的に保証できるようにすることと定義されている[2]。

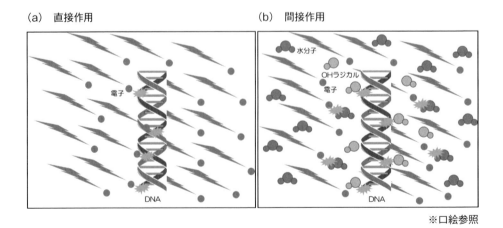

※口絵参照

図1　電子線による滅菌メカニズム

滅菌バリデーション基準では，製品リリースにおける無菌性保証の判定基準として，パラメトリックリリースまたは BI（バイオロジカルインジケーター）による無菌試験の 2 つの方法によることと定めている[2]。放射線滅菌はパラメトリックリリース（ドジメトリックリリース）が可能であって，長い時間を要する無菌試験を省略することができるため，短時間で簡便に滅菌判定が可能である。

同じ放射線滅菌でも電子線滅菌とガンマ線滅菌は，①発生源が違う，②線量率が違う，③透過力が違う，という 3 つの大きな違いがある。

①発生源が違う

ガンマ線滅菌では，ガンマ線源として一般にコバルト 60 という放射性同位元素が使用されている。コバルト 60 は半減期 5.27 年で減衰していくため，毎年約 12% ずつ減少していくため定期的に補充が必要である。しかし，商業ベースでコバルト 60 を安定供給できる企業は世界的に少なく，最近では供給不足が発生するなど，価格も高騰している。また，放射性同位元素ゆえ，その廃棄物処理や輸送に対する規制など管理が煩雑である。さらに近年，放射性同位元素を使用するガンマ線滅菌施設を新たに建設することは，近隣の住民感情を鑑みても難しい。

一方，電子線滅菌は，電子線源として電子加速器を使用するため，電源オフで瞬時に電子線を停止することが可能であり，安全性に優れている。電子のエネルギーを 10 MeV 以下で使用する場合，照射対象物の誘導放射能を心配する必要もない。さらに，ガンマ線滅菌のように放射性同位元素を線源として使用しないため，線源の管理・輸送・廃棄といった煩雑な手続きについて考慮する必要はない。

②線量率が違う

電子線とガンマ線は，単位時間あたりの線量である線量率が大きく違う。電子線の線量率は，一般的にガンマ線の線量率に比べて数千倍高い。同じ線量を電子線で照射すると数秒で処理できるものでも，ガンマ線では数時間必要である。従って，電子線がガンマ線に比べ，非常に生産性が高いことがわかる。

医療機器にはプラスチックやゴムなどの高分子材料が多く使用されるが，電子線やガンマ線による放射線滅菌では，放射線による材料劣化が問題となる場合が見受けられる。ここでも電子線，ガンマ線の線量率の違いから，材料劣化の程度に違いが生じる場合がある。ここでいう材料劣化は，材料の脆化と着色である。たとえば，医療機器でよく使用されるポリプロピレンにおいて，電子線とガンマ線で同じ線量を照射したとき，線量率の高い電子線では表面近傍しか酸化（酸化劣化）されないが，ガンマ線では深さ方向にもより酸化層が浸透している[3]。放射線滅菌を行う場合，滅菌対象物を構成する材料への影響を事前に十分に検討する必要がある。

③透過力が違う

図 2 にコバルト 60 ガンマ線および各電子線エネルギーに対する深度線量分布[4]を示す。縦

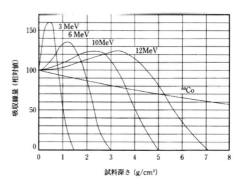

図 2　コバルト 60 ガンマ線および各電子線エネルギーに対する深度線量分布[4]

軸は試料表面の吸収線量を100として規格化されており，横軸は g/cm² で表された試料表面からの深さを示す。横軸を試料の密度で割ると長さの単位となり，密度が大きいほど透過できる距離は小さくなる。

電磁波の一種であるガンマ線は，物質に入射したとき，表面の吸収線量に対して内部に浸透するに従い，単調に減少しながら奥深くまで透

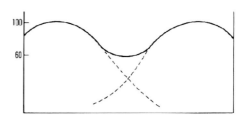

図3　電子線を両面照射した場合の深度線量分布[5]

過することができる。一方，電子線は試料に入射後すぐ，表面よりも高い吸収線量を示し，その後，ガンマ線よりも急な傾きで吸収線量は減少する。電子線の深度線量分布において，表面の吸収線量と同じとなる深さを有効飛程といい，10 MeV 電子線の有効飛程は，比重1に対して約 3.7 cm である。しかし，これは一方向からのみ電子線を照射した場合である。図3は電子線を両面照射した場合の深度線量分布[5]を示す。電子線を表裏の両方向から順に照射すれば，有効となる照射領域は片面照射の約 2.4 倍程度まで可能となる。しかし，さらに分厚いものや密度が高い物質に照射したい場合は，電子線では対応できないためガンマ線を使用する必要がある。

電子線滅菌の照射方法については，過剰照射に注意しながら，事前に十分な検討を行わなければならない。電子線の深度線量分布から分かるように，表面の吸収線量を滅菌線量と定義した場合，表面より少し内側は過剰照射となる。滅菌という観点では，過剰照射は安全側となるが，材料劣化という観点では，過剰照射は材料特性に悪影響を与えてしまう。このため，滅菌線量を定義する場合，十分に照射試験を行い，必要なデータを収集した上で慎重に検討しなければならない。

2.2　電子線滅菌に使用される電子加速器

電子線滅菌に使用される電子加速器は，いくつかの種類に分類される。表2に電子線滅菌を含む産業照射用に利用されている電子加速器の種類と主なメーカーを示す。産業利用されている電子加速器は，大きく分けて静電型と高周波型に分けられる。また，表2から分かるように，一般に，300 keV 以下を低エネルギー領域，300 keV 以上 5 MeV 以下を中エネルギー領域，5 MeV 以上を高エネルギー領域と分類される。いずれも電子銃と呼ばれる電子の供給源を備えている。

①電子銃

電子銃は電子の引き出し電圧印加方式により直流型と RF 型があり，電子発生方式により熱電子放出型，電界放出型，光電子放出型がある。産業照射用に使用される電子加速器の電子銃は，大電流の電子を長時間に渡り安定的に供給する必要があるため，一般に信頼性の高い直流型・熱電子放出型の組合せが用いられる。熱電子放出型の電子発生源である熱陰極にはさまざまなタイプが研究されているが，一般的には大電流電子を放出することが陰極で，かつ動作温度が低く比較的寿命が長い LaB_6（六ホウ化ランタン）の結晶や Ba（バリウム）含浸型タングステンなどが用いられる。

表2 電子線滅菌を含む産業利用されている電子加速器の種類と主なメーカー

種類		主な用途	主なメーカー
静電型	非走査型	PETボトル滅菌，フィルム改質，塗料改質などの薄物	岩崎電気(日)/ESI(米)，NHV(日)，澁谷工業(日)，住友重機(日)，Crosslinking(スウェーデン)など
	コッククロフト・ウォルトン型	タイヤ・電線被覆，電子線滅菌など	NHV(日)
	ELV型	電線被覆，電子線滅菌など	BINP(露)/EB-TECH(韓)
	ダイナミトロン型	電線被覆，電子線滅菌など	RDI(IBA)(米)
高周波型	線形加速器（ライナック）	放射線治療，電子線滅菌，非破壊検査など	バリアン(米)，RadiaBeam(米)，L3(米)，三菱重工(日)，IHI(日)，GetingeLinac(仏)，MEVEX(加)，Nuctech(中)，Wuxi EI pont(中)，CoRAD(露)など
	ロードトロン	電子線滅菌など	IBA(ベルギー)
	マイクロトロン	非破壊検査用 滅菌照射用	光子研(日)/金属技研(日)

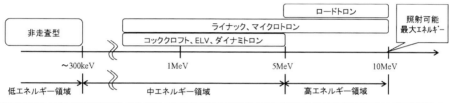

②静電型

静電型の電子加速器は，電極間に印加した直流高電圧により電子を加速し，直流の高エネルギー電子線を得ることができる。一般に静電型は絶縁性の高いガス（SF$_6$ガス：六フッ化硫黄）の入った高圧タンク内に電極を配置し，可能な限り加速器サイズを小さくしている。しかし，静電型において，実用サイズで製作できる最大エネルギーは5 MeV程度である。

また，静電型において低エネルギー領域に属する非走査型は，電子線を走査せずリボン状の長尺電子線を発生させることができる。**図4**に非走査型電子加速器の構成例を示す。照射したい領域に1本または複数のフィラメントを配置し，発生した線状の熱電子を単一電極で加速する。加速された電子は，チタン箔を通り大気中に取り出される。加速管やスキャンホーンが無いため非常にシンプルな構成であるが，電場を分担する電極等が無いため，300 keV以上に加速することは難しい。

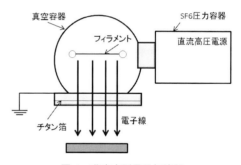

図4 非走査型電子加速器

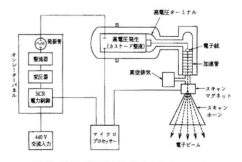

図5 電子線照射用ダイナミトロンの機器構成例[6]

コッククロフト・ウォルトン型，ELV型，ダイナミトロン型は，それぞれ高電圧発生方式が異なるが，いずれも SF$_6$ ガスの加圧容器内に納められた高電圧発生回路と電子銃，加速管で構成されている。図5に電子線照射用ダイナミトロンの機器構成例[6]を示す。高電圧ターミナルに配置された電子銃から引き出された電子は，真空に排気された加速管を通り加速される。中エネルギー型以上では，比較的細いスポット上の電子ビームが得られ，加速管から出てきた電子線は，スキャン電磁石により走査される。走査により幅広に拡げられた電子線は，チタン箔を通り大気中に取り出される。

③高周波型

高周波型に分類される線形加速器，ロードトロン，マイクロトロンはいずれも加速空洞と呼ばれる共振空洞を持ち，空洞内で時間変化する高周波電場により電子を加速する。ロードトロンとマイクロトロンは単一の空洞で構成され，線形加速器は中心に穴の空いた複数の空洞で構成されている。

図6に示すように，ロードトロンは単一の空洞Cとその周囲に配置した偏向電磁石Dを使用し，電子銃Gから空洞に入射された電子を，空洞Cで何度も繰返し加速できるよう設計されている。ロードトロンは連続波（CW）運転が可能であるため，数百kWの高出力の電子線を得ることができる。滅菌用X線源として，電子線出力で最大7 MeV/700 kWのロードトロンが実用化されている。

図7に示すようにマイクロトロンは，一様な磁場中に加速空洞を配置することによって，1つの空洞を用いて電子を繰返し加速することが可能な非常にシンプルな構造を有する加速器である。必要なエネルギーまで加速された電子は，鉄などで作

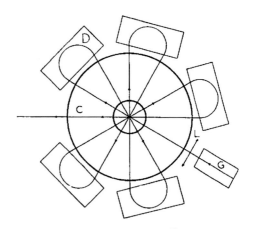

図6　ロードトロン[7]

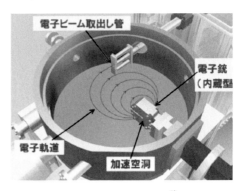

図7　マイクロトロン[8]

装置名称	MIC1
エネルギー	0.95 MeV
ビーム電流（尖頭値）	300 mA
運転周波数	2856 MHz
ビームパルス幅	1.5 μs
繰返し周波数	1,000 pps
本体サイズ	200mm × 250mm × H220mm

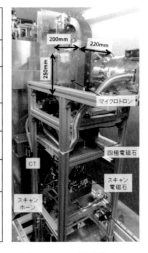

図8　電子線照射用に開発したマイクロトロン試作機の主要仕様と写真

られた取出し管に入ると磁場の影響がなくなり，周回軌道から取出すことができる。

これまでマイクロトロンは，研究用だけでなく治療用としても製造販売されていたが，ビーム電流が少なく，あまり注目されてこなかった。しかし，立命館大学発のベンチャー企業である㈱光子発生技術研究所（光子研）は，マイクロトロンの大電流加速（ピーク電流300 mA）に成功し，マイクロトロンを使用した高エネルギーX線源を開発した。

金属技研㈱（以下当社）は2016年3月，光子研と技術提携を行い，電子線滅菌など産業照射用としてマイクロトロンを実用化するため，現在，マイクロトロンの大出力化を伴う研究開発を進めている。図8に電子線照射用に開発したマイクロトロン試作機の主要仕様と写真を示す。本体サイズは200 mm×250 mm×H220 mmという非常にコンパクトでありながら0.95 MeVの電子線を得ることができる。

マイクロトロン試作機は，高周波源としてSバンド帯の2856 MHzのパルスクライストロンを使用している。パルス電源により生成したマイナス数kV～数十kVのパルスは，オイルタンク内に設置したパルストランスで100 kV程度まで昇圧され，クライストロンに印加される。クライストロンは数MWの高周波電力を発生し，導波管を通じてマイクロトロンの加速空洞に伝送される。加速空洞に内蔵された電子銃から発生した熱電子は，高周波電力により引出され，静磁場により周回運動を始める。0.95 MeVまで加速された電子は，取出し管によりマイクロトロンから取出され，図9に示すような三角波電流により励磁されたスキャン電磁石により走査され，チタン箔から大気中に取り出される。

当社ではマイクロトロンの小

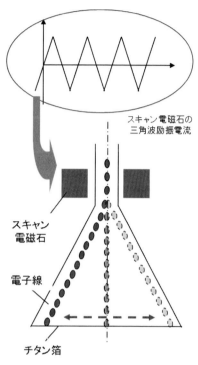

図9　三角波励振電流と走査された電子線

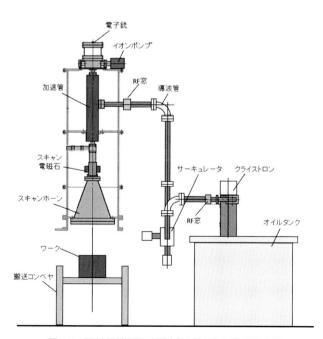

図10　照射用線形加速器（定在波型）の機器構成例

第2章　パルスパワーの応用

型特性を生かし，コンパクトでありながら数 kW の電子線出力を持つ電子線照射システムの開発を行っている。たとえば，工場インライン向けの自己遮蔽型やトラックにシステムを搭載したモバイル型の電子線照射システムなども検討している。

　線形加速器は，中心に穴の空いた空洞を，同軸上で直線上に接続して加速管を形成する。**図 10** に照射用線形加速器（定在波型）の機器構成例を示す。電子線滅菌に使用されている線形加速器は，マイクロトロンと同様に高周波源として 2856 MHz のパルスクライストロンがよく利用される。数十～100 kV 程度の高電圧ターミナルに設置された熱電子銃から引き出された電子は，クライストロンからの数 MW の高周波電力により加速管で加速される。加速管から出た電子は，スキャン電磁石により走査され，チタン箔から大気中に取り出される。

3. 電子線滅菌の現状

3.1　電子線滅菌の経済規模および電子線照射事例

　内閣府の原子力委員会により，平成 9（1997）年度，平成 17（2005）年度および平成 27（2015）年度の放射線利用の経済規模に関する調査データが報告されている[9]。**表 3** に原子力委員会の報告データを参照し，3 年度のデータをまとめたものを示す。

　表 3 から放射線の医学・医療分野および放射線滅菌分野のみ，経済規模が大きくなっていることが分かる。放射線滅菌（ガンマ線滅菌・電子線滅菌含む）は，2015 年度と比較した場合，1997 年度は約 1.4 倍，2005 年度は約 1.8 倍に増加している。1997 年度のデータでは，医療機器滅菌全体に対しガンマ線滅菌は 56％，電子線滅菌は 4.1％というデータが示されている[10]。このとき，放射線滅菌全体を 1 とすれば，ガンマ線滅菌 93％に対して，電子線滅菌はわずか

表 3　放射線利用の経済規模[9]

調査項目	平成 9 年度 （1997 年度）	平成 17 年度 （2005 年度）	平成 27 年度 （2015 年度）
医学・医療 　画像診断，放射線治療，粒子線治療， 　PET・CT，乳がん検査など	12,100 億円	15,700 億円	19,100 億円
農業利用 　突然変異育種，ジャガイモ芽止め，放 　射能分析など	3,109 億円	2,786 億円	2,400 億円
照射設備 　加速器，診断用 X 線装置，医療放射線 　関連装置など	4,247 億円	4,647 億円	3,900 億円
放射線計測機器等 　放射線測定器など	728 億円	1,014 億円	1,800 億円
非破壊検査 　非破壊検査装置など	315 億円	1,100 億円	
放射線滅菌 　注射針・注射筒，真空採血管，人工関 　節・人工骨など	2,147 億円	1,703 億円	3,100 億円
高分子加工 　ラジアルタイヤ製造など	1,206 億円	999 億円	1,100 億円
半導体加工	13,103 億円	13,490 億円	12,300 億円

— 74 —

表4　電子線照射事例

分　野		電子線照射事例
滅菌・殺菌	医療機器・不織布・衛生材料	手術用手袋，ナイロン製縫合糸，留置針，カテーテル，救急絆創膏，鉗子，不織布，綿棒・スワブなど
	理化学・臨床検査器材・各種容器（医療・化粧品等）	シャーレ，培養瓶，検査器材，目薬容器，各種医薬品容器，アンプルなど
	医薬・化粧品・生薬原料	点眼薬，ポビドンヨード（国内）抗生物質，眼軟膏，注射剤，色素，ステロイド，ゼラチン吸収性海面，粉末原料など（海外）
	動物実験・農畜産関連	動物用医療機器，実験動物用飼料，マウスケージなど
	食品包材	PET ボトル，ボトルキャップ，各種容器など
材料改質	半導体（パワー半導体の高速化）	半導体ウェハ（IGBT，MOSFET など）
	高分子材料	架橋（ポリエチレン，ナイロンなど），分解（PTFE 材料），ゴム，熱収縮チューブなど
	グラフト重合	フィルター，防臭剤，電池用隔膜
	セラミック繊維	SiC 繊維，SiN 繊維の架橋

7%である。放射線滅菌全体が増加傾向にある中，前述のように EOG 滅菌は規制強化により徐々に減少傾向を示し，ガンマ線滅菌も増やせない現在の状況において，電子線滅菌への需要はますます増加していくものと考えられる。

　表4に実際に電子線照射が利用されている事例を示す。受託照射サービスを行っている施設では，約半分が医療機器などの滅菌・殺菌に利用されている。医薬・化粧品・生薬原料分野において，日本国内で放射線滅菌が許可されているのは，点眼薬とポビドンヨードのみである[11]。しかし，欧米やオーストラリアやインドなど海外では，多くの医薬品への放射線滅菌事例が報告されている[12]。今後，国内でも医薬品に対する放射線滅菌は，増加していくものと予想される。

3.2　電子線滅菌設備

　1989年，住友重機械工業㈱がダイナミトロン型静電加速器を用いて電子線照射センターを開設し，日本で本格的に電子線滅菌が開始された[4]。現在，ガンマ線も含めた放射線による受託照射サービスを生業とする企業は国内に 6 社あり，うち 3 社は 5 MeV の静電加速器，2 社は 10 MeV のロードトロンを用いて電子線滅菌を行っている。

　受託照射サービスを行う施設では，電子加速器は分厚いコンクリート遮蔽の中に設置され，自動搬送システムにより連続的に電子線照射を行っている。電子のエネルギーや加速器の出力などにも依存するが，コンクリート壁は最も厚いところで 2.5 m～3 m にもなる。コンクリート遮蔽の搬送出入口は，照射対象物を連続搬送するため開口部となっており，加速器までの搬送ルートは，散乱 X 線の漏洩を規定値以下とするため迷路構造を採用している。また，電子線は副産物としてオゾンを発生するため，オゾン濃度を 0.1 ppm 以下まで低減して排気するシステムも備えられている。

　このような高エネルギー電子加速器を用いた電子線滅菌施設は，遮蔽や搬送，倉庫建屋などの付帯設備までを含めると，初期の導入コストとして 10～20 億円程度の投資が必要である。また，放射線障害防止法（障防法）の規制を受け，放射線施設としての管理・運営も煩雑である。

— 75 —

放射線障害防止法では1 MeV以上の電子加速器は放射線発生装置と定義され，施設使用のための申請や定期的な施設検査および第一種放射線取扱主任者資格を持つ資格保持者による管理が義務付けられている。

このように，高エネルギー電子加速器を医療機器メーカーが自社で保有するためには，それ相応の投資と放射線管理の知識が必要となる。実際，自社で電子線滅菌設備を所有している医療機器メーカーは，業界上位の数社のみである。これには，電子線滅菌の特徴の一つでもある処理能力の高さを活かすため，それに見合う生産量を有するメーカーでなければならない，ということも理由として挙げられる。

一方，1 MeV未満の電子加速器は障防法の規制から外れ，電離放射線障害防止規則（電離則）が規定する範囲内の設備であれば，地区の労働基準監督署に届出を行うだけで装置を運転することができる。そのため，1 MeV未満の電子加速器の取扱は比較的簡便である。

1 MeV以下でコンクリート遮蔽を伴わない，いわゆる自己遮蔽型の電子加速器は，静電加速器メーカーが実用化している。しかし，静電加速器を用いた自己遮蔽型システムは，4～5 m角の面積を持ち高さも2～3 mあり，さらなる小型化が必要である。

4. まとめ

1990年頃から国内で本格的に始まった電子線滅菌は，前述のように，今後，益々増加していくものと考えられる。しかし，電子線滅菌の需要は長年伸び悩んでおり，これには，装置の問題とアプリケーションの問題が関係していると考えられる。

電子線滅菌を普及させるためには，さらなる装置の小型化と低価格化が必要である。もちろん，安定性・信頼性・操作性・メンテナンス性の向上も必要である。前述のように，高エネルギー電子加速器を用いた施設では，厚さ2～3 mのコンクリート遮蔽が必要となるため，装置を小型化するだけではシステム全体の小型化にあまり寄与しない。したがって，分厚いコンクリート遮蔽が必要な小型加速器を開発しても，既存の加速器に対してあまりメリットはなく，自己遮蔽型などシステム全体の小型化を伴う小型電子加速器の開発が必要である。

装置の低価格化や安定性，信頼性，メンテナンス性の向上に関しては，パルス電源の性能・価格も大きく関係している。一般に加速器システム全体の原価に対し，パルス電源の占める割合は，50％～60％と非常に大きい。したがって，加速器本体だけでなく，パルス電源の性能向上やコストダウンは，電子線滅菌普及にも大きく影響する。加速器システム開発には，電源メーカーの協力が必要不可欠である。

一方，電子線滅菌において電子加速器をどのように活用すべきかといった，アプリケーションの問題も存在する。一般に滅菌ユーザーは放射線の専門家ではないため，電子線の材料への影響や電子線の取扱いなど不明瞭な点が多く，慎重な対応を要する医療機器業界において，電子線滅菌の普及を妨げている理由の一つと考えられる。

今後，電子線滅菌普及を加速していくために，電子加速器の小型化・低価格化を進めるだけでなく，ユーザー要求にマッチしたプラスアルファの性能を有する装置開発が必要である。つまり，加速器メーカーは加速器だけを作るだけではなく，高分子材料の放射線影響などの知識

も習得し，電子加速器を用いた幅広い放射線応用技術を提供できるよう，より一層の努力が必要である。

文　献

1) 中村晃忠：Environ. Mutagen Res., **26**, 171 (2004).

2) 厚生労働省：滅菌バリデーション基準の制定について，薬食監麻発 1218 第 4 号（2014）．
https://www.mhlw.go.jp/file/06-Seisakujouhou-11120000-Iyakushokuhinkyoku/0000069278.pdf

3) 嘉悦勲他編：高分子のエネルギービーム加工，295，シーエムシー出版（2002）．

4) 関口正之：RADIOISOTOPES, **43**, 700（1994）．

5) International Atomic Energy Agency (IAEA)：Industrial Radiation Processing With Electron Beams and X-rays, 9（2011）．

6) 相川安之：加速器，**2**(1), 99（2005）．

7) J. M. Bassaler et al.：Nucl. Instrum. Methods. Phys., B68, 92（1992）．

8) 長谷川大祐，山田廣成ほか：Proceedings of the 12th Annual Meeting of Particle Accelerator Society of Japan, PASJ2015 FROL06（2015）．

9) 内閣府：放射線利用の経済規模に関する調査報告書－要約版－，第 18 回原子力委員会資料第 1 号（2007）．
http://www.aec.go.jp/jicst/NC/iinkai/teirei/siryo2008/siryo18/siryo1.pdf
内閣府：放射線利用の経済規模調査（平成 27 年度），第 29 回原子力委員会資料第 1-1 号（2017）．
http://www.aec.go.jp/jicst/NC/iinkai/teirei/siryo2017/siryo29/siryo1-1.pdf

10) RIST：放射線による医療器具の滅菌，原子力百科事典 ATOMICA, 08-02-03-01（2003）．
http://www.rist.or.jp/atomica/data/dat_detail.php?Title_No=08-02-03-01

11) 住友重機㈱：国内初，医薬品電子線滅菌の承認（2005）．
http://www.shi.co.jp/info/2005/6kgpsq0000000kva.html
住友重機㈱：国内初，殺菌消毒剤の電子線滅菌（2012）．
http://www.shi.co.jp/info/2012/6kgpsq0000001ee0.html

12) GMP Platform：医薬品の放射線滅菌事例（国内，海外），第 3 回（2015）．
http://www.gmp-platform.com/topics_detail1/id=1010

第2章　パルスパワー

第3節　パルスエネルギーを利用した高分子合成

熊本大学　佐々木　満

1. パルスエネルギーとは

　パルスエネルギーとは，広く連続的に分散しているエネルギーを，短い時間内かつ特定のエリアに集積(圧縮)したエネルギーを指す[1]。たとえば，出力100 W という電力を1分間蓄えて，それを1 ms(ミリ秒)という短時間に一気に放出(放電)したとすると，6000 J$/(1×10^{-6}$ s)$=6×109$ W $=6$ GW という高エネルギーを発生することが可能である。もし，この圧縮したエネルギーを10 ns(ナノ秒)の極短時間で一気に放出すると，0.6 TW という巨大な電力を，一度に発生できることになる。著者らは，この圧縮したエネルギーを利用することにより，従来では高温場のような多量のエネルギーを投入しなければ処理できなかった揮発性有機化合物(VOCs：Volatile Organic Compounds)の無害化[2)3)]，染料排水の脱色[4)5)]，残留性有機汚染物質(POPs：Persistent Organic Pollutants)の分解[6)]を，常温炉の中で局所的に巨大なエネルギーを繰り返し形成し，放出するパルスエネルギー照射技術によって実現する可能性が高いと考えている。それに加えて，機能性素材の製造現場にもこのパルスエネルギーを応用することが可能であると期待し，著者らは鋭意研究を推進している次第である[6)]。本稿では，パルスエネルギーを用いた機能性素材の合成の一例として，高分子合成について紹介する。

2. パルス放電時の活性種の発生および計測

　空気中や水中での放電において発生する活性種の中でも，ヒドロキシルラジカル(OH)は，酸素ラジカル(O)，分子状酸素(O_2)，ヒドロペルオキシルラジカル(HO_2)，過酸化水素(H_2O_2)といった他の酸化的化学種に比べて，プラズマ化学における重要な役割を担っている。パルスパワーを化学合成場として利用するためには，当該環境においてどのような活性種が形成し，またどのようなメカニズムで化学反応を生起し得るかを解明する必要がある。

　これまで，数多くの研究者や技術者によって，パルス放電時に形成される活性化学種の同定および定量技術の開発を目指すとともに，活性化学種が分子変換反応や材料作製にどのような効果を与えるかを知るための研究が行われてきた。Sato らや Clements らは，高電圧下の水中におけるパルス放電時に発生する活性種の種類とその濃度や密度，またそれら活性種が水中の微生物にどのような効果をもたらすかを実験的に調査している[8)9)]。水中での活性種の密度の定量とその条件依存性を把握することも，パルス放電環境を反応の場として利用する際に大変重要である。Sun らは，水中でのパルスストリーマおよびコロナ放電場において発生する活性種を分光学的に計測した。その結果，印加電圧の増大に伴い OH ラジカルの密度が増大するこ

— 79 —

第2章　パルスパワー

とを確認した。また，ラジカルの密度に与える供給ガス種および流速の効果についても検討し
たところ，酸素ガスを導入した場合には，OH ラジカルおよび O ラジカルの密度が酸素ガスの
流速とともに増大すること，不活性ガス（Ar）を導入した場合には，OH ラジカル，O ラジカ
ルおよび H ラジカルの密度が不活性ガスの流速の増大とともに増大し，特に，H ラジカルの
密度が酸素導入時よりも高密度になることを確認した[10]。

　近年になり，パルス放電時に発生する活性種の計測や定量技術の開発が進んだこともあり，
関連する研究成果が多数報告されるようになった。気液界面で形成される基底状態の OH ラジ
カルについては，Laser-induced fluorescence 法（波長 282 nm）を用いて計測が可能である。
また，液中に溶解している OH ラジカルの計測には，化学プローブを用いた計測技術が提案さ
れている。Kanazawa らは，水または水溶液の表面でのパルス放電において形成する OH ラジ
カルを，トラップ剤として用いたテレフタル酸と結合させて得られる 2-ヒドロキシテレフタ
ル酸の濃度を計測する簡便な手法を提案している[11]。また，Hayashi らは，水−気相界面での
プラズマ照射により形成される反応場がどのような環境であるのかを調査した。その結果，①
高電圧電極と水溶液界面間にて水分子由来の反応活性種（主に OH，H_a，H_β，O）が多く生成し，
特に水溶液表面から深さ 1〜2 mm の領域で酸化反応が良好に進行し得ること，②プラズマに
よるイオン流や熱により，反応器内の気液界面から深さ 10 mm 程度までの領域で対流が生じ
ること，③気液界面から 10 mm 以上の深さにある水溶液は濃度勾配による拡散のみ進行する
ことを見出した。この発見は，材料作製において気液界面が好適な反応場になることを示す大
変重要な成果である[12]。

　さらに，Sudare らは，液中プラズマで発生する活性種およびその濃度が，化学反応速度と
どのような関連性があるか調査している[13]。タングステン製の針−針電極（電極間距離
0.5 mm）を設置した内容積 200 mL ガラス製容器に，エタノールのモル分率の異なる数種類の
エタノール水溶液（導電率は KBr を添加して約 150 mS/cm に調整）を仕込み，バイポーラ電源
MPP-HV02（Kurita Co., Ltd.）を用いてパルス放電（パルス周波数 1.5 kHz，パルス幅 1.3 ms）を
行った。放電時に発生する一次ラジカルは光学的蛍光スペクトル測定により計測した。その結
果，純水（エタノールモル分率＝0）へのパルス放電では，水分子の解離による OH ラジカル
（306 nm），H_β（486 nm），H_a（656 nm）および O_1（777 nm，844 nm）が検出された。一方，エ
タノール添加系では OH ラジカルの発光は検出されず，水分子の解離による H_a と O_1（777 nm）
の発光のほか，C_2 ラジカル（420-620 nm）や CH（431 nm）といった炭素ラジカルの発光が確認
できた。また，水分子の解離による発光強度に対する炭素ラジカルによる発光強度の比 I_{C2}/I_{Ha}
は，エタノールのモル分率の増加とともに増大した。さらに，生成する二次プラズマを ESR −
スピントラップ法を用いた分析を行った結果，ヒドロキシエチルラジカル（H_3CCH_2OH）の生

$$H_3CCH_2OH \;+\; \begin{matrix} \cdot H \\ \cdot OH \\ \cdot CH_3 \end{matrix} \;\longrightarrow\; H_3C\dot{C}HOH \;+\; \begin{matrix} H_2 \\ H_2O \\ CH_4 \end{matrix}$$

図1　エタノールのラジカル化

第3節　パルスエネルギーを利用した高分子合成

成量が増大した。これらの結果より，**図1**に示すように，水分子の熱解離により生成するOHやHがエタノールと作用してヒドロキシエチルラジカルとH_2，H_2Oを生成する反応が連鎖して生起し，特に気液界面にヒドロキシエチルラジカルが多く生成することが明らかになった。実際に，エタノール水溶液－気相界面でのパルス放電によって金ナノ粒子の合成実験を行ったところ，エタノールを添加した系での金ナノ粒子の合成速度は純水中での合成速度の最大35倍促進されることもわかった。水由来だけでなくアルコール由来のラジカルが，材料作製の高速化に効果的であることを示す好例である。

3. パルス放電を利用した高分子合成

　パルス放電を利用してポリマーを合成する研究は1950年頃の「プラズマ開始重合」が発端であり，当時から現在に至るまで，多数の研究成果が報告されてきた。たとえば，エチレンを原料としたポリエチレンフィルムの作製[14]，エチレンオキシドからのパルス放電重合[15]，パーフルオロシクロヘキサンを原料としたパルスプラズマ処理による重合化および脱フッ素化挙動の理解に関する研究[16]，単独重合しない無水マレイン酸へのパルスプラズマ照射による反応挙動の理解に関する研究[17]，3-メチル-1-ビニルピラゾールや1-アリルイミダゾールといった複素環式芳香族化合物を出発物質としたパルス放電重合に関する研究[18]などである（**図2**）。

　一方，高圧力下でのパルス放電場の利用に関しては，大気圧下でのパルス放電場と比較して，報告事例が少ないのが現状である。Kiyanらは，高圧二酸化炭素（温度40℃，圧力0.1～15.0 MPa）中においてパルスアーク放電（B-PFN電源，印加電圧：17.5 kV，パルス幅：320 ns）を行い，絶縁破壊電圧と高圧二酸化炭素の密度との関係を調査した。その結果，低密度域（<420 kg m^{-3}）では，絶縁破壊電圧は二酸化炭素の密度の増大とともに一次関数的に増大し，臨界密度（469 kg m^{-3}）近傍では最大約67 kVに達した。さらに超臨界二酸化炭素中で密度を約800 kg m^{-3}にまで増大させたところ，絶縁破壊電圧は約67 kVでほぼ一定であり，

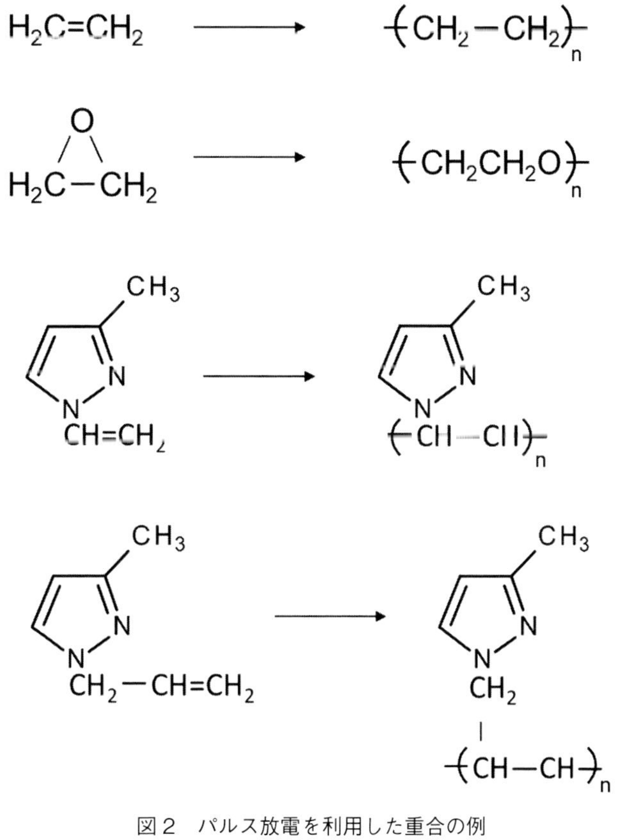

図2　パルス放電を利用した重合の例

－ 81 －

密度に依存しないことを明らかにした[19]。また，Furusato らは，超臨界二酸化炭素中でのナノ秒パルスアーク放電に関して，①超臨界二酸化炭素の密度変化と絶縁破壊電圧，アーク電流およびエネルギー消費量には相関があること，②ナノ秒パルスアーク放電時の発光スペクトルの OI ラジカル（波長 777 nm）の強度および電圧－電流波形といった実測データを利用することで超臨界二酸化炭素中の電極近傍のプラズマ温度が約 11200 K と推算し得ることを見出した[20]。高圧力下での高分子合成に関しては，亜臨界水域でのパルスアーク放電により芳香族化合物の反応実験の事例がある[21]。温度 100〜250℃，圧力 5〜25 MPa で，フェノール水溶液またはアニリン水溶液を出発原料とし，実験には内容積 900 mL（SUS316 製）の高温・高圧用回分式パルスアーク放電反応装置を使用した。B-PFN 電源を使用し，針－平板電極（電極間距離 1 mm）間での高電圧パルスアーク放電（絶縁破壊電圧：60〜150 kV，放電回数：〜10000 回）を行った。その結果，フェノールに関しては，250℃，25 MPa，放電回数約 4000 回においてフェノール転化率が約 17％に達し，その一部がフェノール 2 量体および 3 量体として得られるとともに，アモルファスカーボンも少量生成することを見出した。アニリンに関しては，100℃，5 MPa，放電回数 10000 回のとき転化率約 30％に達し，一部がアゾベンゼンやアニリンオリゴマーと予想される生成物を得ることに成功した。この実験では，高温・高圧水中でのパルスアーク放電により，ベンゼン骨格を分解することなく重合化し，機能性高分子を合成することを目的としていたが，絶縁破壊電圧だけでなく，放電時の電流も数百アンペアと非常に高値であったため，ベンゼン骨格自体の開裂や炭素—炭素結合の開裂，低分子化が主として進行したと推察できる[21]。この他にも，非熱プラズマを用いた事例を中心に高分子合成に関する研究は徐々に増えつつあり，革新的な合成技術の創出を期待したい。

4. おわりに

　本稿では，パルス放電を利用した高分子合成に関する研究・開発の一端を紹介した。大気圧下でのパルス放電については，プラズマ形成メカニズムや生成する活性化学種も同定されており，それらを利用した高分子合成に関する研究事例も多数あることがわかる。それに対し，高圧力下でのパルス放電場については，パルス放電における放電基礎特性の調査が不十分であり，当該場の化学反応への利用に至っては報告事例が少ない状況にある。今後，極短時間に高いエネルギーを形成，放出できる「パルス放電」は，活性化学種を効率的に生成させ，かつそれらを有効に活用した高付加価値化合物の合成法として，また，従来では高温での熱分解や強酸・強塩基下でなければ低分子化や無害化できなかった難分解性物質や廃プラスチック類，多環芳香族化合物類，残渣バイオマス類をそれぞれ無害化，液化，軽質化・軽粘化，低分子化しうる画期的かつ革新的な技術シーズになると確信している。

文　献

1）　秋山秀典（編）：高電圧パルスパワー工学 オーム社，(2003).

2）　G. Mario et al.：Experimental Assessment of Pulsed Corona Discharge for Treatment of VOC Emissions, *Plasma Chemistry and Plasma Processing*, **23**(2), 347-370,(2003).

3) Y. Shuiliang et al.：A Novel Four-Way Plasma-Catalytic Approach for the After-Treatment of Diesel Engine Exhausts, *Industrial & Engineering Chemistry Research*, **57**, 1159-1168,(2018).

4) W. Tiecheng et al.：Research on dye wastewater decoloration by pulse discharge plasma combined with charcoal derived from spent tea leaves, *Environ. Sci. Pollut. Res.*, **23**, 13448-13457,(2016).

5) Wahyudiono et al.：Atmospheric-pressure pulsed discharge plasma in capillary slug flow system for dye decomposition, *Chemical Engineering & Processing : Process Intensification*, **135**, 133-140,(2019).

6) S. Kodama et al.：Persistent organic pollutants treatment in wastewater using nanosecond pulsed non-thermal plasma, *International Journal of Plasma Environmental Science and Technology*, **11**(2), 138-143, (2018).

7) 佐々木満ほか：超臨界流体場へのパルスパワー導入によるナノ材料作製，高圧力の科学と技術，**22**(2), 97-103,(2012).

8) M. Sato et al.：Formation of chemical species and their effects on microorganisms using a pulsed high-voltage discharge in water, IEEE Transactions,(1996).

9) J. S. Clemente et al.：Preliminary Investigation of Prebreakdown Phenomena and Chemical Reactions Using a Pulsed High-Voltage Discharge in Water, IEEE Transactions, (1997).

10) Bing Sun et al.：Optical study of active species produced by a pulsed streamer corona discharge in water, *Journal of Electrostatics*, **39**, 189-202,(1997).

11) S. Kanazawa et al.：Observation of OH radicals produced by pulsed discharges on the surface of a liquid, *Plasma Sources Science and Technology*, **20**(3), 034010, (2011).

12) Y. Hayashi et al.：Decomposition of methyl orange using pulsed discharge plasma at atmospheric pressure：Effect of different electrodes, *Japanese Journal of Applied Physics*, **53**, 010212-1 — 010212-8,(2014).

13) T. Sudare et al.：Verification of Radicals Formation in Ethanol-Water Mixture Based Solution Plasma and Their Relation to the Rate of Reaction, *The Journal of Physical Chemistry A*, **119**, 11668-11673,(2015).

14) K. G. Donohoe and T. Wydeven：Plasma polymerization of ethylene in an atmospheric pressure-pulsed discharge, *Journal of Applied Polymer Science*, **23**(9), 2591-2601, (1979).

15) Y. J. Wu et al.：Non-fouling surfaces produced by gas phase pulsed plasma polymerization of an ultra low molecular weight ethylene oxide containing monomer, *Colloids and Surfaces B : Biointerfaces*, **18**, 235-248,(2000).

16) A. M. Hynes et al.：Pulsed Plasma Polymerization of Perfluorocyclohexane, Macromolecules, **29**, 4220-4225,(1996).

17) M. E. Ryan et al.：Pulsed Plasma Polymerization of Maleic Anhydride, *Chem. Mater.*, **8**, 37-42, (1996).

18) L. M. Han and R. B. Timmons：Ring Retention via Pulsed Plasma Polymerization of Heterocyclic Aromatic Compounds, *Chem. Mater.*, **10**, 1422-1429,(1998).

19) T. Kiyan et al.：Pulsed Breakdown and Plasma-Aided Phenol Polymerization in Supercritical Carbon Dioxide and Sub-Critical Water, *Plasma Processes and Polymers*, **6**, 778-785,(2009).

20) T. Furusato et al.：Anomalous Plasma Temperature at Supercritical Phase of Pressurized CO_2 after Pulsed Breakdown Followed by Large Short-Circuit Current, *IEEE Transactions on Dielectrics and Electrical Insulation*, **25**(5), 1807-1813, (2018).

21) M. Goto et al.：Reaction of Organic Compound Induced by Pulse Discharge Plasma in Subcritical Water, Proceeding of the 2nd International Conference on Plasma Nano Technology & Science(IC-PLANTS 2009),(2009).

第2章　パルスパワーの応用

第4節　超微粒子

長岡技術科学大学	末松　久幸	長岡技術科学大学	鈴木　常生
長岡技術科学大学	菅島　健太	長岡技術科学大学	中山　忠親
		長岡技術科学大学名誉教授	新原　晧一

1. パルスパワー技術の新材料応用の困難さ

　多くの材料作製・合成・加工法においては，原子の拡散速度上昇による薄膜・微粒子化，化学反応の促進による化合物合成に原料の加熱が必要である。このため，原料へのエネルギー源を必要とする。熱の散逸が少なくエネルギー変換効率が高い点がパルスパワーの特筆すべき利点であり，このパルスパワーを材料作製・合成・加工用のエネルギー源として利用することができることは容易に想像できる。このため，パルスレーザー堆積（PLD：pulsed laser deposition）法[1]や，パルスイオンビーム（IBE：ion beam evaporation）法による薄膜作製[2]，およびパルス衝撃による廃棄物処理[3]法が開発された。

　一方，パルスパワーが材料用途に利用できることは明らかであるが，他の方法と比べて有利な方法かどうかを判断するためには，他の多くの点を総合的に考慮する必要が出てくる。特に，パルスパワーによる材料加熱は，短時間で急速加熱・冷却が行われるため，材料作製時に最も重要である温度の制御が困難である。特に合金，Al_2O_3やTiO_2など，温度によって相や組成が変わってしまう系の場合，パルスパワーでは多相形成や組成分布が不可避で，単一相・単一組成の材料を必要とするほとんどの応用に不向きであった。一方，これらの材料の合成のためには，より均質・不純物が少なく，大量生産可能な方法が他に存在した。このため，パルスパワーを原料蒸発源とし，合成は基板ヒーターで行う$YBa_2Cu_3O_y$超伝導体薄膜線材作製用PLD法[4]などを除くと，パルスパワーの材料応用の実用化の多くは困難であった。

　この数少ないパルスパワーの材料応用が有利な分野の一つとして，有機物被覆金属超微粒子，炭化物超微粒子作製が挙げられる。これについて紹介する。

2. 超微粒子とは

　一般的に，粒径100 nm以下の粒子を超微粒子と呼ぶ。粒径の減少と共に，表面エネルギーが増加するため，融点の上昇などの超微粒子特異な現象が発現する。また，超微粒子は高い比表面積のため，反応性が上昇する。このため，Pt，Pdなどの貴金属の触媒材料では，超微粒子化が必要となる。一方で卑金属は，金属超微粒子の酸化速度が増加し，大気中では金属を維持できずに酸化物となる場合が多い。

— 85 —

3. 超微粒子作製法

　超微粒子作製のための方法を大別すると，化学的方法と物理的方法が挙げられる。化学的方法は，気相や液相中で，原料同士の化学的反応を利用して固体超微粒子を析出させる方法である。特に液相中では室温近くの低温で反応する系を使うことにより，温度上昇による粒径増大を避けられるため，粒径分布の狭い数 nm の化合物・金属粒子が得られる。また，スケールアップが容易で，量産に向いている。一方，化学反応を利用するため，一つのプロセスを確立した場合，組成が決まってしまう。特に，合金・複酸化物など，多元素を同時に析出させるのは困難である。

　これに比べて，物理的方法は，原料の蒸発・析出のみで化学的変化を利用しない方法である。この方法では，発生した蒸気をガス中で冷却することにより金属粒子を作製できる。この模式図を図1に示す。また，ヒーターで蒸発させられる元素なら，一つの装置で多種類の金属粒子を作製できる。このガス中蒸発法は Uyeda らが 1940 年代から利用してきた方法である[5]。一方，合金の場合，沸点が異なる元素の2元系合金は作製しずらいことが難点として挙げられる。また，ヒーターの融点以上の沸点を持つ金属粒子の作製はできなかった。さらに，ヒーターの熱は電極を通って拡散するため，エネルギー変換効率が低いことが問題であった。

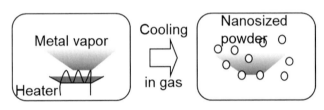

図1　蒸発法による超微粒子作製の模式図

4. パルス細線放電（PWD：pulsed wire discharge）法

　パルス細線放電法やその基となった細線爆発（EEW：electric explosion of wire）法は，このガス中蒸発法の欠点を解決した超微粒子作製のための物理的方法の一つであり，19 世紀に Faraday が最初に発明した長い歴史を持つ手法である[6]。この模式図を図2に示す。原料とし

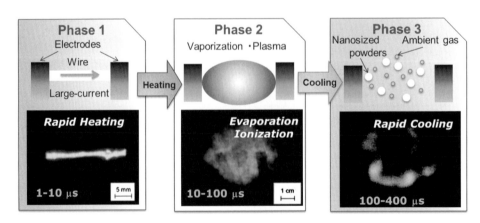

図2　EEW およびガス中 PWD 法による超微粒子作製の模式図

て細い金属細線を用い，同時にこれをヒーターとして使う。パルス大電流をこの金属細線に通電し，短時間で爆発的に蒸発させる方法である。この方法は，長期間忘れられた後，ナノテクの必要性に伴い米国，日本，ロシアで「再開発」された[7)-10)]。

原料自身がヒーターである上短時間加熱のため，伝導による熱の損失がほとんどなく，エネルギー変換効率の高い方法である。また，高沸点の金属も蒸発させることができる。ガス中蒸発法と同じく，一つの装置で多種類の金属超微粒子を作製できるという利点があった。

EEW法に対して，原料細線をただ爆発させるだけでなく，完全に蒸発・プラズマ化させることにより，より狭い粒径分布を狙ったのがPWD法である[11)]。低インダクタンス回路によるパルス幅減少によって，数μsの間に金属細線をほぼ完全に蒸発させる。また，残った液滴もアーク放電により蒸発させる。これにより，部分蒸発の場合発生する液滴から生じた粗大粒子の発生を防いで，粒径減少が実現できた。また，回収率は最大95%とほぼ全量回収に近い値を示している[12)]。パルスパワー技術で特徴的なエネルギー変換効率は，予想通り，他の方法に比べて1～2桁高い[13)]。さらに，一件乱暴な爆発的方法ではあるが，超微粒子の平均粒径(D_1)を，以下の式から充電エネルギー(E_c)，ガス圧(P)，細線質量(m)から数nmの精度で予測することも可能となった[14)15)]。

$$D_1 = 24.5 D_\mathrm{th}^{0.24}, \tag{1}$$

$$D_\mathrm{th} = \frac{mP}{E_c}, \tag{2}$$

ここで，D_thはプラズマ／蒸気の理想的密度である。

このガス中PWD法に対し，液中でのEEWやPWD法が行われ，ガス中PWDとの違いが検討された[16)]。一方，液中でのPWDにより，化学反応を誘起させて，化合物超微粒子を作製する例が始まった。特に，有機物液体中でPWDを行うと炭化物が得られる。同様な炭化物合成をガス中PWDで行う場合，炭素源としてアセチレンなどの危険物中で放電が必要であること[17)]に比べるとより安全性が高い。これについて，[7.]で解説する。

5. 有機物被覆超微粒子

ガス中PWD法の雰囲気として，不活性ガスに有機物蒸気・霧を混合すると，金属超微粒子が作製できる。この模式図を図3に示す。この粒子表面は有機物に覆われ，耐酸化皮膜として働くため，酸化が進まなくなる。図4に示すように，この方法で最初有機物被覆Cu超微粒

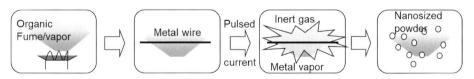

図3　ガス中PWD法による有機物被覆金属超微粒子作製の模式図

子が作製され，その後 Ti[18]，Zr[19] 超微粒子作製に適用された。また，Mg サブミクロン粒子でも同様に酸化防止が確認された[20]。これら Ti，Zr，Mg 粒子は，他の方法で作製できない小さな粒径を持っているという点で，PWD の利用として非常にユニークな製品である。これらについて紹介する。

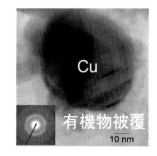

図 4　ガス中 PWD 法により作製された有機物被覆銅超微粒子。TEM 明視野像

6. ガス中 PWD 法による有機物被覆超微粒子の作製例[19]

図 5 にガス中 PWD 装置の模式図を示す。直径 0.254 mm，長さ 32 mm の Zr 金属細線を 100 kPa の Ar ガス中に設置し，5 kV 充電した 30 µF のコンデンサーにギャップスイッチを介して接続した。ギャップスイッチを閉じることにより，Zr 細線にパルス電流を通電し，ジュール熱により細線全体を蒸発させた。その後，Ar ガス中で冷却されて凝結の後にできた超微粒子は，メンブレンフィルターを介して脱気することにより回収した。試料の観察例を**図 6** に示す。(a)の X 線回折（XRD：X-ray diffraction）図形から，ほとんどのピークの位置と相対強度は Zr のそれらとほぼ一致しており，金属 Zr 粒子が得られたことが分かった。(b)の透過型電子顕微鏡（TEM：transmission electron microscopy）明視野像では，数 10 nm の球形粒子が観察された。本画像と他の観察結果を表した粒径分布から，幾何平均径は 17.4 nm であり，この試料は超微粒子であることが分かった。

これまで，Cu[21]，Ti[18]，Zr[19] に加え，Mg[22] 粒子を PWD 法により作製できた。Cu[21]，Ti[18]，Mg[22] では，室温大気中で数週間の酸化進展防止が確認されている。また，Cu の場合のみであるが，表面の有機物が Cu と反応して，有機酸塩を形成していることが全反射プリズムを使っ

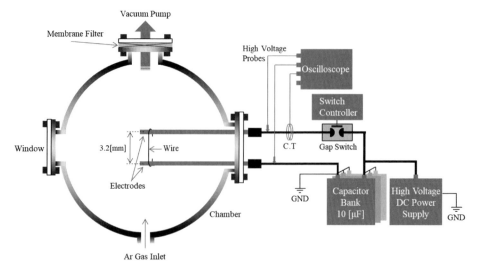

図 5　ガス中 PWD 装置の模式図

た赤外吸収分光により判明した[23]。このような酸化防止機能を有する卑金属超微粒子は，他の方法での作製例はない。これは，短時間で金属を加熱・冷却することにより，まわりの有機物の分解を防ぎながら金属超微粒子を核として有機物が吸着・反応するためであると考えられている。これは，パルスパワーの特徴である，短時間でのエネルギー投入を材料作製に効果的に活用できた数少ない応用例である。

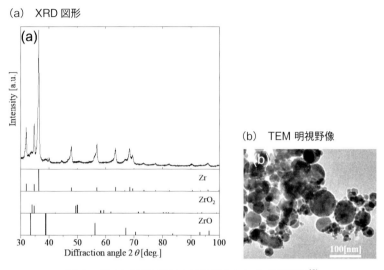

図6　ガス中PWD法により作製されたZr超微粒子[19]

7. 液中PWD法による炭化物超微粒子の作製例[19]

図7に液中PWD装置の模式図を示す。直径0.254 mm，長さ20 mmのZr金属細線を，オレイン酸中でPWDを行った。図8に回収した試料の観察結果を示す。(a)のXRD図形から，すべてのピーク位置と相対強度はZrCのそれとほぼ一致しており，PWDによって発生したZr蒸気がオレイン酸と反応して炭化したことが分かった。(b)のTEM明視野像から，幾何平均径は20.4 nmであり，超微粒子化できたことが分かった。

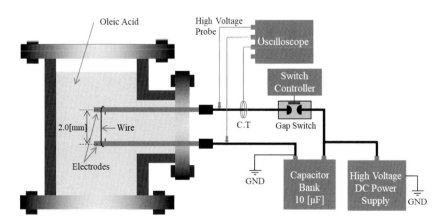

図7　液中PWD装置の模式図

これまでPWD法で炭化物を作製する際には，炭素粉末を使ったり[24]，アセチレンガス中で放電を行う[17]必要があった。前者は組成を制御しにくく，後者では酸素の混入により爆発の危険性があった。また，液中細線放電は水や液体窒素中での実験は行われていた[16]が，炭素源として有機物液体を利用する実験例は報告されていなかった。本結果により，ZrCのみならず，多くの炭化物が液中PWD法により作製可能であることを実証した。

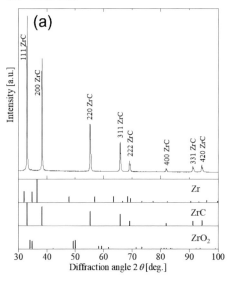

(a) XRD図形

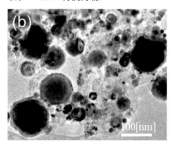

(b) TEM明視野像

図8　液中PWD法により合成されたZrC超微粒子[19]

8. 量産用PWD装置開発とPWDによる粒子作製

このパルス細線放電装置の実用化については，放電・細線供給の同期と自動化が必要であり，いくつかの方式で装置開発がなされてきた[25]。その一つとして，図9に量産用PWD装置を示す。事務用ロッカー2個分の体積となっており，通常の建物内に設置できる構成となっている。放電の繰り返し速度は10Hzでの充放電とその間の細線供給が可能である。最高の生産速度は432 g/hであり，実用上1時間に100 gの超微粒子製造が可能である[23]。また，静電回収装置の開発も行われた[26]。

現在PWDやEEWで超微粒子の量産が行われており[27]，上記の卑金属超微粒子の開発が安定して行えるようになれば，中小企業向きの多品種少量生産に向いたナノテク装置になるであろう。

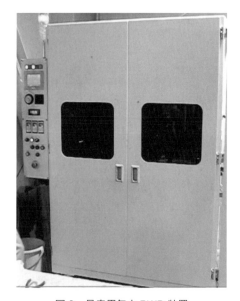

図9　量産用気中PWD装置

9. まとめ

19世紀に開発されたパルスパワーの材料応用技術を基にして，有機物被覆卑金属超微粒子作製のためのPWD法の開発を行った。ガス中および液中PWDにより，酸化しやすい金属超微粒子の耐酸化性を向上させたり，危険物ガスを利用せずに炭化物超微粒子を作製することが可能となった。これは，パルスパワー技術を巧みに利用しながら，その欠点の影響を受けない応用例となっており，将来さらなる発展が期待されている。

謝 辞

量産用PWD装置開発は，JSTサテライト新潟の支援により，㈱パルメソ，松原亨様，勝俣力様との共同研究により生まれたものである。

文 献

1) H. M. Smith and A. F. Turner : *Appl. Optics*, **4**, 147 (1965).

2) K. Yatsui : *Laser and Particle Beams*, **7**, 733 (1989).

3) 山下智彦ほか : 静電気学会，**40**, 193 (2016).

4) 飯島康裕 : 応用物理，**66**, 339 (1997).

5) R. Uyeda and K. Kimoto : Oyo Buturi, **18**, 28 (1948).

6) M. Faraday : Experimental Researches in Chemistry and Physics, (1857).

7) F. G. Karioris and B. R. Fish : *J. Colloid Sci.*, **17**, 155 (1962).

8) Y. A. Kotov et al. : Key Engineering Materials 132-136, 173 (1997).

9) 加瀬薫ほか : 粉末及び粉末冶金 **26**, 10 (1970).

10) 馬越幹男ほか : 窯業協会誌 **95**, 124 (1987).

11) W. Jiang and K. Yatsui : *IEEE Trans. Plasma Sci.*, **26**, 1498 (1998).

12) S. Ishihara et al. : *Inermetallics*, **23**, 133 (2012).

13) Y. Kinemuchi et al. : in Proc. 2nd Int'l Symp. Pulsed Power and Plasma Applications), 143, (2001).

14) Y. Sato et al. : *Jpn. J. Appl. Phys.*, **54**, 045002 (2015).

15) Y. Tokoi et al. : *Jpn. J. Appl. Phys.*, **52**, 055001 (2013).

16) C. Cho et al. : *Appl. Phy. Lett.*, **91**, 141501 (2007).

17) E. Cook and B. Siegel : *J. Inorg. Nucl. Chem.*, **30**, 1699 (1968).

18) Y. Tokoi et al. : *Scripta Materialia*, **63**, 937 (2010).

19) K. Sugashima et al. : *J. Korean Phys. Soc.*, **68**, 345 (2016).

20) N. D. Hieu et al. : *Jpn. J. Appl. Phys.*, **57**, 02CC04 (2018).

21) K. Murai et al. : *J. Ceram. Processing Res.*, **8**, 114 (2007).

22) 末松久幸ほか : 粉体工学会誌，**54**, 514 (2017).

23) 末松久幸ほか : マテリアルインテグレーション，**23**, 65 (2010).

24) S. Ishihara et al. : *Mater. Lett.*, **67**, 289 (2011).

25) H. Suematsu et al. : *Rev. Sci. Inst.*, **78**, 056105 (2007).

26) 志小田雄宇ほか : 粉体粉末冶金協会誌，**56**, 93 (2009).

27) http://www.ion-net.co.jp/products-nano.html.

第2章 パルスパワーの応用

第5節　パルス高電界の医療応用

熊本大学　矢野　憲一　　熊本大学　諸冨　桂子

1. はじめに

　パルスパワーの医療応用は注目を集める分野であり，さまざまな研究が行われてきているが，その中でもパルス高電界の利用が最も進展している。本稿ではパルス高電界に注目し，その医療分野における利用について述べる。

2. パルス高電界の医療応用

2.1 パルス高電界の細胞膜への作用

　細胞は生命の基本的な構成単位であり，人体は数十兆個の細胞から成る。細胞は脂質二重膜で覆われ，その内部には脂質二重膜で区切られた多数の細胞小器官を含有する。細胞においてパルス高電界が最も強く作用する部位は細胞膜であり，その作用時間（パルス幅）によって細胞膜への影響が異なる（図1）。ミリ秒からマイクロ秒のパルス高電界の主要な生体作用は細胞膜に穴を開けることであり，この現象はエレクトロポレーション（Electroporation）と呼ばれている。エレクトロポレーションで生じた細胞膜の穴はDNAなどの高分子化合物が透過できるサイズを持つことから，物質導入に広く利用されている。一方，ナノ秒オーダーのパルス高電界は，エレクトロポレーションによって形成されるような明確な細胞膜穿孔を生じず，DNAなどの高分子化合物の細胞内導入には適していない。しかし低分子量の蛍光色素やカルシウムイオンの細胞内への移行が観察されることから，ごく微細な穴が生成すると想像されている。このナノ秒パルス高電界によって生成する細胞膜の穴はナノポア（Nanopore）と呼ばれ，エレクトロポレーションで生成する細胞膜の穴と明確に区別されている[1]。

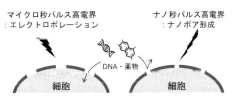

図1　パルス幅に応じたパルス高電界の細胞膜への作用

2.2 パルス高電界の医療応用の概要

　これまでにさまざまなパルス幅の高電界を医療分野へと利用する試みがなされてきており，特にマイクロ秒オーダーのパルス高電界は生命科学の基礎領域から実際の医療まで幅広く使用されている（図2）[2][3]。マイクロ秒オーダーのパルス高電界によるエレクトロポレーションは，DNAや薬物を細胞や人体へと導入するのに使用されている。特に細胞へのDNA導入は基礎

研究において汎用される実験手法となっている上，iPS細胞やゲノム編集生物の作製といった最新の再生医療においても使用されている。さらにDNAワクチンを人体へと投与する際にもエレクトロポレーションは使用される。

マイクロ秒パルス高電界によるエレクトロポレーションは癌

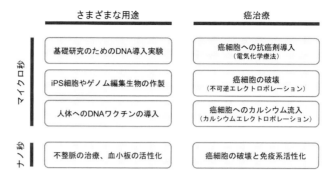

図2　医療分野でのパルス高電界の利用

治療にも利用されている。エレクトロポレーションによる抗癌剤導入は電気化学療法（Electrochemotherapy）と名付けられており，主に欧米で実際の癌治療に使用されている。またマイクロ秒パルス高電界によってカルシウムイオンを癌細胞中へと流入させて細胞死を誘導する癌治療法も実用化に向けた臨床試験が行われている。これはカルシウムエレクトロポレーションと名付けられ，安価で副作用の小さい方法として注目されている。パルス高電界を強く作用させることで細胞が修復できないほどのダメージを与えることで癌を治療するという不可逆エレクトロポレーション（Irreversible electroporation）も実用化されている。

パルス幅がナノ秒オーダーのパルス高電界は物質導入の用途には不向きである。しかしそれ自身で癌細胞に効率よく細胞死を誘発する上，癌細胞が免疫系の標的となるのを促進する効果があることから，マイクロ秒パルス高電界とは異なる作用機序を持つ癌治療法として実用化が進められている。さらに癌治療以外にも，不整脈の治療や，血小板の活性化にパルス高電界を利用するための研究も進められている。

2.3　パルス高電界の人体への安全性

パルス高電界を人体に作用させると心臓の不整脈や筋肉のけいれんなどの悪影響が生じる可能性がある。特に心臓への影響は重要であることから，人体にパルス高電界を作用させる際には心臓の活動に同調させることで心臓の活動に影響を与えないようにする工夫が必要である。心臓は一定間隔の自発的な電気的活動によって拍動しており，この電気的活動は心電図としてリアルタイムでモニターすることができる（図3）。心電図中のR波付近（QRS期）は外部からの電気的な刺激に応答しないため，不応期と呼ばれている。一方，T波が生じている期間は外部からの電気刺激によって重篤な不整脈が生じやすい。そこでT波を避けて，不応期に

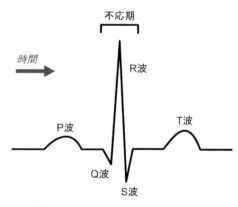

不応期は一般に100ミリ秒以下であるが，この間にパルス高電界処理を処理を行うことで，心臓の電気的活動への悪影響を大きく低減できる

図3　心臓の電気的活動と外部からの電気刺激に対する不応期

パルス高電界を作用させることで，心臓への悪影響を大きく低減することができる[4]。またパルス高電界を作用させる部位によっては筋肉のけいれんが危惧されるが，その場合には治療に先立ち筋弛緩剤が使用される[5]。

3. マイクロ秒パルス高電界を利用した細胞や人体へのDNA導入

3.1 細胞や人体へのDNA導入方法

　生命科学の広範な分野において，細胞に外来物質へ導入することは必須の技術である。DNAの細胞内への導入はトランスフェクション（Transfection）と呼ばれる。トランスフェクションに最も用いられる手法はDNAと細胞膜の双方に親和性のある脂質性化合物をDNAと混和し，続いてこれを細胞と反応させることでDNAを細胞内に取り込ませる方法である。この方法（リポフェクション法）はヒトや動物から樹立した培養細胞株，特に接着性の細胞株で効果が高く，手順が簡単であり，特別な機器を必要としないことから，最も広く用いられているDNA導入法である。一方，同じヒト由来細胞であっても，浮遊性細胞株や，初代細胞のように株化されてない細胞に対してはリポフェクション法は著しく効率が低い場合が多い。こういった場合には細胞膜をマイクロ秒オーダーのパルス高電界で細胞膜を穿孔してDNAを細胞内部へと送り込むエレクトロポレーションが有効である。

　人体にDNAを導入する場合には目的によって手法が使い分けられる。DNA導入を高効率で行う場合や，導入したDNAが細胞中に安定して維持されることが求められる場合にはウイルスベクターと呼ばれるものに目的DNAを組み込み，これを目的部位へと感染させることが行われる。ウイルスベクターとは，ウイルスがヒト細胞に感染するメカニズムを利用してDNA導入を行うもので，DNAとウイルス由来のタンパク質から構成される。ウイルスベクター法には高効率なDNA導入などの利点がある一方，作製と使用に特殊な施設が必要なこと，作製手順が煩雑なこと，人体に免疫反応を惹起する可能性があることの短所がある。ウイルスベクターほどの高効率導入や，長期間の導入DNAの維持が必要ない場合も多く，そういった場合にはマイクロ秒パルス高電界によるエレクトロポレーションが使用される。また一種類のウイルスベクターは一種類のDNAしか組み込めないが，エレクトロポレーションでは二種類以上のDNAを混合して用いることで同時に導入することが可能である。

3.2 細胞へのDNA導入におけるパルス高電界の利用

　実験室内での基礎研究において，エレクトロポレーションはDNA導入に広く用いられている汎用技術である。実験室内での使用に適した機器が多数販売されており，代表的ものとしてはバイオ・ラッド社，ネッパジーン社，ロンザ社の製品があげられる。各社毎にパルス幅，電圧，処理回数をさまざまに組み合わせることでDNAの導入効率を上げ，細胞へのダメージを低減することが試みられており，それぞれの製品で，各種の細胞に応じた至適条件が利用できるようになっている。

　基礎研究のみならず，近年，新たに注目されている医療分野においても，その基盤技術としてマイクロ秒パルス高電界によるエレクトロポレーションは活用されている。再生医療は，損

傷や疾患によって機能が損なわれた臓器や組織を，新たに細胞を補填することで回復させることを目指す医療分野である。その中でもiPS細胞（induced pluripotent stem cell，人工多能性幹細胞）が持つ大きな可能性に注目が集まっているが，その作製に必要なDNAの導入にマイクロ秒パルス高電界は利用されている（図4）。また，細胞が持つ膨大な遺伝子の中から，特定の遺伝子部位のみを改変す

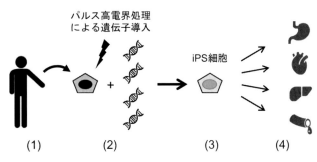

(1)皮膚などから細胞を採取する。(2)細胞にマイクロ秒パルス高電界を作用させ，エレクトロポレーションによって4種類の遺伝子を細胞へと導入する。(3)細胞分化が初期化されたiPS細胞が出現する。(4)iPS細胞を特定の組織や臓器へと分化させる

図4　iPS細胞作製におけるパルス高電界の利用

る新手法であるゲノム編集法が開発され，それまでマウスなどの限られた生物でのみ可能だった遺伝子改変生物の作製が幅広い生物種において可能となりつつある。この手法ではタンパク質とRNAの複合体を細胞や受精卵へと導入する必要があるが，これにマイクロ秒パルス高電界によるエレクトロポレーションが使用されている。このようにマイクロ秒パルス高電界による細胞へのDNA導入は基礎研究から先端の再生医療において利用されている。

3.3　人体へのDNA導入におけるパルス高電界の利用

　マイクロ秒パルス高電界によるDNA導入は人体に対しても行われており，その主な利用としてはDNAワクチンが挙げられる。人体は外部から侵入してきた病原菌やウイルスなどを異物として認識して排除することができ，これを免疫と呼ぶ。免疫の標的となるような物質・菌・ウイルスなどを無毒化処理したものをワクチンと呼ぶ。人体にワクチンを投与することで，特定の病原体に対する防御反応をあらかじめ増強することができ，それによって感染が生じたとしても重篤化を防ぐことができる（図5）。ワクチンの問題点として，病原性を持つ菌やウイルスの大量生産には特殊な設備が必要であること，その無毒化が不完全な場合には感染が生じる危険性があることなどが挙げられる。

　DNAワクチンとは，病原体由来タンパク質をコードするDNAを準備し，これを人体へと導入する方法である（図5）。DNA自体は免疫の標的にはならないが，人体中へと導入されたDNAから病原体由来のタンパク質が合成されて，それに対する免疫反応が起こる。この方法の利点は，DNA自体に毒性

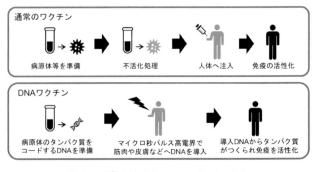

図5　通常のワクチンとDNAワクチン

はほとんどなく生産に特殊な施設は不要であること，DNAは比較的安定な物質で保存が容易なこと，従来型のワクチンに比べて短時間で作製できること，複数のDNAを同時に使用してワクチンとしての効果増強が可能であることなどが挙げられる[6]。

病原体由来のタンパク質をコードするDNAをマイクロ秒パルス高電界によって人体の筋肉や皮膚の真皮に導入し，細胞内でタンパク質を作らせてワクチンとして作用させることが行われている。これまでにインフルエンザウイルス，B型ならびにC型肝炎ウイルス，マラリアなどのタンパク質をコードするDNAワクチンが実際に使用されている[6]。

またDNAワクチンによって癌細胞への免疫反応を増強することも試みられている。正常な細胞ではほとんど産生されていないタンパク質が，ある種の癌細胞で過剰に産生される場合がある。たとえばHer-2タンパク質は乳癌細胞の表面に過剰に存在する場合があることが知られている。こういったタンパク質に対するDNAワクチンをパルス高電界で体内に導入することで，癌細胞に対する免疫反応を増強する試みがなされている[7]。

4. マイクロ秒パルス高電界を利用した癌療法

4.1 癌とはどのような病気か

人体は数十兆個もの細胞から構成されており，個々の細胞の活動が厳密にコントロールされることで個体としての生命が維持されている。癌細胞は遺伝子の異常が積み重なることで正常細胞から変化して生じたものであるが，正常細胞とは大きく異なる点が二つある。一つは細胞増殖のコントロールに異常をきたしていることであり，過剰な細胞増殖によって異常細胞の塊である腫瘍を形成する(図6)。もう一つの癌細胞の特徴は移動するという点である。正常な細胞は移動する能力を保持していても，無秩序に移動することはない。過剰な増殖によって腫瘍を形成している細胞集団の中から，移動能が高まった細胞が生まれ，これが正常組織内を移動したり(浸潤)，体内の別の部位へと移動して(転移)，そこで過剰な増殖を行うことを繰り返すため，個体としての統合的な機能が損なわれて死に至る(図6)。

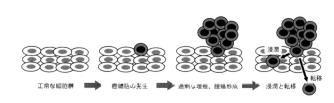

図6　癌の発生と伸展

4.2 癌治療にパルス高電界が使われる理由

癌の治療で最も重要なことは，腫瘍を形成している癌細胞が転移して別の部位へと移動する前に腫瘍を取り除くことである。よって外科手術が最も重要な手段といえる。しかし腫瘍の部位によっては外科手術による切除が困難な場合がある。また老齢や合併症などのために体が衰弱しており外科手術に耐えることができない場合もある。こういった際には放射線治療や抗癌剤治療が行われることが多い。

パルス高電界は針を利用した電極を目的部位に穿刺することで作用させることが可能なた

め，体への負担が他の手法に比べて小さく，切除が難しい部分への治療も可能である。皮膚癌のように体表にある癌への使用のみならず，外科手術との併用により体内の深部にある肝臓癌や膵臓癌の治療にも用いられている。また外科的な切開を伴わずに体の深い部分にパルス高電界を到達させる試みとして，CT イメージング，内視鏡，エコーなどの手法により臓器を視覚的にとらえて，そこへ針型電極を到達させることが研究されている。

4.3 癌の電気化学治療

抗癌剤を用いた癌治療は化学療法（Chemotherapy）と呼ばれる。マイクロ秒パルス高電界によって癌細胞にエレクトロポレーションを引き起こし，抗癌剤をその内部へと導入する方法は電気化学療法（Electrochemotherapy）と呼ばれる。電気化学療法に用いられる抗癌剤は極性を持つ化合物であり，水になじむ性質がある。細胞は脂質から構成される細胞膜に覆われることで外部から仕切られているが，極性を持つ化合物は細胞膜の脂質成分にはじかれてしまうので細胞膜を通過することができない。そこでマイクロ秒パルス高電界を腫瘍部位へと作用させることで細胞膜に穴を開け，そこから抗癌剤を内部へと作用させる[8]。

これまでにさまざまな抗癌剤が開発されているが，多くの場合，電気化学療法にはブレオマイシン（Bleomycin）（図7）やシスプラチン（Cisplatin）が用いられ，特にブレオマイシンの使用例が多い。ブレオマイシンは DNA 損傷剤であり，生命の設計図である DNA に損傷を与えて細胞死を誘導する。その塩酸塩や硫酸塩は水に可溶であるため人体への投与が容易である。しかし極性のある化合物であるブレオマイシンは細胞膜をほとんど透過しないため，強い DNA 損傷作用を持つにも関わらず，抗癌剤として作用しづらい。そこでマイクロ秒パルス高電界によって細胞膜を穿孔し，ブレオマイシンを細胞内部へと導入して細胞死を誘導する。マイクロ秒パルス高電界を使用すると，ブレオマイシンの細胞毒性は数百倍に上昇する[9]。一方，極性を持たない抗癌剤はパルス高電界を併用しても効果の上昇がほとんど見られないため，電気化学療法には用いられない。たとえば癌治療に汎用される抗癌剤であるエトポシド，ドキソルビシン，パクリタキセルなどは各種のパルス高電界を併用しても効果の増強は見られない[9]。

ブレオマイシンとパルス高電界の併用は，ブレオマイシンの効果を高めるのみならず，その副作用を低減することができる。抗癌剤を人体に投与した場合には重篤な副作用が生じることが知られている。その名前から，抗癌剤は癌細胞に特異的に作用すると想像されがちだが，実際には正常な細胞や組織に影響を与えるためさまざまな副作用が生じる。電気化学療法は，抗癌剤の治療効果を局所的に高

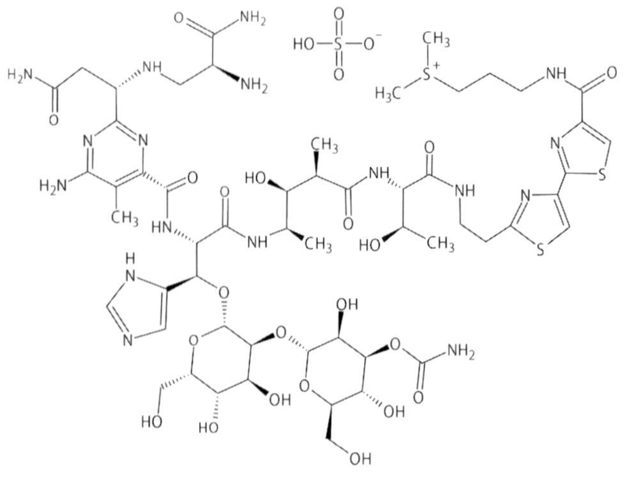

図7　ブレオマイシンの化学構造

めることによって，全身レベルでの副作用の低減を図ることができる．

　実際の癌治療でのパルス高電界の使用はヨーロッパ諸国において特に進んでおり，140を越える医療機関において多数の癌患者に対して電気化学療法が実施されている．ヨーロッパ諸国では癌治療におけるパルス高電界処理の標準的な条件が定められており，これはESOPE（European Standard Operating Procedure on Electrochemotherapy）と名付けられている．ESOPEでは，100マイクロ秒，1 kV/cmのパルス高電界を8回作用させることが標準的な治療法となっている[10]．症例によっては電界強度や処理回数が変更される場合もある．腫瘍の大きさなどに応じて数種類の電極が開発され入手可能となっている[11]．またパルス高電界発生装置も商品化されており，その中には，心臓の活動と同期させることで，パルス高電界が心臓に悪影響を及ぼす可能性を最小化する工夫がなされているものもある．癌の部位別に見ると，癌への電極の穿刺が容易な皮膚癌での症例が最も多い．さらに頭頸部癌，膵臓癌，肝臓癌，骨転移など，多くの癌において用いられている[12]．

4.4　不可逆エレクトロポレーションによる癌治療

　不可逆エレクトロポレーションは，マイクロ秒パルス高電界を腫瘍部位に強く作用させることで癌細胞に修復不能レベルのダメージを与えて癌治療を行う方法である（図8）．電気化学療法では100マイクロ秒，1 kV/cmのパルス高電界を8回作用させるのが標準的治療法であるが，不可逆エレクトロポレーションでは同様のパルス高電界（100マイクロ秒もしくはそれ以下，1～2 kV/cm程度）を100回程度作用させる．それにより処理部位の癌細胞は非アポトーシス性の細胞死であるネクローシス（Necrosis）を起こす[13]．

　不可逆エレクトロポレーションは，血管や神経に隣接しているため切除が困難な腫瘍に特に有用な方法である．たとえば，肝臓は血流量が多く，大腸や胃に生じた癌が血流に乗って転移しやすい．転移性肝癌の治療では，まず肝臓中の腫瘍を可能な限り外科的に切除し，血管近傍に存在するなどの理由で切除が困難な腫瘍が残存する場合に，これに対して不可逆エレクトロポレーションが行われる．転移性肝癌に加えて，膵臓癌や前立腺癌などの治療にも用いられている[13]．既に欧米では癌患者に対する多数の症例があるが，日本での本格的な利用はこれからである．

　不可逆エレクトロポレーションは，物質導入のためのエレクトロポレーションに比べて強い電気的な作用をかけるため，治療部位以外への影響を低減する措置が取られる．まず筋肉の痙

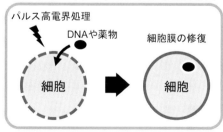 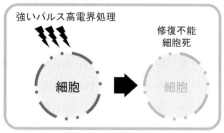

図8　物質導入のためのエレクトロポレーションと不可逆エレクトロポレーションの比較

攣を抑えるため，筋弛緩剤が使用される。また心臓に対する影響を最小化するため，心臓の拍動をモニターし，その不応期にパルス高電界を作用させることが行われる[2,3]。不可逆エレクトロポレーションのためのパルス高電界発生装置が米国 AngioDynamics 社から販売されており，NanoKnife と名付けられているが，この装置は心臓の活動と同調させてパルス高電界処理が可能である[13]。

4.5 カルシウムエレクトロポレーションによる癌治療

パルス高電界が細胞に与えるダメージはカルシウムによって増強されることが知られている。この現象はカルシウムエレクトロポレーションと呼ばれ，これを癌治療に利用する試みが進んでいる。カルシウムは骨の主成分であり健康維持に重要である一方，細胞内の濃度はきわめて低く維持される必要がある。カルシウムはカルボキシル基やリン酸と強く結合し，それらを含有する化合物の溶解度を著しく低下させるため，細胞内カルシウムの濃度が高い状態が続くと，さまざまな細胞機能が損なわれ，最終的に細胞は死に至る。よって細胞内カルシウムは細胞外へと排出され，ヒト細胞においては細胞外の2万分の1以下の濃度（100 nM 前後）に保たれている[14]。パルス高電界によって細胞内へ過剰なカルシウム流入が生じると，エネルギー低下を伴った非アポトーシス性の細胞死が生じる[15]。

ヨーロッパの癌治療機関において，カルシウムエレクトロポレーションを利用した癌治療の臨床試験が実施されている。まず腫瘍部位に200 mM 程度のカルシウム溶液を注入し，続いて電気化学療法と同様のパルス高電界処理を行うことで，前述のブレオマイシンを使用した電気化学療法と同程度の治療効果が得られている。ブレオマイシンが高価なのに対し，カルシウム溶液は非常に安価で，しかも副作用の可能性が低いという利点がある[16]。非可逆エレクトロポレーションにおいてもカルシウム存在下で治療効果が大きく上昇することが報告されており，他の手法との併用においても有効である[17]。

5. ナノ秒パルス高電界による癌治療

5.1 ナノ秒パルス高電界の細胞膜への作用

マイクロ秒パルス高電界がDNAや抗癌剤などの高分子化合物が透過できるほどの細胞膜の穴を生成するのに対し，ナノ秒パルス高電界は低分子化合物が透過しうる穴（ナノポア）を生成する。後述するようにナノ秒パルス高電界はカルシウム依存的に細胞内のエネルギー低下を引き起こすが，それに伴いナノポアはより大きなサイズの穴へと拡張する。さらにナノ秒パルス高電界は細胞内部へも影響を与えると考えられている。

5.2 ナノ秒パルス高電界によって引き起こされる細胞内応答

ヒト細胞はナノ秒パルス高電界の強度に応じてさまざまな応答反応を示す（図9）[18]。ヒト細胞にナノ秒パルス高電界を弱く作用させた場合

図9　ナノ秒パルス高電界の強度依存的な細胞応答

第5節　パルス高電界の医療応用

には，細胞増殖や生存率への大きな影響は観察されない。しかしヒト細胞はこういった弱いナノ秒パルス高電界であっても認識することができ，それに応答して細胞内のシグナル伝達経路を活性化する[19]。たとえばMAPK経路はヒト細胞の代表的なシグナル伝達経路であるが，ナノ秒パルス高電界によって活性化されて，タンパク質のリン酸化が連続的に生じ，最終的に特定の遺伝子が活性化される（図10）[20)21]。他にもAMPK経路やPLC/PKC経路と呼ばれる細胞内シグナル伝達経路が活性化されることが知られている[22)23]。

細胞増殖に影響が出る程度のナノ秒パルス高電界は，ヒト細胞にとってストレスとして作用し，細胞が持つストレス応答経路が活性化され，タンパク質合成が一過的に停止する（図11）[24]。細胞は生命活動を維持するためにタンパク質を常に合成する必要があり，そのために多くのエネルギーを消費している。細胞にストレスがかかると，エネルギー消費を節約しつつストレスをやりすごすために，タンパク質合成を一時的に停止する。ナノ秒パルス高電界を作用させると，ヒト細胞のタンパク質合成は素早く停止する。この時，ヒト細胞が持つ4種類のストレスセンサーのうちPERKとGCN2が活性化され

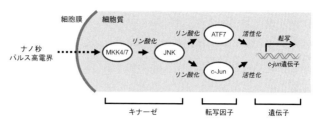

ヒト細胞は外部からの刺激に応じて連続的な細胞内反応を引き起こす。これを細胞内シグナル伝達経路と呼ぶ。MAPK経路は代表的なシグナル伝達経路であり，ヒト細胞は複数のMAPK経路を持つ。ナノ秒パルス高電界は少なくとも3種類のMAPK経路を活性化するが[20]，この図ではそのうちのJNK経路の活性化を示す[21]。ナノ秒パルス高電界はキナーゼ（タンパク質リン酸化酵素）であるMKK4/7タンパク質を活性化し，MKK4/7は別のキナーゼであるJNKタンパク質を活性化する。JNKは遺伝子発現を制御するタンパク質である転写因子ATF7やc-Junを活性化する。活性化された転写因子はc-jun遺伝子の転写を活性化する

図10　ナノ秒パルス高電界によるMAPKシグナル伝達経路の活性化

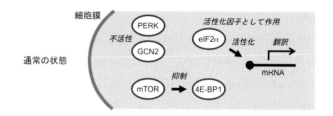

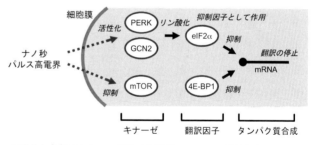

生理的な条件下において細胞は恒常的にタンパク質を合成している。eIF2αはタンパク質合成に関わるタンパク質（翻訳因子）である。4E-BP1はタンパク質合成を負に制御する翻訳因子であるが，通常はmTORと呼ばれるキナーゼによってリン酸化されて機能が抑制されている。
ナノ秒パルス高電界によって，ストレス応答性キナーゼであるPERKとGCN2が活性化され，これらのキナーゼはeIF2αをリン酸化する。リン酸化されたeIF2αはタンパク質合成の抑制因子として作用する。ナノ秒パルス高電界はmTORの機能も抑制するため，4E-BP1の抑制が解除されてタンパク質合成の負の制御因子として働く。2つの独立したメカニズムにより，ナノ秒パルス高電界は細胞のタンパク質合成を停止させる

図11　ナノ秒パルス高電界によって誘発されるストレス応答

る。また，これらのストレスセンサーとは独立のストレス応答経路である mTOR 経路も同時に活性化される。さらにストレス状態からの回復反応である GADD34 遺伝子の誘導も起こる[24]。ナノ秒パルス高電界によるストレス応答は，従来から知られているストレス応答とは分子レベルでの相違点が多く，新しいタイプのストレス応答と考えられる[18]。ナノ秒パルス高電界によるストレス応答はカルシウムの有無に影響されずに，ナノ秒パルス高電界が細胞内に作用することで引き起こされると考えられる[25]。

5.3 ナノ秒パルス高電界によって引き起こされる細胞死のメカニズム

ヒト癌細胞に強いナノ秒パルス高電界を作用させると，細胞死が生じる。これまでに調べられたほとんどのヒトやマウスの細胞株では，カルシウム依存的な非アポトーシス性の細胞死が生じる[26)27)]。カルシウムエレクトロポレーションの項[4.5]に記したように，カルシウムには細胞の生理機能に悪影響を与えるため，その細胞内濃度をきわめて低く維持する必要がある。ナノ秒パルス高電界によるナノポア形成によって細胞内カルシウムが高い状態が続くと，細胞内のエネルギーレベルが低下して非アポトーシス性の細胞死が生じる。カルシウムを含まない培地中では細胞はナノ秒パルス高電界に対して著しく耐性になる。

興味深いことに，ナノ秒パルス高電界による細胞死には，アルツハイマー病やパーキンソン病といった神経変性疾患における細胞死との間に類似性が見られる。ナノ秒パルス高電界処理された細胞内では，さまざまなタンパク質が互いに強く架橋される（図 12）[28]。この架橋反応はカルシウム依存的であり，トランスグルタミナーゼ 2 と呼ばれる酵素がナノ秒パルス高電界処理により活性化されることで生じる。架橋されたタンパク質は正常な機能が損なわれる上，分解による除去が起きにくくなる。よって架橋タンパク質はナノ秒パルス高電界によるダメージから細胞が回復するのを妨げ，細胞死を促進するものと考えられる。同様の架橋反応はアルツハイマー病やパーキンソン病といった神経変性疾患が悪化していく過程でも観察され，細胞死を促進するメカニズムと考えられている。

ナノ秒パルス高電界によって多くの細胞株ではカルシウム依存的に非アポトーシス性の細胞死が起きるが，一部の細胞株においてはカルシウムに依存せずにアポトーシスが生じることが確認されている[26)27)]。一般的に細胞死メカニズムの解析はアポトーシス検出キットにより簡便に行われるが，パルス高電界処理した細胞はこういった試薬への感受性が高まるため擬陽性が出やすく，結果を見誤りやすい。ナノ秒パルス高電界でアポトーシスが生じるとする研究には不十分な解析に基づいているものもあるので注意が必要である。

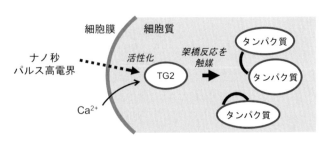

ヒト細胞中には，タンパク質の架橋反応を触媒するトランスグルタミナーゼ 2（TG2）と呼ばれるタンパク質が存在する。通常，TG2 の活性はきわめて低いレベルに制御されている。ヒト細胞にナノ秒パルス高電界を作用させると TG2 がカルシウム依存的に非常に強く活性化され，タンパク質とタンパク質の間の架橋や，タンパク質の分子内架橋を引き起こす

図 12　ナノ秒パルス高電界による細胞内タンパク質の架橋反応[28]

5.4 ナノ秒パルス高電界による癌治療の分子メカニズム

　ナノ秒パルス高電界が効率良く細胞死を誘導することから，これを癌治療に利用する試みが進んでいる。既に多数の動物実験が報告され，さらに皮膚癌患者への臨床試験が開始されている[29)30)]。また体内の深部に位置する膵臓癌などへの利用についても機器の開発と動物実験による検証が行われている。

　培養条件下の癌細胞をナノ秒パルス高電界で処理すると生存率の顕著な低下が見られるが，一部の細胞が生き残ることが多い。一方，腫瘍をマウスの体内に形成し，それに対してナノ秒パルス高電界処理を行うと非常に高い治療効果を示し，再発がほとんど見られない[29)31)]。培養条件下での効果と比較して，体内において効果がより高い理由として，体内ではナノ秒パルス高電界処理された癌細胞が免疫系の攻撃を受け，Immunogenic cell deathと呼ばれる細胞死が生じることが挙げられる。たとえば，カルレティキュリン(Calreticulin)と呼ばれるタンパク質は通常は小胞体で機能しているが，ナノ秒パルス高電界処理により細胞表面へと移動する。細胞表面にカルレティキュリンを持つ細胞は免疫細胞の標的となり除去される(図13)[32)]。また何らかの理由でダメージを受けた細胞は特定の細胞内成分を細胞外へと放出する。こういった細胞内成分はDAMPs(damage-associated molecular profiles)と総称され，免疫系を活性化して癌細胞の除去を促進する。ナノ秒パルス高電界によって，DAMPsとして免疫系に認識される分子であるHMGB1やATPが放出されることが明らかになっている(図13)[33)]。よってナノ秒パルス高電界は，4.3.で述べたようなメカニズムで癌細胞に細胞死を引き起こすことに加えて，免疫系を活性化して癌細胞のImmunogenic cell deathによる除去を促進することによって高い治療効果を発揮する。

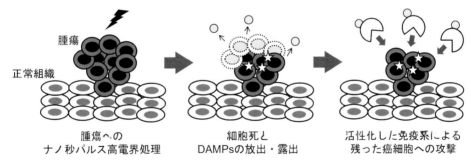

図13　ナノ秒パルス高電界による癌のImmunogenic cell death

6. 癌治療以外のパルス高電界の医療応用

　上述のようにパルス高電界の医療分野への利用は細胞へのDNA導入と癌治療の二つにおいて特に進んでおり，既に実際の治療に利用されているものも多い。こういった用途以外にもパルス高電界の医療応用に関してはさまざまな可能性があり，研究が行われている。その中でまず挙げられるのは，虚血性心疾患における血管新生の促進にエレクトロポレーションによるDNA導入を応用する試みである。何らかの理由で組織や臓器に十分に血流が行き渡らない状態を虚血と呼び，これが心臓で生じた場合には心筋梗塞をはじめとする虚血性心疾患を引き起

こす。虚血からの回復には，血管の新たな伸長（血管新生）によって血流が回復することが重要である。パルス高電界による DNA 導入を利用して，血管新生を促進するタンパク質である血管内皮細胞増殖因子を心臓で産生し，虚血性心疾患からの回復を促進する研究が行われている。[2.3] で述べたように，心電図をモニターしながら，心臓の活動と同期させてパルス高電界を作用させることで，心臓中の血管をパルス高電界処理することができる[34]。動物を用いた研究では，血管内皮細胞増殖因子の DNA を心臓へと導入することで，虚血性心疾患から回復が促進することが示されている[35]。またマイクロ秒やナノ秒のパルス高電界を不整脈の治療手段として利用するため，心筋細胞への影響や，動物実験による効果の検証が行われている[36][37]。

　ナノ秒パルス高電界を利用して血小板の凝集を活性化する研究も行われている。血小板は血液中の細胞成分の一つであり，傷などによって活性化して凝集することで出血を防ぎ，傷の治癒を促進する。ナノ秒パルス高電界によって血小板凝集を活性化することができることから[38]，皮膚などに生じた傷の治癒を促進するための研究が進められている。また血液より単離した血小板をナノ秒パルス高電界処理によってゲル化したものは，組織再生や血管新生を促進するための新しい医療素材として注目されている[39]。

文　献

1) K. H. Schoenbach et al.：Bioelectrics., 1–40, Springer (2017).

2) K. Yano et al.：Bioelectrics., 155–274, Springer (2017).

3) R. Heller et al.：Bioelectrics., 275–388, Springer (2017).

4) A. Deodhar et al.：*American J. Roentgenol.*, **196**, W330 (2011).

5) K. Nielsen et al.：*Br. J. Anaesthe.*, **113**, 985 (2014).

6) N. Y. Sardesai and D. B. Weiner：Curr. Op. iImmunol., **23**, 421 (2011).

7) A. Tiptiri-Kourpeti et al.：*Pharm. Therap.*, **165**, 32 (2016).

8) D. Miklavcic et al.：Med. Biol. Eng. Comp., **50**, 1213 (2012).

9) J. Gehl et al.：Anti-cancer drugs, **9**, 319 (1998).

10) J. Gehl et al.：*Acta Oncol.*, **57**, 874 (2018).

11) D. Miklavcic et al.：*Biomed. Eng. Online*, **13**, 29 (2014).

12) B. Mali et al.：*Eur. J. Surg. Oncol.*, **39**, 4 (2013).

13) P. G. Wagstaff et al.：OncoTargets Therapy, **9**, 2437 (2016).

14) R. M. Case et al.：Cell Calcium, **42**, 345 (2007).

15) S. K. Frandsen et al.：Cancer Res., **72**, 1336 (2012).

16) H. Falk et al.：*Acta Oncol.*, **57**, 311 (2018).

17) E. M. Wasson et al.：Annals Biomed. Eng., **45**, 2535 (2017).

18) K. Yano and K. Morotomi-Yano：Handbook of Electroporation, 289-305, Springer (2017).

19) K. Yano and K. Morotomi-Yano：Bioelectrics 219-227, Springer (2017).

20) K. Morotomi-Yano et al.：Arch. Biochem. Biophys., **515**, 99 (2011).

21) K. Morotomi-Yano et al.：*Biochem. Biophys. Res. Comm.*, **408**, 471 (2011).

22) K. Morotomi-Yano et al.：*Biochem. biophys. Res. Comm.*, **428**, 371 (2012).

23) G. P. Tolstykh et al.：*Bioelectrochemistry*, **94**,

23(2013).

24) K. Morotomi-Yano et al. : Exp. Cell Res., **318**, 1733(2012).

25) K. Morotomi-Yano and K. Yano : *Biochem. Biotech. Res.*, **3**, 51(2015).

26) K. Morotomi-Yano et al. : *Biochem. Biophys. Res. Comm.*, **438**, 557(2013).

27) K. Morotomi-Yano et al. : Arch. Biochem. Biophys., **555-556**, 47(2014).

28) K. Morotomi-Yano and K. I. Yano : FEBS Open Bio, **7**, 934(2017).

29) R. Nuccitelli et al. : *Int. J. Cancer*, **125**, 438 (2009).

30) R. Nuccitelli et al. : Exp. Dermatol., **23**, 135 (2014).

31) R. Nuccitelli et al. : *Int. J. Cancer*, **132**, 1933

(2013).

32) R. Nuccitelli et al. : PloS One, **10**, e0134364 (2015).

33) R. Nuccitelli et al. : *J. Immunotherapy Cancer*, **5**, 32(2017).

34) E. L. Ayuni et al. : PloS One, **5**, e14467(2010).

35) A. A. Bulysheva et al. : Gene Therapy, **23**, 649(2016).

36) A. Wojtaszczyk et al. : *J. Cardiovascular Electrophysiol.*, **29**, 643(2018).

37) F. Varghese et al. : Cardiovascular Res., **113**, 1789(2017).

38) J. Zhang et al. : Arch. Biochem. Biophys., **471**, 240(2008).

39) A. L. Frelinger et al. : PloS One, **11**, e0160933 (2016).

第2章　パルスパワーの応用

第6節　ポストハーベスト段階での利用

岩手大学　高木　浩一

1. はじめに

　農学分野では，農作物を収穫してから消費者へと届くまでの段階を「ポストハーベスト」と呼んでおり，収穫物の洗浄や鮮度維持，輸送や加工などの工程などがある[1]。農産物の鮮度を長期間維持すること，また品質の劣化を低く保つことは，食料の効率的な供給にとって大切であるだけでなく，①農業従事者の収入を上げ，後継者を確保して持続可能な農業へとつなげる，②産地からより離れた広い地域への農産物供給を可能とし，日本の農業界の活性化へとつながる。特に，日本の食料自給率は2011年のカロリーベースで39％と，カナダの223％，アメリカの130％，フランスの121％，また韓国の50％(いずれも2009年のデータ)と比較しても低い水準で，生産額ベースでも66％と低い[2]。日本は食料の輸入が多いことに加えて，平均輸送距離も他国と比べて大きく，フードマイレージ換算で約7千t·km/人と，韓国やアメリカの約3倍，フランスの約9倍と大きい[2]。加えて，食料破棄の最も大きな理由も，鮮度劣化および腐敗によるもので，全体の6割を占める[3]。このため，日本における生鮮食品の長期間の鮮度および品質維持，また輸送コストの削減は，日本における持続可能農業およびフードサプライチェーンにとって重要となる。

　食品の品質劣化は，栄養素や味，色，におい，食感が変わることで生じ，食品の構成成分が生物的もしくは化学的に変化する場合と，食品自体が物理的に変化する場合とがある。特に，野菜や果物では，収穫後も植物体として生命活動を維持していることから，それ自身の生理作用(呼吸や蒸散など)による自己消耗型の化学変化が，品質劣化に大きく影響する。特に，エチレン(C_2H_4)などは植物ホルモンとして働き[4]，追熟を促進させる。このため，農産物の鮮度(品質)維持には，保存温度の制御や，CA貯蔵(Controlled Atmosphere Storage)など保存空間のガス組成の制御が大切となる。また，農産物にタンパク質，炭水化物や脂質，ビタミン，水分など，微生物が増殖するのに必要なものが含まれている。このため微生物の産生する酵素などにより可食性が失われる腐敗を引き起こす[3]。このため，腐敗を引き起こす微生物制御として，加熱などによる殺菌，ろ過などによる除菌，包装などによる遮断，冷蔵などによる静菌などがとられる[5]。

　高電圧現象(静電気の働き)として，帯電およびクーロン力を利用した集塵，酸化・還元などの反応性に富むイオンや活性種の生成，電界印加によって細胞膜に穴をあける(電気穿孔法)などがある。たとえば，カビの胞子など空中浮遊菌は静電気で捕集することができ，静菌技術として利用できる[3]。また，エチレンを静電気で生成したイオンや化学的活性種を利用して分解することもでき，この技術を用いることで，混載輸送が可能となる[6]。また，魚介類の保存で

— 107 —

は，常在菌による鮮度劣化を抑制するため，0℃付近の低温保存もしくはマイナス20℃以下で酵素が働けなくする凍結保存が用いられる[3]。この場合，凍結および解凍時に細胞膜が破れて内容物が染み出すドリップによる品質劣化が問題となる。これに対して，磁場や電場でドリップを防ぐ技術も，一部で用いられている[7]。

ここでは，パルスパワーや高電圧，プラズマを活用した農業応用全体について俯瞰した後，ポストハーベスト段階の応用として腐敗菌の捕集[8)9)]，輸出コンテナにおいて植物ホルモンとして農産物から放出されるエチレンの分解を利用した老化抑制[6)9)]，水産物のチルドおよび凍結保存における電界印加での鮮度維持期間の改善およびドリップ漏出抑制[10)11)]，食品加工時の利用事例としてパルス電界を用いたポリフェノール抽出などについて述べる。

2. 農業分野への高電圧・パルスパワー利用の概要

表1に，農業における高電圧やプラズマの利用と可能性について示す[12]。農業における利用は，播種や育苗，果実収穫の段階までの収穫前（Preharvest）と，収穫後に鮮度を維持した状態で輸送を行う，乾燥などの一次加工を行う収穫後の段階（Postharvest）にわけられる。本稿では，これまでの高電圧やプラズマの農業応用事例の歴史について振り返るとともに，いくつかの実用化事例について簡単に解説を加える。

高電圧・プラズマ技術の農業利用の研究は，もともと電磁界，空気イオンが生物に及ぼす影響の研究に端を発している。これらは国内では1992年に重光・中村によってとりまとめられている[13]。この中では，自然電磁環境と生物との関係や，人工電磁界やイオンの発生装置，電界・磁界・空気イオンの動植物への影響について解説している。その後，岩元らは電磁場を含む非熱効果の生物への影響についてまとめている[14]。その中では，農学への工学技術利用の観点から，電界による種子発芽，植物生育促進，細胞操作や高電圧パルス殺菌，静電散布，空気イオンによる植物生育について詳細に述べている。ここで紹介されている研究は，現在活発に行われているプラズマの農業・食料産業への応用研究の基礎をなすものが多く含まれている。プラズマ核融合学会では，学会誌75巻6号に「放電・プラズマ・電磁界を応用した生物学・農学的研究」として小特集が組まれ，放電・プラズマを応用した殺菌，電界・空気イオン・放電の植物影響，放電による雑草防除，高電界の動物影響，農薬散布システム，霧対策・悪臭対策について解説されている[15]。

高電界に作物を暴露し，収量の増加を試みる研究は既に18世紀中頃から20世紀初頭に行われている[16]。国内では渋澤と柴田が1927年に論文を発表している。彼らは8種類の作物を用い，交流（50 Hz），高周波（130 kHz），直流高電圧を植物体上部の網電極に印加し，ソ

表1 農業における高電圧・プラズマ応用

・播種・育苗技術　電場による発芽促進・苗の生育促進
・防除技術：静電散布，除草
・受粉技術：静電受粉
・菌類の増産技術：キノコ類への電気刺激による増産
・殺菌技術：水耕養液のプラズマによる殺菌　　Preharvest ↑
・選別・分級技術：静電選別，静電分級　　Postharvest ↓
・乾燥技術：イオン風による乾燥促進
・集塵技術：農業施設内の除塵
・冷凍・冷蔵技術：電場による品質劣化防止

バ，タバコで生長促進効果を確認している[17]。その後，1980年代に入って菅沼と中山が直流送電線下の植物の成長の研究を行っている[18]。この分野は，植物の電気生理学的興味から行われるが[19]，電力会社の送電線の影響調査の色合いが濃い。農業と名打った論文は1984年の白の論文[20]まで待たなければならない。農業用の薬剤散布実験は，1944年にWilsonがダストの研究を行ったのが最初で，その後，Hampe，Bowenらにより高電圧で帯電させることで付着効率は増加することが報告されている[21)-23]。高電圧による雑草防除は，1970年代にソビエトで行われたものが最初で[15]，日本では名倉らがポータブル型と自走式の装置で実験を行い，2Jの放電エネルギーで50 cmの大型雑草，0.3 Jで50 mmの小型雑草の除去に成功している[24]。また，パルスパワーで水中プラズマを発生させて窒素固定化を行い植物の生育を促進する実験や（図1）[25]，液肥中の殺菌に用いることで植物が病原菌などに感染するのを防ぐ技術開発なども盛んに行われている（図2）[26]。

図1　プラズマ照射時間を変えた時のコマツナの成長の変化[25]

図2　トマト幼苗の青枯れ病菌の有無およびプラズマ照射による成長の変化[26]

これまで高電圧・プラズマ技術は電気泳動，電気穿孔などに活発に利用され農業に貢献しているが，直接的な農業の場においては実用化されている場面は少ない。成功例のひとつは静電農薬散布であり，有光工業㈱と㈱やまびこ（旧共立）から誘導帯電式の静電ノズルが販売されている。また，静電選別も実用化されている技術のひとつである。農業関係では茶の木茎分離に利用されており，高水分の木茎と低水分の茶葉の導電率の差を利用して選別する[27]。茶葉の選別には静電誘導による方法と摩

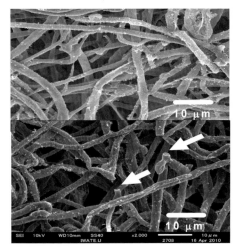

図3 電圧印加前後の菌糸の電子顕微鏡写真
（上：電圧印加なし，下：あり）

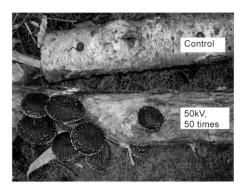

図4 電気刺激の有無によるシイタケ
生育の比較
（上：電圧印加なし，下：あり）[30]

擦帯電による方法が一般的に用いられている[28]。キノコ増産装置も実用化されているパルスパワー技術である[29]。電界に起因するクーロン力や誘電分極などによる力で菌糸が動かされ，一部は断裂などの損傷を受ける(**図3**)。損傷による刺激は膜状菌糸やキノコ原基の形成などを引き起こし，子実体の形成促進が起こる(**図4**)[30]。水産分野では，誘電加熱による殺菌[31]，通電解凍[32]，オゾンによる水槽の殺菌[33]，電気燻製，品種改良において，高電圧および静電気の技術が用いられ，すでに製品として販売されている。近年では，冷蔵庫や冷凍庫内に電場を印加することで魚介類の鮮度を長持ちさせる，また解凍時のドリップを減少させる製品も，数社から販売されている[34]。

3. 農産物の鮮度・品質の維持への高電界・パルスパワー・プラズマの利用

3.1 高電圧による静電気力を利用した空中浮遊菌の捕集

　農産施設とは，収穫された農産物を貯蔵・加工・選別する施設（穀物乾燥調整貯蔵施設や精米施設，果実共同貯蔵施設や選果施設など）のことをいう。農産施設の空間内は塵埃が多く，空中浮遊菌（細菌・真菌）濃度は高いことが知られており，浮遊細菌や浮遊真菌は，農産物に付着することで腐敗や，保存過程や流通過程での交差汚染を促進させる。したがって，農産施設内の空気洗浄は農産物の微生物制御を行うにあたり大きな意味をもつ。農産施設の集じん装置は，サイクロンやスクラバ（共乾施設では湿式集じん機）やフィルタなどが主であるが，圧力損失を非常に低く抑えることができ，0.5～20 μmの微細なダストを高効率集じんでき，構造の簡単さから保守・点検容易である電気集じん装置の利用は有効となる。

　線対平板といった一般的な電極配置の電気集じん装置の，印加電圧に対する粉砕もみ殻（空中浮遊菌）の捕集率を**図5**に示す[8]。農産施設から入手した籾殻をコーヒーミルで粉砕し，粒径210 μm以下の粉砕もみ殻（一般生菌数7.5 log10 CFU/g，カビ・酵母数7.1 log10 CFU/g）を

作製し、これを空中浮遊菌のモデルサンプルとしている。電圧を印加すると集じん率は増加する。これは荷電されてクーロン力を受けた粉砕もみ殻が接地電極に付着することによる。なお図5の実線はサンプルの粒子の誘電率と粒径を、Deutschの式に代入して計算した値である。

図6に、電気集じんリアクタ通過後の微生物数を示す[8]。微生物数は、電気集じん装置を通過した粉砕もみ殻を捕集し、PCA培地とPDA培地を用いて求めている。電気集じん装置の微生物捕集率(細菌および真菌の捕集率)は、オゾンが発生しない条件(印加電圧-6.0 kV)でも、ほぼ100%となる。また微生物捕集率は電気集じん効率よりも高い値を示す。このほか微生物捕集能は、湿度の大小にかかわらず、おおよそ一定となる。農産物が置かれている場では、農産物の呼吸などで湿度が変化しやすい。そのような環境でも、一定の性能で微生物を捕集することができるといった装置特性は、実用上重要となる。

電気集じんは、直流以外に交流高電圧を用いても可能となる。商用周波数の交流電場は、安価なトランスのみで実現することができるため、容易に製品開発が可能となる。低温食品保存と交流電場を組み合わせた食品鮮度保持用の製品は、複数の会社から販売されており、「非熱エネルギー保存」(マーズカンパニー社)や「静電エネルギー保存」(㈱氷感、㈱以輪宮)といった名称が使われている。図7に、一例として、いちごの保存状態を交流電場の有無で比較した結果を示す。保存温度は、電場の有無に対して9℃および5℃と、電場なしより温度としては不利な状況での試験とした。実験には、あらかじめ交流50 Hz、10 kV出力のトラン

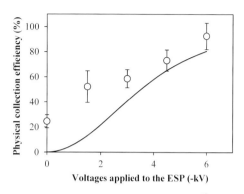

図5 粉砕もみ殻の電気集じん効率[8]

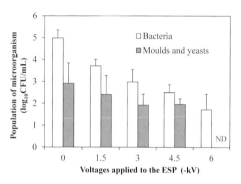

図6 電気集じん測定後のインピンジャー内微生物数[8]

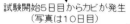

提供：三谷様㈱フィールテクノロジー
※口絵参照

図7 電場の有無によるいちごの保存状態の差異

スを組込んでいる市販品の保管庫（氷感庫；㈱以輪富）を用いている。図7より，電場なしのいちごは，5日後よりカビが発生し，写真のように10日後だと，かなりカビが広がっている。比較して，交流電場ありの保存のいちごでは，カビの発生は確認できない。

3.2　プラズマによる農産物の殺菌・殺カビ

農産物貯蔵庫や選別・加工工程において，沿面放電やバリア放電による殺カビ・殺菌で鮮度を保持する技術も，現場への導入が進められている[35]。一例として，林らにより報告された，みかん貯蔵庫において大気圧沿面放電チップを用いてオゾンおよび紫外線（254 nm）を生成し，その有無による7日間保管後のカビの様子を調べた結果を図8に示す。この試験では，被対象みかんのへた周辺に，きりで深さ約1 mmの傷を8か所につけたのち，ミドリカビ胞子の懸濁液を霧吹きで散布した後に，貯蔵庫へ入れている。実験では，無処理区およびオゾン区にわけ，オゾン区では，沿面放電チップを6時間おきに15分間駆動した。貯蔵期間は7日で，その後，カビの繁殖を調べている。図8より，無処理区ではみかんの位置に限らず，すべてでミドリカビによる汚染が確認できるが，オゾン処理を行っている区では，沿面放電チップ1個においても，すべてのケースでカビの発生が抑えられていることがわかる。

ミカンの洗浄・選別工程での導入例として，柳生らにより報告された，ローラー状電極やカーテン状電極を用いたバリア放電処理（図9）によるウンシュウミカンの防カビ・殺菌につい

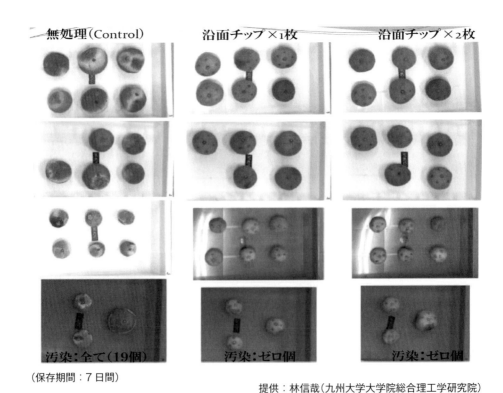

提供：林信哉（九州大学大学院総合理工学研究院）
※口絵参照

図8　沿面放電オゾナイザを用いたみかんの鮮度保持

第6節　ポストハーベスト段階での利用

て調べた結果を図10に示す[35]。この試験では，被対象みかんにミドリカビ胞子の懸濁液（$4.0×10^7$ CFU/mL）を散布後，自然乾燥させることで疑似汚染している。殺菌装置には，ベルトコンベア上部にアレイ状にシート状電極を配置し，処理対象を搬送しながら殺菌するベルトコンベア型としている。シート状電極は，誘電体およびアルミシートで構成され，交流高電圧電源によりプラズマを生成したときの殺菌特性を調べている。図9より，ベルトコンベアに配置した殺菌処理対象とシート状電極との接触面にプラズマが生成され，シート状電極一本あたりの殺菌可能範囲は，電極直下だけでなく電極より広い範囲に及ぶ。菌数は，8秒の処理で，約1桁減少している。この装置は，対象物が電極に触れた箇所にのみプラズマが生成され殺菌処理が行われるため，無駄な電力を消費しない特徴を有する。

提供：柳生義人（佐世保工業高等専門学校）
※口絵参照

図9　ベルトコンベア型プラズマ殺菌装置

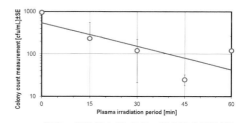

提供：柳生義人（佐世保工業高等専門学校）

図10　プラズマ殺菌装置によるみかん処理時間とミドリカビ菌数の関係

3.3　エチレン分解による農産物の混載輸送

農産物の輸出においては，少量・多品目を低価格で効率よく輸送するために，同一コンテナによる異種混載輸送が行われる。農産物の品目には，リンゴのようなエチレン（C_2H_4）放出量が多い果実が含まれる可能性が高い。エチレンは植物ホルモンの一種で，青果物の成熟を促進するが，過度な成熟は腐敗を進行させる。そのため，柿などのエチレン感受性が高い青果物を混載した場合，品質を維持するため，果実の軟化防止処理やエチレンの除去が必要となる。果実軟化防止には，1-メチルシクロプロペン（1-MCP）処理などが有効であるが，処理工程やコスト増加が問題となり，輸出用柿への適用には限界がある。また，活性炭やゼオライトな

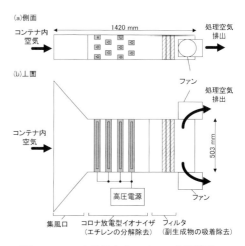

図11　コロナ放電方式エチレン分解装置の概略図

— 113 —

どの吸着剤も用いられるが，長時間の輸送では吸着量が不足し，効果が十分に得られない。このためプラズマを用いたエチレン分解装置の開発が進められている[6]。

図11に，コロナ放電電極を用いたエチレン除去装置の概略図を示す。装置は，長方型のダクト状となっており，装置後方に設置されたファンによって，コンテナ内の空気を吸入する。コロナ放電電極には，13本の針電極を備えたコロナ放電型イオナイザ（シシド静電気，BOS-400）を採用している。このコロナ放電型イオナイザは，主に電子機器の製造現場などにおける静電気管理に用いられており，長時間の駆動や汚れなどに対しての性能劣化が少ない。このコロナ放電電極に，商用周波数交流高圧電源（シシド静電気，SAT-11）によってAC 7 kVの高電圧を印加している。イオナイザ1台あたりのエチレン分解性能は，空気中において6 mg/h程度となり，図12に

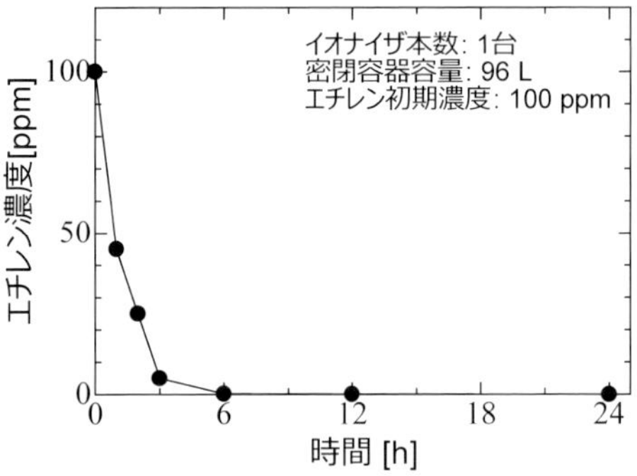

図12　密閉容器内のエチレン濃度の時間変化

図13　20 ftコンテナを用いたエチレン分解試験

示すように，初期濃度100 ppm程度のエチレンを短時間で除去できる。

エチレン除去装置を，柿とリンゴを5 kgずつ混載した20フィート冷蔵コンテナ内に二台設置し，実際の輸出に要する日数を考慮して20日間の実証試験を行った（図13）。コンテナ内のエチレン濃度は，エチレン除去装置を設置しない場合，1日あたり約7.5 ppm増加し，20日後には約150 ppmとなる。一方，エチレン除去装置を設置した場合，20日間の実験期間中，エチレン濃度は7 ppm程度の低濃度で推移した。このことから，本装置によって，エチレン濃度を大幅に低減可能であることがわかる。また，オゾンや一酸化炭素などの副生成物は，検出限界濃度以下であり，作業環境基準を満たしていた。コンテナ内に静置した柿の品質の評価として，硬度，糖度（Brix値），果皮色等を測定し，これらが維持されていることを確認している。

4. 高電場を用いた水産物の鮮度維持

生鮮食品の長期保存・鮮度維持の技術の発展は，水産加工品のサプライチェーンにとって非常に重要である。一般的な保存技術としては，冷蔵保存や冷凍保存，チルド保存が挙げられる。しかしながら，冷蔵保存やチルド保存では食品の栄養素が低下するとともに，冷凍に比べて長

第6節 ポストハーベスト段階での利用

期保存には不向きである。冷凍は冷蔵よりも長期の保存が可能であり，栄養素が比較的保持できるが，冷凍時の氷晶による組織破壊が進行し，解凍時に分離溶出する液汁（ドリップ）などで品質の劣化が引き起こされる。また，温度制御のみで過冷却を実現する瞬冷凍，磁場を利用して過冷却を実現するCells Alive System（CAS）冷凍など，解凍後のドリップが少なく，食感も損なわれない冷凍・解凍技術もある。しかし，装置が高価，ランニングコストが高いなどの欠点を有するため，代替技術が望まれている。交流電場を用いた鮮度維持は，装置が安価，消費電力が少なく低ランニングコストが実現できるなどの利点を有する。ここでは交流電場を用いた鮮度維持について，事例を用いて紹介する。

図14に，水産資源の中でも鮮度が落ちやすい代表であるウニの生殖細胞（以下，単にウニ）のチルド保存時における電界印加の有無により比較を行った写真を示す。保存温度は電界の有無にかかわらず−2℃であり，塩分濃度を3%にしたものを，保存水として用いている。写真では色などの変化はわかりにくいものの，電界印加を行わなかったものには腐食が進んだときに細胞膜の透過性が上がることにより生じるドリップの流出が見られる。官能評価などを

図14 チルド保存7日後のウニの様子

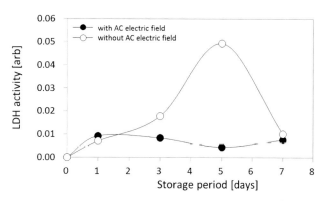

図15 ウニ保存期間による漏えいタンパク量変化[10]

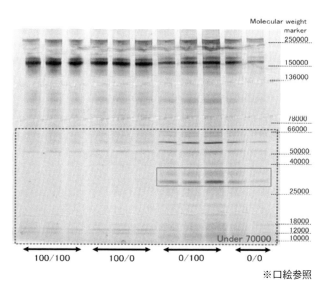

図16 漏えいタンパクのゲルの泳動像
（100：電場あり，0：なし）[37]

― 115 ―

行ったところ，4.0点満点で0.5点ほど，電界印加時のものが高い結果が得られている。またウニの細胞膜からの漏えいタンパク量を，電界の有無で比較したものを図15に示す[10]。漏えいタンパク量はポリアクリルアミドゲル電気泳動（SDS-PAGE）により測定した。図より，電界を印加することで保存1日目以降の漏えいタンパク量が減少することがわかる。

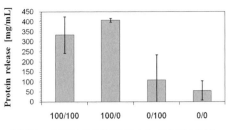

図17 分子量7万以下のタンパク質の割合
（100：電場あり，0：なし）[37]

　漏えいタンパク質の消化（分解）に対する電場の影響を調べるために，凍結・解凍過程における小分子量タンパクの占める割合を調べた。図16に，SDS-PAGE後のゲルの泳動像を示す[36]。"100"は電場印加を示し，"／"の前後は，それぞれ凍結前および解凍時の電場の有無を示す。図より，凍結時に交流電場を印加しなかったグループのドリップ中に含まれるタンパク質は，分子量15万付近の分子の量が減少し，分子量7万以下の分子が増加している。このことはタンパク質分子の小分子化すなわち消化（分解）が起こっていることを示す。図17に分子量7万以下のタンパク質の割合を示す[36]。凍結時の電場印加により，分子量約7万以下のタンパク質の出現は，印加しなかった場合の1/2以下に減少している。このことより，凍結前の電場印加によりタンパク質の消化・分解は抑制されることがわかる。詳しいメカニズムは，まだ明らかにされていないが，タンパク質の二次構造の変化や[37]，乳酸脱水素酵素活性などの計測を通して，メカニズムの解明が進められている。

5. パルス高電場による成分抽出

　パルス電圧は，食品加工時の果汁抽出効率の改善や抽出時の成分制御にも利用される。一例として，ワイン醸造過程を模擬してブドウ表皮にパルス電界をかけた場合のポリフェノール抽出量の変化を図18に示す[38]。印加電圧は10，20 kVであり，電極間隔は1 cm，ブドウ品種は山梨県産の巨峰である。総投入エネルギーを5 kJ一定として，パルス幅を変化させた。パルスの繰り返しは20 pps（pulses per second）としている。いずれの印加電圧においても，ポリフェノールの抽出量は増加しており，同じエネルギーの場合，パルス幅を増加させることで抽出量を増やせることがわかる。図19に，各パルス幅におけるブドウ表皮の細胞内写真を示す。電圧印加で細胞内のポリフェノールを含む色素が外へ流出し，その割合はパルス幅の増加に対して増えていることが確認できる。メカニズムは電気穿孔が主となる。

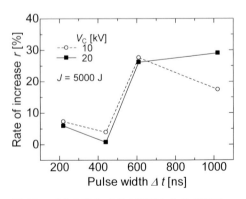

図18 パルス幅とブドウ表皮からのポリフェノール抽出量の増加率との関係[38]

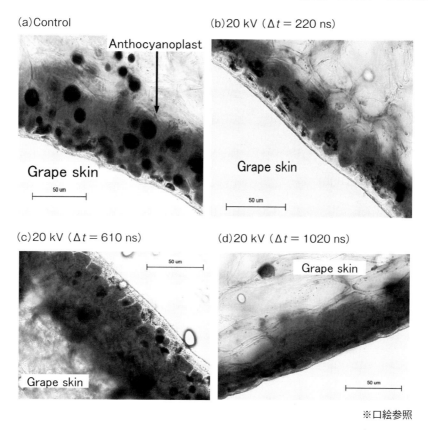

図19　印加電圧のパルス幅とブドウ表皮細胞の状態変化の様子[38]

6. おわりに

　本稿では高電圧・パルスパワー・プラズマを活用した腐敗菌の捕集，輸出コンテナにおいて植物ホルモンとして農産物から放出されるエチレンの分解を利用した老化抑制，水産物のチルドおよび凍結保存における電界印加での鮮度維持期間の改善およびドリップ漏出抑制について紹介した。腐敗菌の捕集は，イオンによる帯電とクーロン力による集塵を組み合わせたもので，菌の不活性率は，浮遊粒子の捕集率以上となる。また，コロナ放電を用いたエチレン分解でも，農産物輸出用のコンテナ内のエチレン濃度を一定値まで引き下げ，農産物から排出されるエチレンによる濃度増加を抑えることができる。また，水産物の鮮度維持においても，チルド保存時の交流電場印加や凍結時の交流電場印加が，鮮度維持期間の増加や解凍時のドリップ流出を抑える効果がある。これらは，従来の温度制御および保存庫内のガス成分制御による鮮度維持技術と組み合わせることで，これまでの課題に対するブレークスルーへつながるポテンシャルを有しており，今後の製品化や性能向上による，フードサプライチェーンへの大きな貢献が期待できる。

謝　辞

　本稿で紹介した研究成果は，多くの共同研究者のご協力のもとに行われたもので，ここに厚く御礼申し上げます。本研究の一部は科研費(基盤研究(A)：15H02231)の支援を受け行われた。

文　献

1) 豊田淨彦ほか：「農産食品プロセス工学」，文永堂出版(2015).

2) 舩津保浩ほか：「食べ物と健康Ⅲ；食品加工と栄養」，三共出版(2014).

3) 津志田藤二郎編著：「食品と劣化」，光琳(2003).

4) F. B. Abeles et al.："Ethylene in Plant Biology", Academic Press Inc.(1992).

5) 土戸哲明ほか：「微生物制御」，講談社(2002).

6) K. Takaki et al.：*IEEE Trans. Plasma Sci.*, **43**(10), 3476(2015).

7) 高橋守：「冷凍技術の科学」，日刊工業新聞社(2012).

8) S. Koide et al.：*J. Electrostatics*, **71**(4), 734(2013).

9) 高橋克幸ほか：プラズマ・核融合学会誌, **90**(10), 601(2014).

10) T. Okumura et al.：*Jpn. J. Appl. Phys.*, **55**(7S2), 07LG07(2016).

11) 高木浩一：ケミカルエンジニアリング, **58**(1), 897(2013).

12) 内野敏剛：プラズマ・核融合学会誌, **90**(10), 605(2014).

13) 重光司ほか：電力中央研究所研究報告, U91906(1992).

14) 岩元睦夫ほか：生物・環境産業のための非熱プロセス事典, サイエンスフォーラム(1997).

15) 水野彰：プラズマ・核融合学会誌, **75**(6), 649(1999).

16) 重光司：プラズマ・核融合学会誌, **75**(6), 659(1999).

17) 渋澤元治ほか：電學雜誌, **47**(473), 1259(1927).

18) 菅沼浩敏ほか：電中研報告, 481019(1982).

19) 柴田桂太：電學雜誌, **52**(529), 618(1932).

20) 白希堯ほか：静電学誌, **8**(5), 339(1984).

21) 内野敏剛：プラズマ・核融合学会誌, **75**(6), 678(1999).

22) 梅津勇：静電学誌, **22**(1), 6(1998).

23) 浅野和俊：静電学誌, **8**(3), 182(1984).

24) 名倉章裕ほか：静電学誌, **16**(1), 59(1992).

25) K. Takaki et al.：*J. Physics: Conference Series*, **418**, 012140(2013).

26) K. Takahashi et al.：*J. Electrostatics*, **91**, 61(2018).

27) 本杉朝太郎ほか：茶業技術研報, **12**, 59(1955).

28) 吉冨均ほか：農機誌, **43**(3), 487(1981).

29) 齋藤達也ほか：電学論A, **134**(6), 430(2014).

30) K. Takaki et al.：*Microorganisms*, **2**(1), 58(2014).

31) 植村邦彦：静電気学会誌, **31**(2), 57(2007).

32) 松本通ほか：鳥取県産業技術センター研究報告, **15**, 17(2012).

33) 吉水守：「第1部，13章；魚類養殖および栽培漁業でのオゾンの利用」，オゾン年鑑, リアライズ社(1992).

34) 白樫了ほか：機械の研究, **68**(1), 53(2016).

35) 林信哉, 柳生義人：電学誌, **136**, 798(2016).

36) T. Ito et al.：*J. Adv. Oxid. Technol.*, **17**, 249(2014).

37) T. Okumura et al.：*IEEE Trans. Plasma Sci.*, **45**(3), 489(2017).

38) 中川光ほか：電学論A, **133**(2), 32(2013).

第2章　パルスパワーの応用

第7節　農業における発芽，生育促進・制御などへの利用

佐賀大学　猪原　哲

1.　はじめに

　落雷が発生した場所では，農作物がよく育つという報告は古くからある。すべてのケースを同じ条件で説明することはできないが，電気的効果が植物の発芽や生育になんらかの影響を与えていると考えられてきた。電気的効果が直接植物組織に作用して，発芽や生育に寄与する場合がある。生体組織に電界が印加されると，その細胞組織の透過性など変化することが知られ，ある電界強度を超えると細胞膜が物理的に破壊されることが知られている。その現象は実際に遺伝子導入などに応用されている。一方，電気的効果は，それが引き起こす二次的な現象によって具体的な効果が異なることが考えられる。植物の生育において大気中の環境や土壌や培地の環境は重要な要素であるが，たとえば，空気中に高電圧を印加してコロナ放電が発生するとイオンが生成される。そのイオンは水分の蒸発を起こし，またコロナ放電によって水中に硝酸，亜硝酸が溶け込む。これらの条件がうまく整うと植物の生育が促される[1]-[4]。また，液中に放電プラズマを発生させることによってラジカルが発生し，それを養液中や土壌中の病原菌，病原虫の不活化に利用することができる[5][6]。本稿では，パルスパワー(パルス高電圧)を利用した発芽や生育の促進・制御に関する研究例について述べる。

2.　担子菌への応用，種子の発芽，成長促進・制御への応用

　電気刺激によるきのこの増産への応用が研究されている[7][8]。電源として誘導性パルスパワー電源が使われ，120 kV，パルス幅約 50 ns のパルス高電圧が，90 cm の原木(ホダ木)に印加された。パルス高電圧の印加によって，1.5 倍の収穫量が得られている[7]。

　種子や球根への発芽や成長促進への応用研究も多くの報告がある[9]-[15]。C. J. Eing らは，Arabidopsis 種子にパルス幅 10～100 ns，電圧 5～50 kV/cm の電界を印可し，成長を観測した。その結果，10 ns パルスでは発芽と成長が促進され，100 ns パルスでは成長が阻害された。K. Dymek らは，大麦の種子に 1 ms パルス幅で 0.275～1200 V/cm の電界を印加した。電界印加は根の成長に影響を与えていること，また印加によって α アミラーゼ濃度が減少したことなどが実験的に示されている。門脇らは，パルス高電圧によって Arabidopsis 種子の周囲に放電を発生させて処理をしている。放電エネルギー密度の値によって，発芽促進と抑制の効果があることが示されている。R. Bokka らは，Yellow nutsedge(ショクヨウガヤツリ)へ，半値幅が数 10 μs，ピーク電圧 0～25 kV の電圧を印加することによって，発芽の抑制の結果を得ている。S. Ohga らは，アカマツの植林地の土壌に 200 kV のインパルス電圧を印加することによっ

— 119 —

て，キノコの生成について観測をおこなっている。その結果，印加することによって，Laccaria laccata（キツネタケ）の sporocarp（胞子嚢果）の形成が促進されるという結果を得た。

3. 休眠打破の応用

　温帯果樹は，成長が困難な冬季に成長を止めることによって，過酷な環境に耐えることができる。成長サイクルの一部であるこの生理学的現象を「休眠」と呼ぶが[17)-19)]，果樹が休眠状態から解放されるためには，一定期間低温にさらす必要があり，これを低温要求と呼び，一般に 7℃以下の温度条件が必要である[20)]。その時間数は果樹種ごとにおおよそ決まっているが，近年の地球規模の温暖化によって平均気温が上昇したことなどから，休眠覚醒に必要な低温期間が十分に確保できない場合がある。これは，開花とその後の果実生産に悪影響を及ぼし，生産量の減少につながる。気候変動に対する対策として，品種開発が試みられているが，かなりの時間と労力を必要とする。また，栽培中の温度管理をする方法もあるが，高いエネルギーコストを要する。さらに，休眠破壊剤も使用されてきたが，農薬の1種であるため望ましくない。そこで，人為的に休眠打破を誘発する方法として電気刺激を与える方法が試みられ，ブドウやジャガイモで休眠打破効果が実証されている[21)-23)]。球根も深い休眠状態になることが分かっており，休眠中のグラジオラス球根にパルス高電圧を印加することによって休眠打破されることが実証されている[24)]。

4. まとめ

　地球規模で食糧問題が取り沙汰されている中，農業は，生産性，安全性などがさらに重要視されてくると思われる。その中で，パルスパワーの農業応用はまだ始まったばかりであり，印加効果のメカニズム解明も含めてさらなる研究の進展が求められる。

文　献

1) S. Kotaka："Effects of air ion on microorganisms and other biological materials", CRC Crit. Rev, Microbiol., 109-149(1978).

2) R. C. Morrow and T. W. Tibbitts："Air Ion Exposure System for Plants", Hortscience, **22**, 148-151(1987).

3) 重光司：「直流コロナ放電下における植物体の蒸発量変化」，電中研研究報告，No.88035（1988）.

4) 重光司ほか：「コロナ放電が水分蒸発に及ぼす影響—直流電界に曝された蒸留水の水分蒸発および硝酸，亜硝酸，アンモニアの取り込み」，電中研研究報告，No.486011(1986).

5) 大嶋孝之ほか：「高電圧パルス処理による水中および土壌中の線虫不活化」，静電気学会誌，**30**(5)，236-241(2006).

6) 水上幸治ほか：「養液栽培における植物有害菌の大気圧コロナ放電処理」，電気学会論文誌A，**126**(7)，688-694(2006).

7) K. Takaki et al.："Effect of pulsed high-voltage stimulation on *Pholiota Nameko* mushroom yield", Acta Physica Polonica A, **115**

(6), 1062-1065(2009).

8) S. Ohga et al. : "Utilization of pulsed power stimulate fructification of Edible mushroom", Science and Cultivation of Edible and Medicinal Fungi/Romaine, Keil, 343-351(2004).

9) C. J. Eing et al. : "Effects of nanosecond pulsed electric field exposure on Arabidopsis thaliana", *IEEE Trans. Dielect. Elect. Insul.*, **16**(5), 1322-1328(2009).

10) 犬塚涼介ほか：「植物成長に対する高電圧パルス印加の効果」, 電気学会パルスパワー・放電合同研究会資料, PPT-08-56, ED-08-107, 57-61(2008).

11) 猪原哲ほか：「パルスパワーによる球根の発芽促進と休眠打破の効果」, 電気学会論文誌A, **135**(6), 328-333(2015).

12) 猪原哲ほか：「パルスパワー印加における球根の発芽率とグルコース濃度の変化」, 電気学会論文誌A, **133**(2), 64-65(2013).

13) 門脇一則, 栗坂信之：「極性反転パルス電圧によるバリア放電処理における Arabidopsis 種子の発芽促進と抑制」, 電気学会論文誌A, **133**(2), 38-43(2013).

14) R. Bokka et al. : "Pulsed electric field effects on the germination rate of Yellow Nutsedge seeds", Pulsed power conference, 959-961 (2009).

15) S. Ohga and S. Iida : "Effect of electric impulse on Sporocarp formation on Ectomycorrhizal Fungus Laccaria laccata in Japanese Red pine plantation", *J. For. Res.*, **6**, 37-41(2001).

16) K. Dymek et al. : "Effect of pulsed electric field on the germination of barley seeds", *LWT-Food Science and Technology*, **47**, 161-166(2012).

17) Yamane, H : Regulation of bud dormancy and bud break in Japanese apricot(Prunus mume Siebold&Zucc.)and peach[Prunus persica(L.)Batsch] : a summary of recent studies. *J. Japan Soc.* Hort. Sci., **83**, 187-202 (2014).

18) J. A. Campoy et al. : Dormancy in temperate fruit trees in a global warming context : A review. *Scientia Horticulturae*, **130**, 357-372 (2011).

19) E. Luedeling et al. : Climate change affects winter chill for temperate fruit and nut trees, *PLoS One*, **6**(5), e20155(2011).

20) L. Guo et al. : Luedeling, Chilling and heat requirements for flowering in temperate fruit trees, *Int J Biometeorol.*, **58**, 1195-1206 (2014).

21) A. R. El-shereif et al. : Effect of electric current on bud break and ACC content of 'Muscat Bailey A' grapevine buds, *Bulgarian Journal of Agricultural Science*, **12**, 413-419 (2006).

22) S. Kawarada et al. : Current application on breaking bud dormancy of potatoes, Agr. & Hort., **22**, 73-74(1947).

23) H. Kurooka et al. : Effect of electric current on breaking bud dormancy in grapes, *Bull. Univ. Osaka Pref., Ser, B.* **42**, 111-119(1990).

24) 猪原哲ほか：「パルスパワーによる球根の発芽促進と休眠打破の効果」, 電気学会論文誌A, **135**(6), 328-333(2015).

第2章　パルスパワーの応用

第8節　食　品

群馬大学　大嶋　孝之

1. はじめに

　食品製造プロセスをはじめとするバイオプロセスにおいて，放電プラズマを含む高電圧技術の応用が試みられている。筆者らは主に高電圧パルス電圧を利用したバイオプロセスへの応用について研究している。高電圧パルスとは間欠的に数マイクロ秒間，10 kVp 以上の電圧を印加する操作で，電極を通して水または液状食品に印加した場合に電界効果を生じさせることができる。この電界効果によりバクテリアの細胞膜が破壊され，殺菌することが可能である。これを一般に高電圧パルス殺菌と呼んでおり，筆者らをはじめ世界各国で研究例がある。また同じように高電圧パルスを印加した場合，電極形状などを変更することにより水中で放電プラズマを発生することも可能である。放電プラズマが発生する系では各種の活性種や UV，衝撃波などが同時に発生するため，この現象は殺菌に加えて食品排水中の有機物の分解処理も可能となる。ここでは高電圧パルスを水に応用した時の二つの現象「電界効果と放電プラズマの発生」について筆者らが行っている食品関連の研究例を紹介する。

2. 液状食品の非加熱殺菌

　ナノパルスを含む高電圧パルスを液状食品に印加した場合，電界効果によりバクテリアの細胞膜が破壊されるため殺菌することが可能である（パルス殺菌または PEF 殺菌）。図1に高電圧パルス電界の細胞膜破壊のイメージ図を示す。この PEF による微生物の破壊－PEF 殺菌またはパルス殺菌－は，細胞膜の電気的圧縮による破壊が原理であると考えられ，この現象に関しては優れた総説が出版されている[1)2)]。この現象は細胞への遺伝子導入（エレクトロポーレーション），細胞融合といった分子生物学的応用が先行したが，殺菌プロセスとしての応用が広く試みられている。

　パルス殺菌における印加時間は，一波あたりの高電圧パルス印加時間とパルス周波数により定義される。つまり処理時間を長くするには定周波数で処理時間（滞留時間）を長くするか，周波数を上げることにより得られる。一般にパルス殺菌率はこの処理時間に依存する。Hülshegerらはバクテリア殺菌率（S）とパルス処理時間（t）の関係をモデル化している[3)]。パルス処理時間を長くすると生菌率が低下することは短いパルス印加時間では一般的である。しかし印加時間が長時間の場合，パルス処理時間を長くしても生菌率の低下が鈍くなる，つまり殺菌率が飽和してくることは多くの実験で認められる現象である。Barbosa-Cánovas らは *Sacharomyces cerevisiae* の 25 kV/cm パルスを用いた殺菌実験において，10 パルス以上印加すると生菌率の

— 123 —

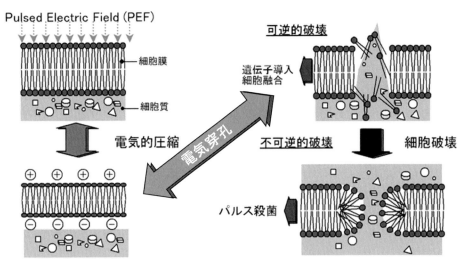

図1 パルス殺菌における細胞膜破壊の模式図

低下が起こることを報告している[4]。筆者らの実験ではパルス実験ではオシロスコープ上の波形から算出した消費エネルギーと殺菌率の関係を明らかにしている。これによるとおよそ200 J/mLまでの範囲では殺菌率は消費エネルギーと相関があるが，これ以上のエネルギーを加えても生菌率の低下が起こりにくくなることを示している。

　パルス処理温度はパルス殺菌に大きく影響を与える。常温のパルス殺菌に比べ，50～60℃で行うパルス殺菌のほうがはるかに殺菌効率が上昇することが示されている。筆者らも大腸菌の場合の結果を報告しているが，この温度域での熱処理ではほとんど生菌率の減少はないのに対し，パルス殺菌は大きな温度依存性がある[5]。このパルス殺菌の温度依存性についてMarquezらは溶液中イオンの運動性の増加を指摘している[6]。一方，Hülshegerらはバクテリアが温度により殺菌されやすくなる可能性を指摘していた[3]。筆者らはこのパルス殺菌の温度依存性に関して，各種の培養温度で培養した大腸菌を用意し，さまざまな処理温度でパルス殺菌を行った。この結果，パルス殺菌は処理温度に依存するばかりでなく，対象となる大腸菌の培養温度に依存することも実証した[7]。この結果からパルス殺菌の処理温度依存性は対象となるバクテリアの細胞膜の構造が温度により変化し，この結果殺菌効率が向上するものと考えられる。細胞膜は脂質分子を主要構成成分とする液晶状態になっていると考えられる。この結果いわゆる"流動モザイクモデル"と呼ばれている，ダイナミックな分子交換が可能な状態になっている。処理温度(雰囲気温度)が上昇すると，細胞膜を構成している脂質分子の振動が激しくなり，これに伴い細胞膜が"粗く"なる。この粗くなった細胞膜はパルス電界に対する感受性が高くなると考えられる。逆に低温では細胞膜が液晶状態からより硬い結晶状態となり，パルス電界に対する感受性は大きく低下する，つまり殺菌しにくくなる。パルス殺菌を実施する場合には対照となるバクテリアの生育温度を考慮し，この生育温度以上で操作することが望ましい。以上，パルス殺菌の基礎特性について図2にまとめる。

　パルス殺菌の特徴を踏まえ，処理槽の工夫をすることによって殺菌効率が上がらないかも検討している。平板対平板電極が今も主流で，基礎的なデータを取るためには非常に便利である。

なぜなら電極と電極の間は均一な電界が印加できるため，基礎的なデータを取るには便利であるからである。しかし，必ずしもエネルギー効率は良くないと考え，**図3**のようないろいろな電極形状のパルス殺菌槽を試作し，実際にパルス殺菌効率の比較を行っている(**図4**)。筆者らはワイヤー対ワイヤー電極をらせん状にした二重らせん電極構造(図3右下)をパルス殺菌効率とメンテナンスのしやすさから提案している[8]。この電極形状ではワイヤーの近傍に電界が

- **印加電圧に依存**
  臨界電圧の存在(10kV/cm)、臨界電圧以上では印加電圧(ピーク電圧)に依存。
- **印加時間など波形の影響**
  印加時間が長いほうが効果的(ただしジュール熱の可能性)、矩形波のほうがわずかに効果的。
- **対象菌の生育フェーズの影響**
  対数増殖期の菌が最も殺菌しやすい
- **対象菌の培養温度履歴の影響**
  培養温度の影響がある。おそらく細胞膜の流動性に依存
- **処理温度の影響**
  処理温度が高いほうが効果的で、処理温度依存性は高い。
- **オゾン、過酸化水素など他の殺菌剤との相乗効果**
  オゾンなどによる細胞膜の部分的損傷(？)が大きな効果。
- **タンパク質や酵素の失活を伴わない**
  電気泳動による分析ではペプチドの分解は確認されていない。
- **DNAなど長鎖核酸分子には作用**
  水溶液中で長鎖核酸の分解が確認される。

図２　パルス殺菌の基礎特性のまとめ

plate-plate electrode
with insulating plate
HV
out
in
plate-plate type
out
plate-plate with
thin film
insulating
material
E
HV
in
electrode
ring-cylinder with insulating plate
L
spiral type
Local region of high-concentrated electric field seems to be effective for PEF inactivation.
It is important to operate PEF inactivation without discharge plasma.

※口絵参照

図３　パルス殺菌処理槽(電極形状)の変遷

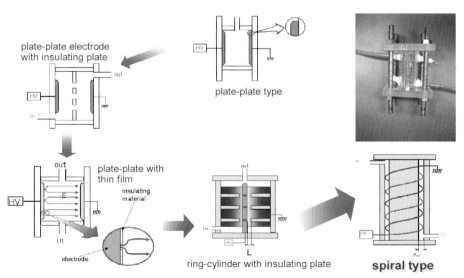

集中し，高い電界強度の領域が形成できると考えられる。点線で書いたものが平板対平板で，死滅率は10分で1桁ぐらいである。しかし二重らせん電極構造で同じ時間処理すると(つまり同じエネルギーを加えると)，10分で10^{-4}程度まで生菌率が低下する。このように電極形状の改良はパルス殺菌のエネルギー効率に大きく寄与することが明らかとなった。このような改良を踏まえ，現在提案しているものは織物電極である[9]。これはタングステンワイヤーを交互に織り込むような形にし，それを結線して高電圧とアース電極を交互に対向するような形で電極を作製したものである(図5)。これを利用したパルス殺菌は前出の二重らせん電極よりエネルギー効率が高いことが示されている。また電極間を1 mm以下にすることも可能で，必要とするパルス電源の電圧を下げることも可能である。ただし微細ゆえ調整が難しく，長期運転には困難が伴うのが欠点である。

当研究室で想定しているパルス殺菌処理対象は，液状食品やフレッシュジュースを含めた飲料である。これらの物性はさまざまであるが，パルス殺菌にもっとも影響を与える要因として，導電率に着目し，検討を行った。一般に水道水の導電率は0.15 mS/cm程度，緑茶で0.4 mS/cm，市販のオレンジジュースやアップルジュースは2～3 mS/cmである。図6はNaClで導電率を調整した大腸菌懸濁液の殺菌率を示している。導電率が水道水程度の場合(0.1 mS/cm)には高い殺菌率が得られるが，導電率が高くなるに従い，殺菌率が低下している。特に高い導電率の場合(7.5 mS/cm)の場合には殺菌率の低下が顕著であった。導電率に関してさらに詳細に検討した結果，パルス殺菌効率は4～5 mS/cm以下では緩やかに低下するが，この値以上の場合には急激に殺菌率が低下することがわかった。しかし液状食品，特に飲料の場合には導電率が

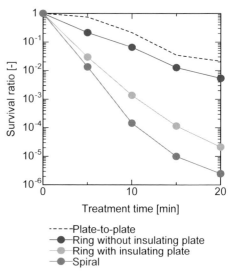

図4 さまざまなパルス殺菌処理槽による生菌率の経時変化

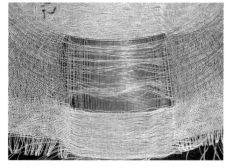 

※口絵参照

図5 タングステンワイヤーを織り込んだ織物(左)とパルス殺菌のための織物電極の作製(右)

4～5 mS/cm となることはほとんどないため，実用化の大きな問題とはならないと考えられる。

市販の濃縮還元オレンジジュースと緑茶に大腸菌を懸濁し，パルス殺菌を試みた。印加電圧が高いほど生菌率の低下が大きいことがわかる。この傾向は当研究室でこれまでに行ってきたパルス殺菌の基礎知見と同様の傾向であった。また濃縮還元オレンジジュースの導電率4.2 mS/cm であった。この生菌率の変化は同じ導電率に調整した NaCl 溶液を用いた場合と同等であり，パルス殺菌を行う場合，対象溶液の導電率の影響が支配的と考えられる。

図7には濃縮還元オレンジジュースのパルス殺菌における印加電圧依存性，図8には印加電圧12 kVp のパルス殺菌の処理温度依存性を示している。10℃の時に比べて40℃に処理温度を上げると，パルス殺菌効率は非常に高くなっていた。パルス殺菌を行う場合，処理溶液の温度を適度に加温することにより，少ない電気エネルギーで殺菌処理できることがわかった。NaCl 溶液を用いた実験でも処理温度が高いほど殺菌効率が高まることがわかっている。したがって処理する対象溶液の特性（味覚・風味・ビタミンなど）を損なわない程度に加温し，パルス処理を行うことが有効であると推定できる。

次に市販の濃縮還元オレンジジュースではなく，温州みかんを絞って作製したフレッシュオレンジジュースに関してもパルス殺菌を試みた。大腸菌を懸濁した試料では，濃縮還元オレ

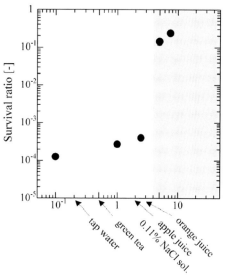

図6　同一パルス殺菌条件における処理液導電率の影響

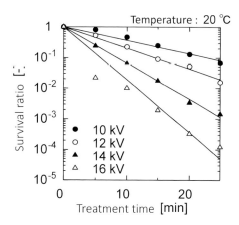

図7　濃縮還元オレンジジュースのパルス殺菌における印加電圧依存性

ンジジュースの場合と同様の殺菌特性を示し，フレッシュジュースにもパルス殺菌が適用できることが明らかになった。またこのフレッシュオレンジジュースに関しては官能評価試験も試みた。図9には総合的に「おいしい－おいしくない」を判定してもらった結果をまとめた図を示している。試料としては未処理のフレッシュオレンジジュース，パルス処理（20℃，12 kVp，20 min，および40℃，16 kVp，20 min の2条件）後のフレッシュオレンジジュース，加熱処理（97℃，10 min）後のフレッシュオレンジジュースについて比較してもらった。加熱処理後のものは明らかに変質して，すべての被験者がおいしくないと答えていたが，パルス処理後のものは被験者によっては未処理のものと区別ができない程度の変質であった。

筆者らはまた生乳の非加熱パルス殺菌を試みた。比較的簡単に作成できる15 kVp 程度のパ

ルス電圧では牛乳のパルス殺菌は困難であった。これは牛乳がミセル構造であり，またタンパク質も高濃度に存在しているため，菌がミセルやタンパク質に保護されるため殺菌しにくいと考えてきた。最近，40 kVpまで印加可能なパルス電源を入手し再度試みたところ40 kV/cmの電界強度では，牛乳はパルス殺菌が可能であることを実証した。図10は大腸菌を懸濁した牛乳を殺菌したときの結果を示している。30 kVpのパルス電界を印加してもほとんど殺菌効果が認められなかったが，40 kVpでは大腸菌の殺菌が確認された。この結果をもとに装置および操作条件を検討した結果，図11の操作条件で確実にかつ連続的に牛乳中の大腸菌を滅菌レベルに殺菌可能であることが確認された[10]。急速加温，冷却装置を導入した連続式処理装置を使用する際，入口温度60℃，パルス処理後に70℃，20 sec加温することで10^7 cells/mLの大腸菌懸濁牛乳を滅菌することが可能であった。急速加温，冷却を除くと，殺菌処理に必要な滞留時間は30秒であった。パルス処理前に加温することで殺菌効果が向上する現象は前述のとおりである。処理液の温度が低いと細胞膜で液晶化状態が起こるため，細胞膜破壊が起きにくく，殺菌効果は低い。処理液の温度を上げることで細胞膜のリン脂質の分子運動が活発になるため，電気穿孔法による細胞膜破壊が起きやすくなる。またパルスを用いた電気穿孔法で細胞膜に空いた孔は，ある程度の大きさまでは自己修復が可能である。そのため，パルス処理後に保温をしなかったサンプルが滅菌されなかったのは，自己修復した大腸菌が生存していたためだと考えられる。パルス処理後の保持時間に70℃で保温することで，細胞膜に孔が空いた大腸菌が熱によって自己修復できなくなったため，滅菌ができたと考えられる。

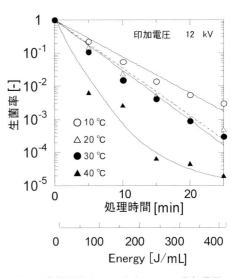

図8　濃縮還元オレンジジュースの印加電圧12 kVのパルス殺菌の処理温度依存性

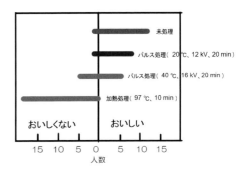

図9　官能評価試験「おいしい-おいしくない」項目のまとめ

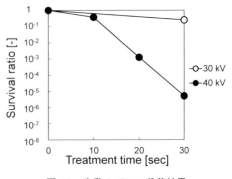

図10　牛乳のパルス殺菌結果

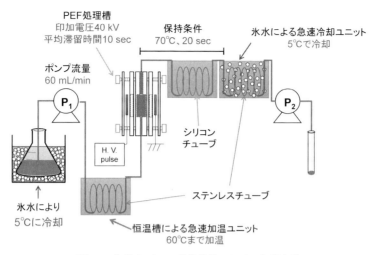

図11　牛乳のパルス殺菌殺菌における各種条件

3. ファージ(ウイルス)の不活化

　ウイルスやバクテリオファージは，動植物や細菌に感染してさまざまな被害をもたらす。たとえば，ノロウイルスは生カキを通して人に感染し，急性胃腸炎を引き起こす[11]。また，乳酸菌ファージは乳酸発酵の阻害原因となるため，乳酸菌を使用する産業では常に問題となっている。現在の不活化方法には，熱処理，薬剤処理，紫外線処理などがある。しかし，それぞれ耐熱ファージの存在や，製品への薬剤混入の懸念，不活化効果が局所的であるなどの問題を有している。そこで，液状食品への非加熱殺菌効果を有し，薬剤を使用しない，高電圧パルス電界(PEF)処理に着目した。本研究は，ウイルスとバクテリオファージのモデルとして，大腸菌を宿主とするM13mp18 Phage，M13 KO7 Helper Phageおよびλ Phageを用い，高電圧パルス電界による不活化を試みた。また，パルス電界処理したファージのDNAおよびタンパク質を電気泳動することで，その不活化メカニズムの解析を行った[12]。

　印加電圧5.7 kVpのパルス電界処理を施したM13mp18 Phage，M13 KO7 Helper Phageおよびλ Phageのファージ活性と処理時間の関係を図12に示す。各ファージとも処理時間の経過とともに活性が直線的に減少し，不活化された。しかし，処理液の温度が12 min処理の間に上昇し，5 kVpでは約50℃，7 kVpでは約70℃に達した。そこでファージの熱不活化を行ったところ，ファージは70℃で不活化しなかった(date not shown)。これより，高電圧パルス電界によるファージの不活化は電界の効果であると考えられる。

　有用な菌とファージが混在する場合，ファージだけを不活性化できれば有益である。そこで，大腸菌とファージ混合液についても検討した。大腸菌が増殖すると培養液の濁度が増加し，λ Phageが大腸菌に感染して増殖すると溶菌を起こし，濁度が減少する。この性質を利用し，印加電圧5 kVp，処理時間0〜12 minでパルス電界処理した大腸菌とファージの混合液を培養し，濁度を測定することで，図13の増殖曲線を得た。図13より，処理時間0〜9 minにおいて溶菌による増殖曲線の減少が現れた。また，処理時間の増加にともない，濁度の減少が現れ

るピークの時間が遅れ，濁度も高くなった。これは，パルス電界処理により，培養前のファージ数が減少し，溶菌が遅れて現れたためと考えられる。加えて，大腸菌のみの増殖曲線に比べ，処理サンプルは増殖曲線が右へシフトした。これは，パルス電界処理により培養前の大腸菌数が減少したためと考えられる。さらに，12 min のサンプルでは溶菌による増殖曲線の減少が現れなかったことから，パルス電界は感受性の違いにより，大腸菌を死滅させることなく，ファージを不活化できることを示唆した。

本研究から高電圧パルス電界により M13mp18 Phage，M13 KO7 Helper Phage および λPhage が不活化されることが確認された。この過程でファージ粒子中の DNA およびカプシドであるタンパク質の分解は認められなかったので，タンパク質のコンフォメーションが変わっているか，ファージ粒子構造が改変されているのではないかと示唆された。また高電圧パルス電界処理は有用な菌を残し，ファージのみ不活化できる可能性が示唆された。

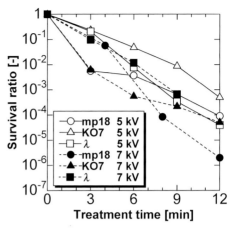

図12　各ファージの不活化率

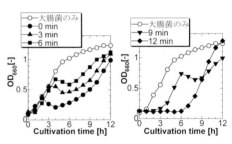

図13　不活化処理した大腸菌とファージの増殖曲線

4. 線虫防除への取り組み

バクテリアなど単細胞生物に対するパルス殺菌などは盛んに研究されている。しかしながら，多細胞生物に対し PEF が及ぼす影響についての研究例はあまり報告されておらず，不明な点が多い。そこで，本研究では PEF 処理が多細胞生物に与える影響を明らかとするための取り組みとして，多細胞生物研究のモデル生物に広く使われ，培養や観察が容易である線虫 *Caenorhabditis elegans* を用いて，PEF による不活性化に着目し検討を行った。線虫 *C. elegans* は 99.9％雌雄同体であり成虫の体細胞数は 959 個であるにもかかわらず，神経，筋肉，消化管，表皮，生殖巣といった組織，器官をもつ[13]。このことは遺伝的背景が均一な対象に対し詳細な器官別の解析を行う上で役立つ。また卵，幼虫，成虫からなるライフサイクルを有し，約2日半で4回の脱皮を繰り返して成虫へと成長する。本研究では線虫 *C. elegans* の PEF による不活性化に着目する上で，これら異なるライフサイクル中にある線虫の感受性の違いに着目して調査を行った[14]。

本実験で電界強度と線虫の不活性化の関係を調査するために使用した実験装置の概略図を図14に示す。直径 50 mm のシャーレに厚さ 2 mm のシリコンを取り付け，シリコンの中心に 10 mm×10 mm の正方形の穴を開けた。その穴に厚さ 2 mm の 2％寒天プレートをはめ込

んだ。線虫はこの寒天上に接種し，処理前後を顕微鏡で観察した。シャーレの側面に小さな穴を2つ開け，その穴から直径1 mmのステンレス針電極を1本ずつ差し込んだ。ステンレス針電極は，シリコンの厚みの中間部分から正方形の穴の側面まで貫通させてある。また，シリコンの正方形の穴と寒天の大きさを20 mm×20 mmにした装置も用意した。

20 mm×20 mmの処理面積を有する実験装置を用い電極間距離を20 mmとし，同条件にてPEF処理が線虫の不活性化に与える影響を調査した(図15)。図中の×印が記載されていない位置は，その位置にいた線虫がPEF印加後に動かずに不活性化したことを表す。線虫の不活性化は電極が対向する寒天プレートの中心付近のみの狭い領域のみであることが確認された。これは同じ印加電圧条件で電極間距離が長くなったことで，処理面積全体では電界強度が弱くなる領域が増加し，いっそう電界強度による不活性化の有無が明瞭となったと考えられる。線虫の不活性化に必要となる電界強度の閾値を推定するため，電界シミュレータを用い20 mm×20 mmの処理面積を有する実験装置の電極間に4.0 kVpの電圧を印加した際に生じる電界強度分布のシミュレーションを行った結果を図16に示す。シミュレーションの結果から電極が接している部分および電極を結ぶ直線上の部分はつまりは寒天プレートの中心付近の電界強度が強く，そこから離れるにつれて電界強度が弱まっていることが確認できる。図15

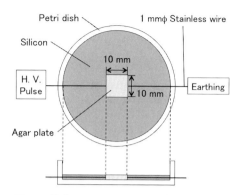

図14 線虫 C. elegans の PEF 処理のための顕微鏡ステージ上処理槽

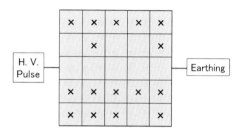

図15 PEF 処理後の線虫 C. elegans の生存領域の分布

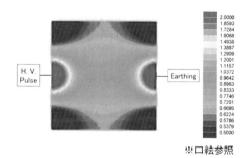

※口絵参照

図16 図15における電界強度シミュレーション

に示した線虫が不活性化された領域と照らし合わせてみると，およそ電界強度1.0 kV/cm以上の領域で線虫が不活性化したことが確認できる。この結果より電界強度1.0 kV/cm以上で線虫の不活性化効果があることが確認された。一般的なバクテリアにおいては不活性化に必要な電界強度は10 kV/cm程度であることから，線虫はバクテリアに比べPEFに対し非常に感受性が高いことが確認された。

この研究から線虫の不活化にPEF処理が有効であることが示された。そこで実際に農業分野への適用を試みた。近年，農業構造の変化からハウスなど特定の農耕地で特定の作物の連作が行われるようになっている。このような同一作物の連作は土壌病原虫が定着し，農作物への

被害を拡大する要因となっている。特に線虫による被害は，果樹から卉類，野菜に至るまでの広範な被害をもたらしている。線虫は農作物から養分を吸収するため，植物の育成を阻害することから，収穫量の減少や作物表面にコブや壊疽を引き起こして商品価値を下げている。線虫によってもたらせられる農作物への被害は全世界で総額80億ドルにも達し，地球上の作物の30％近くを損なっているという統計もある[15]。一方，高電圧パルス状電圧の微生物に与える影響はさまざまな研究者により報告されており，高電圧パルス電界（PEF）による微生物の殺菌技術の実用化が試みられている。報告されているPEFによる殺菌メカニズムから推定すると細胞が大きいほうが有効である[16]。そこで細菌（直径数μm）に比べて大きな線虫（直径数十～数百μm，長さは大きいもので1mm程度）に対するPEFの死滅作用は大きいと考えられ，簡単に死滅するのではないかと考えた。また線虫が電界および電流に対し感受性を持ち，反応するとの報告[17]もあり，殺虫に至らないまでも何らかの忌避作用も期待できるのではないかと考えた。そこで本研究ではPEFによる線虫の死滅を確認すると共に，実際の作物栽培への適用を試みた。

農産物にPEF処理を行う簡便で実用的な方法として，栽培中のトマト苗近傍の培養土に針電極を刺し高電圧パルスを印加することを考えた。培養ポットで栽培したトマト苗を用い，線虫の混入と図17のように高電圧パルスを印加した場合としない場合でトマト苗の生長にどのような変化が見られるかを観察した（図18）[18]。

栽培中はいずれの条件，すなわち線虫の有無，高電圧パルス印加の有無に関わらず茎丈は順調に伸びていた。また条件により葉の張り方が若干異なっていたが，地上部分に大きな違いを観察することはできなかった。しかしこれらを引き抜き，培養土中に張った根を観察すると大きな違いが認められた。図19は第4週のそれぞれの苗の根重量を比較したものである。何も操作せずに栽培したトマト苗Ⅰの根重量は68gであるのに対し，線虫を混入したトマト苗Ⅱの根重量は34gと激減しており，線虫による影響を顕著に受けていることが確認された。これに対し，線虫混入後高電圧パルスを印加したトマト苗Ⅲ～Ⅴの根の重量は，線虫未混入のトマト苗Ⅰには及ばないものの，根重量の増加が認められ，特に5kVpを印加した場合には60gであった。また培養土中の線虫頭数を測定したところ，高電圧パルスを印加していない場合（Ⅱ）には42頭/gであったのに対し，印加した高電圧パルス電圧に伴って減少し，3，5，および8kVpの場合でそれぞれ34，31，および29頭/gであった（図20）。最も根重量の回復が認められた5kVpの線虫頭数はおよそ27％の減少であった。また8kVpの高電圧パルス処理（Ⅴ）では，今回の実験条件の中では最も線虫の減少が認められたが，同時にトマト苗の根重量の回復も小さく，生育に悪影響を与えたと考えられる。

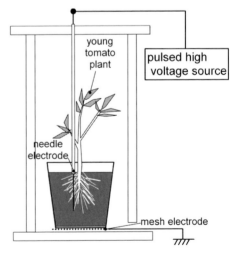

図17　トマト苗に対するパルス処理装置概略図

第8節 食品

栽培週＼サンプル	I	II	III	IV	V
第0週	発芽					
第1週	滅菌培養土10g追加	線虫汚染土10g追加			
第2週			3kV, 10sec 印加	5kV, 10sec 印加	8kV, 10sec 印加
第2週以降	茎丈観察（茎の長さ、状態）				
栽培終了	根の重量、培養土中の線虫頭数測定				

図18　トマト栽培実験のスキーム（I～V）

　一連の実験で、線虫を混入した一週間後に5kVp、10秒の高電圧パルスを印加することで線虫による被害を低減できることが示唆された。そこで別のトマト苗を用いて栽培期間を長くして同様の実験を行った。**図21**は図18のIIとIVの条件の第7週後の全体写真、および根の拡大写真を示している。線虫混入後、高電圧パルスを印加していないトマト苗IIと印加したトマト苗IVの茎丈は同程度であるが、トマト苗IIのほうは弱く、茎の一部が培養土に接している状態に湾曲していたのに対し、トマト苗IVは太く丈夫にまっすぐに成長していた。また根の状態は明らかに異なっており、トマト苗IIはトマト苗IVに比べて全体的に短いのに加え、根の分岐が明らかに少なく、特に細かい根の発達が著しく阻害されている様子が観察された。一方、トマト苗IVの根の発達状態は線虫未混入の状態

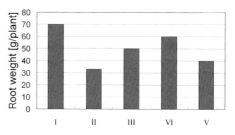

図19　方法（I-V）でトマト苗を4週間栽培した後の根重量比較

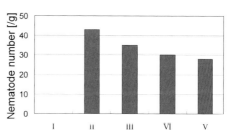

図20　方法（I-V）でトマト苗を4週間栽培した後の培養土中線虫濃度比較

とほとんど差異が認められなかった。この結果、高電圧パルスをトマト苗近傍の針電極を使って印加することは、線虫被害を防止することに有効であること、またトマト苗の生育にはほとんど影響を与えないことが確認できた。この時の培養土中の線虫頭数を確認したところ、無印加の場合（II）が41頭/gであったのに対し、印加の場合（IV）は30頭/gで、およそ27％の減少であり、図20の場合と同様であった。

　本研究では線虫に与える高電圧パルスの影響について調べた。線虫を懸濁した溶液に5kVp以上の高電圧パルス電圧を印加すると生虫数が10分の1以下になった。トマト苗の栽培において、苗近傍の培養土に針電極を入れて高電圧パルス電圧を印加すると培養土中の線虫密度の

(a) トマト栽培全体 　　　　　　(b) 根の観察

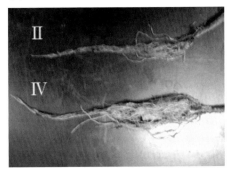

※口絵参照

図21　栽培7週間後のトマト苗Ⅱおよびトマト苗Ⅳの様子

減少と共に，線虫被害の低減が認められた。特に5kVpの場合にはトマトの生育に影響を与えることなく，線虫防除が可能であった。トマト苗の場合，発芽2週間後に5kVp, 10秒間の高電圧パルス処理により，苗の生育に影響を与えることなく線虫の防除が可能であることが実証された。

5. 食品排水のプラズマ処理

　食品の製造過程では大量の排水が生じ，適切な処理が求められている。大気圧下で各種放電を発生させることに伴い生成する紫外線・活性種・電子衝突などを利用した化合物の分解，微生物やウイルスの殺菌技術は，出力のon-off制御が容易であること，対象の非選択的な分解・殺菌が可能であること，発生する活性種などは短期間に分解・消失するため薬剤などとは異なり残留による二次汚染や耐性菌の発生の心配がないことなどが注目され，さまざまな用途への利用が研究されている。その中でも水処理技術への利用においては，活性汚泥法による生物処理で除去できなかったCOD (Chemical oxygen demand) 成分の除去や脱臭・脱色を目的とした高度水処理技術として無声放電で生じさせたオゾンの利用がすでに実用化している。また各種放電を直接処理水と接触させることで活性汚泥法での生物処理が困難な色素や界面活性剤などの難分解性化合物が分解可能であることが報告されている[19)20)]。また筆者らは水中のタンパク質のプラズマ分解も実証している[21)]。このような背景から放電技術の水処理への利用には高い関心が寄せられており，より広範な対象に対して分解特性を解明し知見を集積することは，放電技術の水処理技術への利用を検討し，実用化を考慮する上で重要である。そこで我々は食品系排水の活性汚泥処理において，しばしば活性汚泥の機能障害や悪臭の発生を引き起こす難分解性の有機化合物である食用油に着目した。一般的に食用油とは，グリセロール骨格の各炭素に脂肪酸がエステル結合した構造を有する動植物由来のトリグリセリドを指し示す。本研究では食用油のモデルとして近年消費者の健康志向へ答えるため食品生産への使用量が増加しており，分子内に不飽和結合を有するオレイン酸を主要構成脂肪酸とするオリーブ油を選択し，導電率を調整した水溶液との油水混合系中におけるパルス放電ならびにオゾン処理による分解

特性の調査を行った(図22)。またトリグリセリドと脂肪酸の分解特性を比較するためオリーブ油の主脂肪酸であるオレイン酸をはじめ鎖長の異なる各種脂肪酸に対しパルス放電ならびにオゾン処理による分解特性の調査と比較を行った[22]。

オリーブ油またはオレイン酸を含む油水混合層中のTOCはパルス放電処理により時間とともに減少した。処理時間20分以降の減少量はわずかであったものの30分の処理によるTOCの減少量(減少率)はそれぞれサンプル50 mL中,16.1 mg(41%), 13.6 mg(36%)であり(図23a),この際生じた固形物中に含まれるTOC量は共におよそ3 mg程度であった。また直線的なTOC減少が見られた処理5分間でのTOC減少におけるエネルギー効率はオリーブ油,オレイン酸に対しそれぞれ1.2 mg/kJ,1.3 mg/kJであった。水層中に着目するとオリーブ油を含む系では処理時間10分以降TOCに大きな変化が確認されないのに対し,オレイン酸を含む系では時間の経過とともにTOCの増加が確認され(図23b),オレイン酸の一部が親水化していることが確認された。油水混合層中のTOCから水層のTOCを差し引き油層中のTOC変化を求めた(図23c)。30分のパルス放電処理によりオリーブ油,オレイン酸をそれぞれ18.3 mg(52%),21.5 mg(63%)系中から減少させることが可能であった。オリーブオイルを含む系では処理時間20分以降は油層のTOC変化はわずかである。一方でオレイン酸を含む系では油層TOCは処理時間20分以降も減少している。オリーブ油とオレイン酸との間でこのようなパルス放電処理に対する挙動の差が生じた原因として,オリーブオイルがパルス放電による分解作用を受けにくいグリセロール(図23b)を含む構造を有していることが考えられる。トリグリセリドであるオリーブ油がパルス放電で生産されるOHラジカルなどとの反応により,エステル結合部位で切断されグリセロール骨格に水酸基が付加したジグリセリド,モノグリセリドとなり,パルス放電により分解を受けにくいグリセロール骨格がミセルの油水界面に集まることでパルス放電から脂肪酸を保護してしまう効果が生じているのではないかと推測される。

オリーブ油ならびにオレイン酸を含む油水混合液中へのオゾン処理においても,パルス放電処理の場合と同様に固形物の生成が確認されたが,30分の処理後でも固形物中に含まれるTOC量は1 mg以下の極微量であった。オゾン処理ではオリーブ油を含む油水混合層中のTOCは処理5分後には22.8 mg(73%)の減少と処理開始直後に迅速に減少し,その後も穏やかに分解が進行し30分の処理後には25.4 mg(81%)のTOCが減少した(図24a)。オレイン酸を含む油水混合層では,TOCは処理時間20分まで直線的に減少し以降はわずかな減少となった。処理5分間でのTOC減少におけるエネルギー効率はオリーブ油,オレイン酸に対しそれ

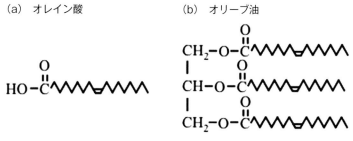

図22　化学構造式

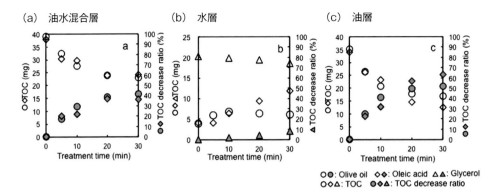

図23 パルス放電処理による油水混合液のTOC
ならびにTOC分解率の変化

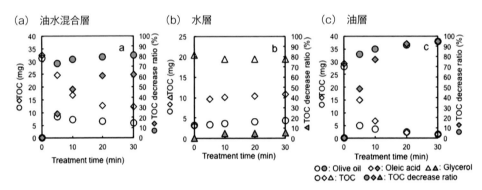

図24 オゾン処理による油水混合液のTOC
ならびにTOC分解率の変化

ぞれ6.7 mg/kJ，2.3 mg/kJ とであり，パルス放電処理よりも高いエネルギー効率を示した。水層ではオリーブ油を含む系ではTOCの大きな変化は確認されず，オレイン酸を含む系においては5分間の処理でTOCが増加し，以降はほぼ一定量のTOCの存在が確認された（図24b）。オレイン酸はオゾンにより分解される過程でオリーブ油よりも多量の水溶性物質を生成することが示された。次に油水混合層中のTOCから水層のTOCを差し引き油層中のTOC変化を求めた（図24c）。油層のみに着目するとオリーブ油ならびにオレイン酸共に処理30分後にはほぼ分解・除去されている。このことから系中に残存しているTOCの多くは水層に存在するTOCであることが示される。オゾン処理においてもグリセロールはほぼ分解作用を受けないことから，水層に残存しているTOCにはグリセロールも含まれると考えられる。

　オリーブ油ならび鎖長の異なる各種脂肪酸に対しパルス放電ならびにオゾン処理による分解特性の調査と比較を行った。オリーブ油はパルス放電ならびにオゾン両処理によって処理初期に顕著な分解がおこり，以降はゆるやかな分解となった。短・中鎖脂肪酸はパルス放電では処理時間の経過に伴い分解されたが，オゾンでは分解することはできなかった。長鎖不飽和脂肪酸はパルス放電ならびにオゾン両処理によって時間の経過とともに分解され，分解に伴う水溶性の分解生成物の蓄積が確認された。オリーブ油，長鎖不飽和脂肪酸ともに30分のオゾン処

理によりほぼ完全に分解された。オリーブ油，長鎖不飽和脂肪酸では処理に伴い，系中に固形物の生成が確認された。本研究では固形物生成や水溶性分解物の蓄積など，今後それらの化学組成，生分解性といったさらなる調査が必要となる知見が得られ，放電処理の水処理への利用に関し有益な知見が得られたものと考える。

6. おわりに

日本ならびに世界には多種多様な食品が存在する。またひとつの食品を安定的に製造するためには土づくりから製造プロセス，排水・廃棄物処理まで多様な操作・装置が必要である。衛生管理（殺菌操作）は，食品プロセスにおいて欠かすことのできない重要な操作である。殺菌操作を確実に行うためには加熱殺菌が最も確実であるが，加熱操作は食品の品質低下を伴うこともある。このような背景から加熱によらない非加熱殺菌法が注目されており，さまざまな研究が行われている。本稿で紹介したパルス殺菌（PEF殺菌）は，この非加熱殺菌法の有望な技術の一つであると考えている。パルス殺菌の実用化のため筆者も努力していきたいと考えている。またこれら高電圧パルスを利用することは線虫防除，排水処理の効率化など，食品プロセスにおいてさまざまな応用が考えられ，筆者らが一部の可能性を実証しているところである。高電圧パルスを用いた操作は原理的には非加熱かつ無添加であることから，食品産業との親和性が良い技術ではないかと考えられる。今後も新しい食品プロセスの提案・開発に努力していきたい。

文　献

1) J. C. Weaver and Y. A. Chizmadzhev：*Bioelectrochem. Bioenerg.*, **41**, 135(1996).

2) U. Zimmermann：*Review Physiology Biochem. Pharmacology* **105**, 175(1986).

3) H. Hülsheger et al.：*Radiat. Environ. Biophys.*, **22**, 149(1983).

4) G. V. Barbosa-Cánovas et al.：Technomic Publishing Company, Inc., U.S.A.(2001).

5) T. Ohshima et al.：*J. Electrostatics*, **42**, 159 (1997).

6) V. O. Marquez et al.：*J. Food Sci.*, **62**, 399 (1997).

7) T. Ohshima et al.：*J. Electrostatics*, **55**, 227 (2002).

8) ネイデ ミホ イシダほか：日本食品工学会誌，**5**, 35(2004).

9) N. Kitajima et al.：*Textile Res. J.*, **77**, 528

10) T. Ohshima et al.：*Food Control.* **68**, 297 (2016).

11) M. Smiddy et al.：*Int. J. of Food Microbiology*, **106**, 105(2006).

12) T. Tanino et al.：*J. of Electrostat.*, **73**, 51 (2015).

13) 三谷昌平：線虫ラボマニュアル(2003).

14) 谷野孝徳ほか：静電気学会誌，**38**(11), 46 (2014).

15) 線虫学実験法編集委員会，線虫学実験法，日本線虫学会(2003).

16) U. Zimmermann：*Biochim. Biophys. Acta.*, **694**(3), 227(1982).

17) D. R. Viglierchio and P. K. Yu：*Revue Nematol*, **6**, 171(1983).

18) 大嶋孝之ほか：静電気学会誌，**30**(1), 236

(2006).

19) 谷野孝徳ほか：静電気学会誌, **34**(1), 31 (2010).

20) 和田啓太ほか：静電気学会誌, **38**(1), 9(2014).

21) 大嶋孝之ほか：静電気学会誌, **33**(1), 14 (2009).

22) 谷野孝徳ほか：静電気学会誌, **40**(1), 2(2016).

第2編 パルスパワーの応用

第9節　パルスパワーによる成分抽出および浸透制御

山形大学　南谷　靖史

1. はじめに

パルスパワーを用いたパルス高電界の応用に殺菌があるが，これは菌の細胞膜に絶縁破壊電界以上の電界を印加することにより膜に絶縁破壊を起こし，穿孔し菌を殺菌する方法である[1]。この細胞膜を穿孔できることを利用して微生物，あるいは食物の細胞膜を穿孔し，内部から有用成分を抽出したり，逆に内部に浸透させたりすることが可能となる。ここでは，それらの事例について紹介する。

2. パルスパワーによる成分抽出制御

パルスパワーを用いた有用成分抽出には，ジュース，ワイン製造時の成分抽出促進，たとえばブルーベリー[2)3)]，ブドウ[4)-6)]などがある。また，ココア豆からの成分抽出[7)]，トマトからのカロテノイドの抽出[8)]，人参片からのポリアセチレンの抽出[9)]，アルファルファからの抽出[10)]，藻からのオイル抽出[11)]，微生物からの酵素抽出[12)]などもある。これにより原材料に含まれる有用成分を無駄なく取り出すことが可能となる。

2.1 パルスパワーによる植物からの成分抽出

植物からの成分抽出例としてブドウからの成分抽出例について紹介する。ブドウからの成分抽出はワイン製造時にアントシアニン，ポリフェノールを通常処理より多く抽出するために用いられる。

畑山らは，ぶどうからワインを醸造する過程においてパルス電界を印加した場合と印加しなかった場合のポリフェノールの量を比較している[13)]。パルス電界は方形波の電圧波形により印加している。パルス電界のパルス幅は約140 nsで，パルス繰り返し数20 ppsで30分の印加を行っている。図1にパルス電界を印加していない場合と印加した場合のポリフェノール総量を，電界強度を変えて比較している。パルス電界を印加することでポリフェノールの抽出量がどの電界強度でも20％上昇している。

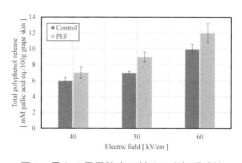

図1　異なる電界強度に対する未処理溶液（Control）とパルス電界印加溶液（PEF）のポリフェノール溶液の比較[13)]

第2章 パルスパワーの応用

M. Corrales らはパルス電界（PEF）をブドウからの成分抽出時に印加することの有用性を，高静水圧（HHP），超音波と比較して確かめている[14]。これらの有用性は70℃の50％のエタノール濃度の温水中に1時間つける抽出過程を抽出対照試料として比べている。超音波による

表1 パルス電界印加後の SOD の総量変化

パルス 電界強度	パルス電界 印加前（U/mL）	パルス電界 印加後（U/mL）
30 kV/cm	3584	4229
40 kV/cm	2457	3184

抽出は35 kHz の周波数で超音波を印加しながら同じ70℃の50％のエタノール濃度の温水中に1時間つけることで抽出している。高静水圧加圧抽出は600 MPa，70℃の50％のエタノール濃度の温水中で1時間加圧している。高静水圧加圧抽出は断熱加圧のため，圧力上昇時に4℃以下の温度上昇を起こすが，1〜2分後には室温に戻り温度の影響はほとんどない。PEF は指数減衰パルス波により3 kV/cm のピーク電界強度で印加している。室温で30パルスを15秒間で印加し，10 kJ/kg のエネルギーを注入している。PEF による処理後の温度上昇は3℃未満で温度上昇の影響はない。PEF の場合はパルス印加後，抽出対照試料と同じ操作で抽出を行っている。結果，1時間の抽出後，超音波，高静水圧，パルス電界ともに試料の総フェノール含有量は，対照抽出試料よりも約50％高くなる。しかし，超音波，高静水圧，パルス電界のそれぞれの抽出方法に有意差は出なかった。しかしながら抗酸化活性についてはそれぞれの抽出方法に差が出て，PEF で4倍，HHP で3倍，および超音波で対照抽出試料より2倍高い活性が出ており，パルス電界が抗酸化物質の抽出量が最も高い結果となった。そして PEF による抽出量はブドウから全部抽出できた場合の75％であった。

植物からの酵素の抽出例として大麦若葉搾汁液（青汁）からスーパーオキシドディスムターゼ（SOD：Superoxide dismutase）の抽出量を増やした例について紹介する[15]。SOD は活性酸素を分解する酵素の総称である。青汁の成分に影響を与えずに殺菌を行う方法としてパルス電界殺菌を使用することが研究されており，その副次効果として SOD の総量が増えることが報告されている。表1にパルス電界殺菌を行う前と後の SOD の総量を示す。印加パルス電界波形は指数減衰パルス波で，減衰時定数は約5 µs である。パルス電界強度30 kV/cm では印加前3584 U/ml 印加後4229 U/ml となり，40 kV/cm では印加前2457 U/ml，印加後3184 U/ml となった。これは青汁中の大麦若葉細胞の細胞壁，細胞膜が殺菌時のパルス電界により破壊され，細胞内にとどまっていた SOD が青汁中にさらに放出されたためと考えられる。

2.2 パルスパワーによる微生物からの酵素抽出

微生物からの酵素抽出は医薬品，栄養補助食品の製造のために行われている。通常酵素を取り出すためには微生物を機械的に粉砕，あるいは化学的に処理することが行われているが，破砕した溶液には細胞の細かな断片も多く含まれているため酵素を精製するためには分離を繰り返し行う必要がある。また，破砕には超音波破砕が行われることが多いが，酵母から酵素を取る場合，酵母の細胞壁が非常に固いため超音波破砕のみでは酵素を取りだせない。そこでパルス高電界を用いることが検討されている[16]。

ここでは酵母から乳中に含まれる乳糖（ラクトース）をガラクトースとグルコースに加水分解する酵素である β-ガラクトシダーゼの抽出を行った例を示す。抽出はパルス電界を印加した

— 140 —

もの，超音波を印加したもの，自然に酵母から分泌される量と比べている。超音波の印加は超音波のみを印加しており，ガラスビーズなどの破砕を促進するものは入れられていない。

パルス電界は減衰振動パルス波を用いて印加している。減衰時定数は約5 μsのパルスである。パルス電界強度を変えて印加した酵素活性値と超音波破砕による酵素活性値，自然に酵母から分泌される酵素活性値と比べたデータを図2に示している。超音波破砕での酵素活性値は自然に酵母から分泌される酵素活性値と変化は無く，超音波では酵母を破壊できておらず酵素の取り出しは出来ないことが示されている。

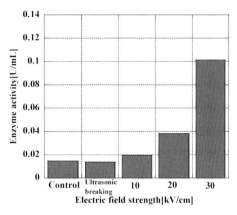

図2　パルス電界印加後の酵母の酵素活性値

一方，パルス電界を印加することで酵素活性値は上昇している。10 kV/cmの電界強度では自然に分泌される量と比較して1.2倍，20 kV/cmの電界強度で2.5倍，30 kV/cmの電界強度では7倍もの酵素活性値が得られている。

3. パルスパワーを用いた穀物浸水性制御

パルスパワーを用いたパルス高電界により細胞膜を穿孔できることを利用して，食物の細胞膜を穿孔し，食物内部へ有用成分の注入を効率的に行うことができる。ここでは乾燥食物の加工時間の短縮を図った事例を紹介する[17]。

3.1　乾燥大豆への水の浸透性向上

乾燥食物の代表例として米や大豆がある。特に乾燥大豆は一般的な調理法を用いると，水で戻すために約8時間，味付けのための煮込みに約2時間を必要とし，調理に必要な時間は合計10時間にもなる。大豆加工食品の生産において，この調理時間を短縮できれば生産効率の向上，コストの削減が期待できる。

乾燥大豆を水で戻す時間の短縮のため，浸水性を高める実験には方形波パルスが用いられている[18]。乾燥大豆が水を吸って元に戻る時間は，パルス電界を印加しないもの，空気中に置かれた乾燥大豆にパルス電界を印加したもの，乾燥大豆を20℃のイオン交換水中に沈めすぐさまパルス電界を印加したもので比較している。これらの試料を20℃のイオン交換水に浸し，1時間毎に重さが測定されている。パルス電界は空気中に置かれた乾燥大豆に対しては平均電界強度15 kV/cm，パルス幅100 μs，繰り返し数0.5 pps，水中に沈めた乾燥大豆に対しては平均電界強度20 kV/cm，パルス幅2～3 μs，繰り返し数0.5 ppsで印加されている。

パルス電界を印加していない大豆，空気中でパルス電界を印加した大豆，水中でパルス電界を印加した大豆をそれぞれ水に浸したときの経過時間による重さの増え方を図3に示す。空気中でパルス電界を印加した大豆はパルス電界を印加していない大豆と重さが増える速度は同じだが，水中でパルス電界を印加した大豆は重さの増え方が速く，2 gになるまでの時間を比

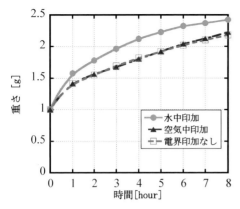

図3 パルス電界印加後に水中に浸した大豆の重量の時間変化

(a)電極間の状態

(b)放電発光

※口絵参照

図4 水中の乾燥大豆で発生した放電の発光

べると2倍の速さで重くなっている。これはパルス電界を水中で印加することで大豆に水を速く浸透させることができるためである。

水中でパルス電界を印加している大豆は部屋を暗くして観測すると大豆で放電発光が起こっていることが観測されており，そのときの放電発光の写真を**図4**に示す。放電発光が観測されたことは大豆の細胞組織に絶縁破壊が起き，水の浸透性が高まっている可能性を示している。一方，空気中でパルス電界を印加した大豆は放電発光が観測されないと報告されている。空気の誘電率は低いため電界が大豆に強くかからず，大豆で放電を発生させるまでには至らなかったと考えられている。

3.2 大豆を煮込んだときの味の浸透性向上

大豆を煮込んだときの味の浸透度を高める実験が次の3つのパルス印加条件で行われている[19]。

(条件1)乾燥大豆を水中でパルス電圧 20 kV，パルス幅 10 μs，繰り返し数 0.5 pps で，パルス電界を 200 回かけた後に，24 時間水に浸した大豆。

(条件2)大豆を 24 時間水に浸した後，パルス電圧 20 kV，パルス減衰時定数 0.7 ms，繰り返し数 0.5 pps でパルス電界を 200 回かけた大豆。

(条件3)乾燥大豆を水中でパルス電圧 20 kV，パルス幅 10 μs，繰り返し数 0.5 pps でパルス電界を 200 回かけた後に，24 時間水に浸し，パルス電圧 20 kV，パルス減衰時定数 0.7 ms，繰り返し数 0.5 pps でパルス電界を 200 回かけた大豆。

それぞれの条件の大豆は沸騰しているしょうゆ溶液(しょうゆ 20 mL とイオン交換水 30 mL の混合液)に入れ，ビーカーから吹きこぼれない程度に 10 分間煮込む。その後，大豆の中心を輪切りにして，しょうゆの色の浸透を観察し，パルス電界を印加せずに 24 時間水に浸してしょ

うゆで煮込んだ大豆と煮込んでいない大豆と色が比較している。

煮込んだときの溶液の浸透度は大豆の断面の色の濃さを数値化することで測定されている。条件1の水中でパルスを印加した後しょうゆ溶液で煮た大豆の中心を輪切りにした写真を図5に示す。(a)はパルス電界を印加せずに乾燥状態の大豆を水で戻した後，しょうゆ溶液で煮た大豆，(b)は乾燥状態の大豆を水で戻しただけの大豆，(c)は乾燥状態の大豆に水中でパルス幅10μsのパルス電界を200回かけた後，水に24時間浸した大豆をしょうゆで煮た大豆を示している。パルス電界を印加した大豆の色が他の大豆に比べ濃くなっている。

図6は，図5において矢印で示される表皮部分を0 mmとし，右へ1，2，3，4 mmの部分の，縦幅1 mmの色の濃さの平均を画像ソフトを用いて数値化し，各3個ずつサンプルをとった結果を示す。色が黒に近いほど数値は大きくなるため，しょうゆ溶液が浸透しているほど数値は大きくなる。どの距離に対してもパルス電界をかけた大豆の数値が大きく，大豆の内部までしょうゆが染みることが示されている。このようにパルス電界を印加すると大豆の細胞壁および細胞膜がしょうゆを透過しやすい状態となり，印加しないときよりもしょうゆの浸透性が高まり，大豆食品加工においてしょうゆを大豆内に浸透させるまでの煮込み時間を短縮できることが示されている。

一方，条件2の水で戻した後でパルスを印加した大豆ではパルス電界をかけてもかけなくても色の染み具合に違いが見られないが，条件3の乾燥状態の大豆に水中でパルス電界を印加してから水で戻したのちさらにパルス電界を印加してしょうゆ溶液で煮た後の大豆は条件1での結果よりも着色された大豆の表面と内部の色の均一性が上がる結果が得られている。

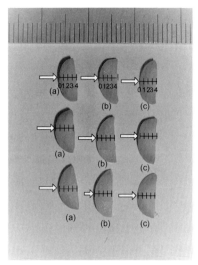

(a)パルス電界を印加せずに水で戻してしょうゆで煮た大豆　(b)水で戻しただけの大豆　(c)乾燥状態でパルス電界を水中で印加した後，水で戻してしょうゆで煮た大豆

図5　処理後の大豆の断面写真

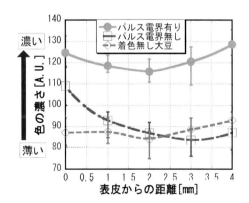

図6　乾燥状態でパルス電界を水中で印加して水で戻した大豆へのしょうゆの浸透度合い

第2章　パルスパワーの応用

4. まとめ

　このようにパルス電界を微生物，あるいは食物に対して印加することで細胞壁および細胞膜に絶縁破壊を起こし，孔をあけて，有用成分の抽出または水や味の浸透性を高めることで加工時間を短縮し，生産性の向上およびコスト削減ができる可能性を紹介した。今後，このようなパルスパワー技術を用いることでいろいろな果物，米のような穀物や他の食物，さまざまな微生物に対しての生産性向上効果の確認が期待される。

文　献

1) U. Zimmermann："Electrical breakdown, electro- permeabilization and electrofusion," in Reviews of Physiology, Biochemistry and Pharmacol-ogy, **105**, Berlin, Germany：Springer-Verlag GmbH, 175-256(1986).

2) R. Bobinaitė, G. Pataro, N. Lamanauskas, S. Šatkauskas, P. Viškelis, G, Ferrari, "Application of pulsed electric field in the production of juice and extraction of bioactive compounds from blueberry fruits and their by-products," J. Food Sci. Technol. **52**(9), 5898-5905(2015).

3) N. Lamanauskas et al.："Pulsed electric field-assisted juice extraction of frozen/thawed blueberries," Zemdirbyste-Agriculture, **102** (1), 59-66(2015)

4) A. Ricci et al.："Recent Advances and Applications of Pulsed Electric Fields(PEF) to Improve Polyphenol Extraction and Color Release during Red Winemaking," Beverages, **4**(18),(2018).

5) C. Cholet et al.："Structural and Biochemical Changes Induced by Pulsed Electric Field Treatments on Cabernet Sauvignon Grape Berry Skins：Impact on Cell Wall Total Tannins and Polysaccharides," J. Agric. Food Chem., **62**, 2925-2934(2014).

6) M. Sack et al.："Operation of an Electroporation Device for Grape Mash,"

IEEE TRANSACTIONS ON PLASMA SCIENCE, **38**(8), 1928-1934(2010).

7) L. Barbosa-Pereira et al.："Pulsed Electric Field Assisted Extraction of Bioactive Compounds from Cocoa Bean Shell and Coffee Silverskin," Food and Bioprocess Technology, **11**, 818-835(2018).

8) E. Luengo et al.："Improving carotenoid extraction from tomato waste by pulsed electric fields," Nutrition and Food Science Technology, **1**, Article 12,(2014).

9) I. Aguiló-Aguayo et al.："Exploring the Effects of Pulsed Electric Field Processing Parameters on Polyacetylene Extraction from Carrot Slices," Molecules, **20**, 3942-3954 (2015).

10) T. K. Gachovska et al.："Pulsed electric field assisted juice extraction from alfalfa," CANADIAN BIOSYSTEMS ENGINEERING, **48**, 3.33-3.37(2006).

11) A. Silve et al.："Extraction of lipids from wet microalga Auxenochlorella protothecoides using pulsed electric field treatment and ethanol-hexane blends", Algal Research **29**, 212-222(2018).

12) [5]V. Ganeva et al.："Electroinduced release of recombinant β-galactosidase from Saccharomyces cerevisiae," Journal of Biotechnology **211**, 12-19(2015).

— 144 —

13) 畑山　仁ほか：「農産物由来ポリフェノール抽出向上を目指したナノ秒パルス高電圧システムの開発」，農業環境工学関連学会合同大会，J83，東京大学(2009)．

14) M. Corrales et al.："Extraction of anthocyanins from grape by-products assisted by ultrasonics, high hydrostatic pressure or pulsed electric fields：A comparison," Innovative Food Science and Emerging Technologies, 9, 85-91 (2008)．

15) 齋藤高輝ほか：「パルス電界による野菜飲料内の酵素に影響を与えない非加熱殺菌処理装置の開発」，電学論A，137(12)，678-684 (2017)．

16) T. Abe et al.："Effective extraction of the yeast derived lactase by high-voltage pulsed electric field," Proceedings of 2015 IEEE Pulsed Power Conference,

17) パルスパワーおよび放電の農水系利用調査専門委員会：「パルスパワーおよび放電の農水系利用」，電気学会技術報告　第1350号，(2015)．

18) 斎藤司ほか：「パルス電界を利用した大豆食品生産における加工時間短縮化の研究」電学論A，129(3)，155-156(2009)．

19) 南谷靖史ほか：「大豆食品製造における加工時間短縮化のためのパルス電界を利用した水およびしょうゆの浸透性の改善」電学論A，134(6)，383-389(2014)．

第2章　パルスパワーの応用

第10節　電磁エネルギーの定量化手法

立命館大学　馬杉　正男

1. はじめに

　今日，社会を取りまく電磁環境は複雑化する方向にあり，無線情報機器などから放射される電磁波の生体作用が懸念されている。その一方，パルスパワーと呼ばれる研究分野では，過渡的な電磁エネルギーが生体を含めたさまざまな対象物に対して，プラスの作用を有する可能性があることが近年報告されている[1)-4)]。ここで，パルスパワーとは，数ナノ秒から数ミリ秒程度の短時間かつ高レベルの電圧や電磁波を活用する技術であり，対象物を加熱することなく，高い電磁エネルギーを与えることができる。

　こうした状況の中，農業，食品，医療，環境などの幅広い領域に対して，パルスパワー技術の応用展開が期待されている。ここで，農業関連分野を例に挙げると，種子・植物の発芽や成長促進，担子菌(きのこ類)の収穫量の増加他，食料増産などに寄与する可能性がある現象が確認されている[1)-4)]。そして，これまでの実験検証を通して，植物などの生体活動の活性化に関わる電磁エネルギーの強度については，適切な値が存在する可能性が示唆されている。

　さて，パルスパワー技術の生体活動への影響に関する研究は進められてきたが，その評価事例は未だ限られており，統計的な観点での検証も十分とはいえない。さらに，実験時に生体試料に印加される電磁エネルギーについても，定量的な評価基準が確立されていない状況にある[4)]。ここで，生体試料への電磁エネルギーの印加手法は，接触して直接的に与えるアプローチと電磁波放射などにより非接触で与えるアプローチに大別される。とりわけ，後者のアプローチに関しては，対象物と非接触であるため，印加される電磁エネルギー量の算出が容易ではなく，その評価基準が曖昧である点が課題となっていた。そこで本稿では，電気ダイポールを用いる方法により，生体試料に電磁波を印加する際の電磁エネルギー量の推定技術を述べるとともに，植物に対する実験評価例を示す。

2. 生体試料に印加される電磁エネルギーの定量化

　本稿では，パルスパワー技術の生体応用に際して，これまで数多くの研究事例が報告されている放電発生装置を用いた実験方法に着目する。その際，非接触で生体試料に過渡的な電磁波(以下，電磁界)を印加する際の電磁エネルギーの推定モデルを提案する。

　さて，静電気放電や雷放電などの放電現象は，帯電物体と大地間などで発生し，物体の形状などさまざまな条件に依存する。一方，相対的に単純化できる状況下では，放電時に伴って空間に放射される過渡的な電磁界の発生機構は，電気ダイポールモデルを用いてしばしばモデル

— 147 —

化されてきた[4)5)]。以下では，生体試料に印加される電磁界を推定するにあたり，電気ダイポールを用いた同様のアプローチをとる。

いま，**図1**に示すようなxyz座標系を考える。同図において，z=0の面を金属大地面とし，z>0は自由空間とする。この座標系において，z軸上のz=z'の点に長さdzの微小電気ダイポールを仮定する。このとき，時刻tにおいて，過渡的な電流$I(z, t)$がz軸に沿って，大地面に流れる際に，空間に放射される電磁界をx軸上にある観測点$P(X, 0, 0)$において観測する。

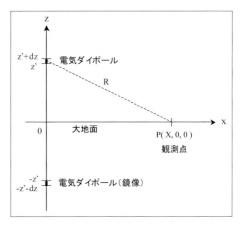

図1　電気ダイポールを用いた放電現象のモデル化

放電電流がz軸上の高さLの地点から金属大地面上の点(z=0)まで流れる際に，微小電気ダイポールから距離Rにある観測点に生じる電磁界(電界E，磁界H)は，s領域において，次式のように近似して表現することができる[4)5)]。

$$E = \int_0^L \frac{I(z,s)}{2\pi\epsilon s}\left(\frac{1}{R^3} + \frac{k}{R^2} + \frac{k^2}{R}\right)e^{-kR}dz \tag{1}$$

$$H = \int_0^L \frac{I(z,s)}{2\pi}\frac{X}{R}\left[-\left(\frac{1}{R^2} + \frac{k}{R}\right)\right]e^{-kR}dz \tag{2}$$

ただし，距離Rおよびkは以下の次式で与えられる。

$$R = \sqrt{z^2 + X^2} \tag{3}$$

$$k^2 = \varepsilon\mu s^2 \tag{4}$$

ここで，εは誘電率，μは透磁率であり，$I(z, s)$は放電電流$I(z, t)$をs領域に変換した関数である。電界Eの算出式では，$1/R$は放射界，$1/R^2$は誘導界，$1/R^3$は準静電界の3成分からなる。磁界Hの算出式についても同様に，放射界と誘導界からなる。なお，準静電界の算出に際して，放電開始前に電極部に存在する初期電荷を考慮する必要がある[6)]。放電開始前に電極に直積した電荷をQ，放電開始箇所から観測点までの距離をR'とすると，準静電界の初期値の大きさは，式(5)により表現される。

$$E = \frac{QL}{2\pi\varepsilon R'^3} \tag{5}$$

以上のs領域で表された電磁界に対して，数値逆ラプラス変換を適用することで，時間領域における電界Eと磁界Hの過渡応答を得ることができる。その際，時間領域において，放電発生時に放電電極を流れる電流波形$I(z, t)$を計測して適用する。また，実際に観測点Pに放

射された過渡電磁界の効果を評価するにあたり，次式を用いて，電界 E および磁界 H に関する電磁エネルギー量を算出する。

$$U_E = \int_0^T \frac{1}{2} \varepsilon E^2 \tag{6}$$

$$U_H = \int_0^T \frac{1}{2} \mu H^2 \tag{7}$$

ここで，T は時間軸において放電が終了したとみなせる時刻である。

次に，後述の実験評価例で用いる実験系を図2に示す。本例では，放電電極の近傍に設置した生体試料に対して，放電発生時に放射される電磁界が印加される系となっている。ここで使用する放電発生装置は，内部コンデンサを充電させた後に放電スイッチを押す方法により，放電電極と金属基盤の間に高電圧を印加して火花放電を引き起こすタイプであり，放電電極および放電電極と対置する金属板の間隙部が電磁界の放射源とみなすことができる。この際，異なる回路定数を有する2種類の放電発生装置（パルテック電子 MODEL PIMP-H6K-2，MODEL IMP-20KL-SP）を用いる方法により，生体試料には，変動特性が異なる2種類の電磁界を印加する。

ここで，電磁界の印加実験に際して，放電電極に流れる放電電流の計測波形例を図3に示す。本結果は，電流プローブ（Pearson model 110A，DC-20 MHz）の中央部に放電電極を配置し，放電印加時に流れる放電電流をオシロスコープ（Tektronix TDS2004C，DC-70 MHz）により計測した例に対応している。また，波形A（パルス幅＝約3 μs）および波形B（パルス幅＝約15 μs）は，各々2種類の放電発生装置による出力波形に対応し，放電電流のピーク値はとも

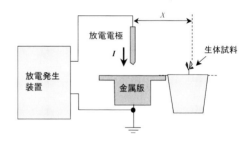

図2　放電装置を用いた実験系

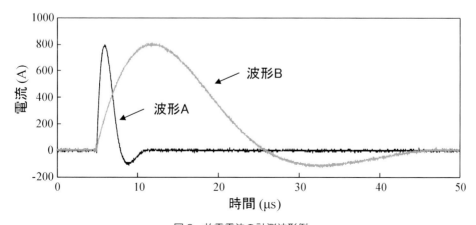

図3　放電電流の計測波形例

に800 Aに設定している。なお，電界 E と磁界 H の算出に際しては，放電電極長＝2.0 cm，放電間隙長＝0.25 mm，放電電極と生体試料の中心部までの距離 X = 10 cm，解析時間幅 T = 50 μs と設定した。

次に得られた放電電流を適用し，電界 E と磁界 H の各成分毎の大きさを算出した例を図4，5に示す。これらの結果において，放射界は放電電流の微分波形，そして，誘導界は放電電流の変動に対応する形で急峻な変化を示している。一方，準静電界成分は，放電開始後に，放電

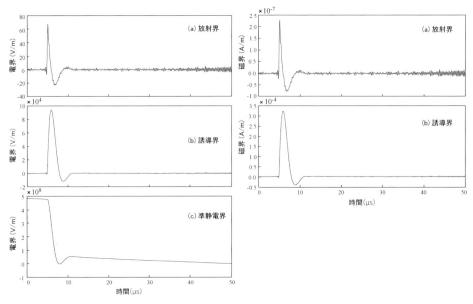

図4　電磁界応答の算出例（波形A）

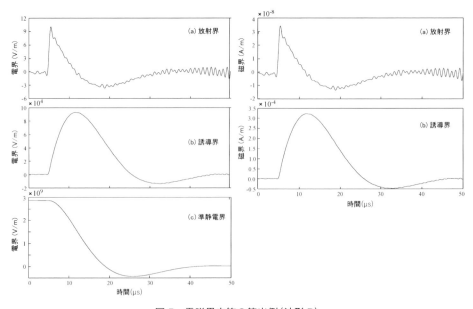

図5　電磁界応答の算出例（波形B）

— 150 —

第10節　電磁エネルギーの定量化手法

表1　電磁エネルギー量の解析結果

| | 電界 [J/m³] | | | 磁界 [J/m³] | |
	放射界	誘導界	準静電界	放射界	誘導界
波形 A （標準偏差）	4.63×10^{-7} （±2.49％）	2.61 （±0.18％）	3.14×10^{8} （±5.83％）	7.41×10^{-19} （±2.49％）	4.41×10^{-12} （±0.18％）
波形 B （標準偏差）	6.97×10^{-8} （±3.19％）	17.18 （±0.27％）	1.91×10^{10} （±0.20％）	1.12×10^{-19} （±3.19％）	2.91×10^{-11} （±0.27％）

電極部に存在していた電荷が初期値より徐々に減衰する過程に対応し，時間の経過とともに強度が低下する傾向にある。また，波形 A と波形 B の絶対振幅レベルについて比較すると，放電電流の微分波形に対応する放射界については，前者（波形 A）の方が振幅レベルが大きく，その他成分については，後者（波形 B）の方が大きいことが確認できる。

　2種類の波形 A，B を元に，電界 E と磁界 H の複数成分毎に，式(6)，(7)を用いて導出した電磁エネルギー量の算出結果を表1に示す。なお本例では，各波形について，8回の試行に基づいて算出している。まず，いずれ波形の算出結果においても，準静電界，誘導界，放射界の順に電磁エネルギーが大きい値となっていることがわかる。ここで，放射界と誘導界を比較した場合には $10^{7} \sim 10^{8}$ オーダーで，誘導界と準静電界を比較した場合には $10^{8} \sim 10^{9}$ オーダーで，各々，後者が前者を上回っていることなども定量的に示されている。また，電界 E と磁界 H のエネルギー比（放射界，誘導界）を比較した場合には，電界 E がより支配的であることも確認できる。

　また一方，波形 A，B の結果を比較すると，誘導界や準静電界，さらには時間領域の電流波形全体を基準とした際には，波形 B の方がエネルギー量が大きくなっているが，放射界成分のみについては，波形 A の方が，6倍以上のエネルギー比で上回っている点が確認できる。すなわち，高い周波数成分をより多く含む放射界のみに着目した場合には，パルス幅がより小さい波形 A の条件時に，相対的に高い電磁エネルギーを生体試料に与えることを示していると考えられる。

3. 実験評価例

前述で評価した実験系において行った評価結果（2例）を以下に示す。

3.1 球根の生体電位応答解析

　まず，第1の実験評価例として，図2の実験系に生体試料（球根：ヒアシンス）を設置し，電磁界を印加した際の生体電位応答を解析した。この際，前述で示した2種類の放電発生装置を用いる方法により，球根には，変動特性が異なる2種類の電磁界を印加する。各条件において，連続10回の放電を反復し，球根（波形 A，B について各々5サンプル）に電磁界を印加した。また，電磁界の印加は 17：00～18：00 の時間帯を目安とし，印加終了後，約1時間経過した後に12時間の生体電位計測を行った。

　生体電位計測に際しては，外部からの雑音除去用の電磁シールドテント（MSB-PY，サイ

— 151 —

ズ：80 cm×80 cm×80 cm)内に生体電位計測系(増幅器：TEAC-BA1008, レコーダ：TEAC-es8)を設置した。生体電位計測に際して，銀・塩化銀電極(積水化学製 SMP-300)を球根の左右2ヵ所に装着し，サンプリング周波数を1 Hzと設定した。

また，各計測機器は外部アースへ接続するとともに，伝導性ノイズを抑制する観点より，ノイズカットフィルタを介して電源を供給した。また，電磁シールドテント内は暗状態を保ち，温度22(±3)℃，湿度35(±10)％を維持した。さらに，球根の生体電位計測時の外部雑音の影響の有無の確認する観点からも無印加(Control)試料を用意した。

本実験において，生体電位の応答評価に際して，式(8)により生体電位エネルギーUを定義する[7)8)]。この時，Tは算出期間，$x(t)$は計測した生体電位信号列である。

$$U = \frac{1}{T}\sum_{t=0}^{T}\{x(t)\}^2 \tag{8}$$

無印加(Control)，波形Aおよび波形Bの条件時に関する生体電位の計測波形例を**図6**に示す。図6より，無印加時には生体電位に乱れは見られず，相対的に安定した状態となっており，外部雑音の影響を受けていないことが確認できる。一方，球根に電磁界を印加した場合には，不規則な変動が見られ，生体電位が活発に変動していることが確認できる。ここで波形A，Bの結果を比較すると，高周波数成分比が高い前者の生体電位の方が，より激しく変動していることも観測できる。なお，印加終了後，24 h程度以上を経過した場合には，各条件ともに，生体電位の変動は，安定した状態に戻っていくことを確認した。

次に，式(8)による生体電位エネルギーUの算出結果を**図7**に示す。このとき，解析時間$T=12$ hと設定し，電磁界の印加前に計測した生体電位波形の平均値で規格化している。図7において，縦軸は規格化エネルギー値，横軸は計測時期に対応する。このとき，エラーバーは，

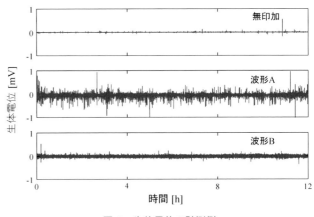

図6　生体電位の計測例

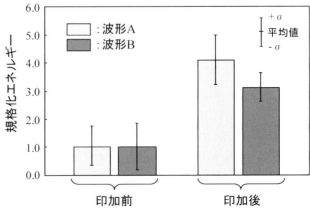

図7　生体電位エネルギーの評価結果

各条件の5サンプルより得られる標準偏差に対応する。図7が示すように，波形Aの条件時は無印加と比べ，エネルギーが約4.1倍，波形Bの条件時は無印加と比べ約3.1倍増加する結果となった。

以上のことから，本実験において，球根の生体電位はパルス幅がより小さい波形Aの条件において，より強く反応する結果となった。ここで，生体電位エネルギーUの算出結果が，波形Aの方が増加している原因は確定できないが，印加した電磁界の周波数特性の差が影響している可能性があると推測される。すなわち，波形Aが波形Bに比較して，より高い周波数成分を含む電磁界を放射するという電気ダイポールモデルを用いた解析結果を反映している可能性があると考えられる。

3.2 植物成長度への影響評価

次に第2の実験評価例では，図2の実験系に生体試料（カブ）を設置し，植物の成長度への影響を検証した[9]。本例では，波形Aのみを対象とし，種子の状態から発芽させ，苗に成長するまでの一定期間，電磁界を印加する方法を適用した。

この際，電磁界の印加条件は，毎日計3回印加（条件b），2日毎に計6回印加（条件c），3日毎に計9回印加（条件c）とし，さらに無印加（条件a）の生体試料を加えた。ここで，印加期間を18日間とすることで，総印加回数は54回となる。よって，本実験では試料に与える電磁エネルギー量の合計は各条件ともに同一であり，印加間隔による違いが生体試料の成長度に与える効果の定量化が目的となる。

本実験では，発芽開始の契機として，植物種子（試料）に水分を与えた後，市販の培養土に盛った発芽用セルポット（直径5 cm，高さ5 cm，ポリエチレン製）に植え付ける。ここで，種子植物は実験開始後，おおよそ2～3日の期間中に発芽を開始することになるが，電磁界の印加期間はセルポット内で生育する。また，放電時に土壌中の栄養素増加などの間接的作用を抑制する観点より放電電極部の周辺にビニールシートを設置した。そして，印加期間終了後，プランターへと苗を植え付けて（苗の間隔：約20 cm），成長する様子を観測する。この際，生育環境は温度23（±3）℃，湿度50（±10）％で維持し，葉の先端部付近の光量子数は110（±30）μmol/m²sとして，24時間点灯状態とした。

各条件毎の電磁界による植物成長への影響を評価するにあたり，植物体（実）の重量を指標とした。ここで，実の重量計測は，試料の長さが飽和傾向にある時期を目安とし，プランターから収穫後（植替7週目），直ちに，茎と葉を取り除いて実施した。各印加条件による重量比を図8に示す。図8において，横軸は

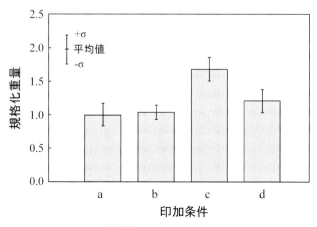

図8 各条件における実の重量比較

各条件（a〜d），縦軸は各条件の実の重量の平均値であり，無印加時（条件a）の値が1となるよう規格化している。また，エラーバーは標準偏差に対応しており，各条件毎のサンプル数は8とした。

　本結果では，無印加（条件a）と比較すると，毎日3回印加（条件b）の場合1.03倍，2日毎に6回印加（条件c）の場合1.67倍，3日毎に9回印加（条件d）の場合1.20倍に増加する結果となった。従って，電磁界を印加した結果，条件b以外は無印加時より有意に成長度が増加したことを示す。また，条件b〜dにおいて，試料に与える電磁エネルギー量の合計は同一であるが，2日毎に6回印加（条件c）が最も大きく成長する結果を示した。以上の結果は，放電印加間隔が植物の成長度に影響を与える可能性を示しており，毎日の放電印加が必ずしも効果的ではなく，その印加間隔も重要なファクターになると考えられる。

4. まとめ

　本稿では，電気ダイポールを用いる方法により放電現象をモデル化し，電磁界が生体試料に印加される際の電磁エネルギー量を定量化する方法を評価した。電気ダイポールによる電磁界の算出に際しては，実際の実験系において放電電極を流れる電流量を計測し，放射界，誘導界，準静電界毎の電磁エネルギー量を比較した。そして，異なるパルス幅の放電電流（約3 μs，約15 μs）を発生する2種類の放電装置を用いた解析により，パルス幅がより短い条件時の方が，高周波数成分をより多く含む放射界のエネルギー量が増加する結果を確認した。

　次に，電磁界の応答解析を踏まえて，2種類の実験評価を行った。まず，パルス幅が異なる2種類の電磁界を球根（ヒアシンス）に印加した後，生体電位計測を行った。その結果，1）いずれのケースについても，無印加に比較して，生体電位エネルギーが増加する，2）よりパルス幅が短い条件時の方が生体電位エネルギーが増加傾向にある，などの現象を確認した。次に，植物種子（カブ）の種の状態から発芽させ，苗の期間中に電磁界を印加する方法により，成長度への影響を評価する実験を行った。その際，全体の印加エネルギー量が同一になるように，印加間隔を変えて電磁界を印加した結果，過渡電磁界の成長促進効果については，印加間隔が重要なファクターとなる可能性があることを確認した。

　今後は，より多様な実験条件（電磁界の周波数特性，強度，印加周期など）を用いて検証するとともに，各種の生体試料に対する生体効果を定量的に評価していく必要があると考えられる。

文　献

1) 高木浩一，猪原哲：パルスパワー技術の農業・食品分野への応用，電学論A，43(3)，395-405(2005).

2) 電気学会・パルス電磁エネルギーの発生と制御調査専門委員会：パルス電磁エネルギーの発生・応用の最新技術動向，電気学会技術報

告，第1018(2005).

3) 電気学会・パルスパワーおよび放電の農水系利用調査専門委員会：パルスパワーおよび放電の農水系利用，電気学会技術報告，第1350(2015).

4) 伊藤亮太，馬杉正男：過渡電磁化によるブ

ロッコリーの生長効果に関する研究，電学論
A，**134**(3)，134-141(2013).

5) 馬杉正男：電気ダイポールモデルによる静電
気放電の過渡応答解析，信学論 B-Ⅱ，J75-B-
Ⅱ(12)，981-988(1992).

6) O. Fujiwara：An analytical approach to
model indirect effect caused by electrostatic
discharge, IEICE Trans. Commun., E79-B
(4)，483-489(1996).

7) 吉田恭平，馬杉正男：過渡電磁界による球根

の生体電位応答解析，電学論 A，**138**(3)，113-
114(2018).

8) 土師優紀，馬杉正男：過渡電磁界印加に対す
る球根の生体電位応答解析(その2)，平成30
年電気学会 基礎・材料・共通部門大会，4-F-
a2-7(2018).

9) 奥本拓也，馬杉正男ほか：過渡電磁界による
種子植物の成長効果に関する研究−過渡電磁
界の印加間隔が及ぼす影響評価−，電学論
A，**137**(8)，512-513(2017).

第２章　パルスパワーの応用

第11節　溶液中プラズマへの応用

名古屋大学　齋藤　永宏　　芝浦工業大学　石崎　貴裕
名古屋大学　牟田　幸浩　　名古屋大学　蔡　尚佑

1. はじめに

　パルスパワーを用いることにより液中で非平衡プラズマを形成することが可能である。液中プラズマの中で、プラズマと液体間の化学反応に着目する場合、そのプラズマを溶液中プラズマ（ソリューションプラズマ）と呼ぶ。ここで、特に「溶液」とするのは、従来の多くの化学領域で対象とする反応場が溶液であり、従来の熱に代わってプラズマが反応駆動力を提供するためである。

　プラズマの反応には、大別して、イオンの衝突などで誘起される物理的反応と分子、原子、イオン、電子による化学的反応がある。しかし、これらの多くの反応は、大気圧プラズマジェットなどの照射によっても得ることができる。ここで、溶液中でプラズマを反応駆動力として用いる場合の利点を引き出す条件を明確にする必要がある。溶液中の粒子がプラズマ中に移動し、そのプラズマ中の粒子がふたたび溶液中に移動する場合、溶液とプラズマの反応化学的な連動性が生まれる。つまり、溶液とプラズマの両方があって初めて形成できる化学反応場になる。化学反応の継続性から、より限定的には、溶液とプラズマ間を粒子が循環することが必要である。化学反応においては、粒子の中で、特に大事な役割を担うのが電子移動である。電子移動により電子が循環する酸化還元反応はその代表例である。

　グロー放電は、環境中から二次電子を獲得し、プラズマを維持していくことができる。アルゴン中でのグロー放電では、アルゴンガスから二次電子を獲得することになる。このグロー放電を溶液中に形成した場合、プラズマ維持のために、溶液側から二次電子を獲得することになる[1]。この二次電子はプラズマ中で励起される。励起電子は、溶液と反応し、溶液に取り込まれる。この電子の循環を繰り返すことにより、ソリューションプラズマによる化学反応は進行していく。逆に、この電子の循環を活かすことが、ソリューションプラズマの強みを活かすことにつながる。大気圧プラズマジェットの溶液面への照射とは異なる化学反応が誘起される所以である。図１

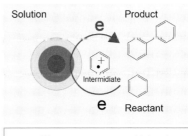
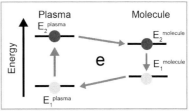

図１　ソリューションプラズマによるベンゼンの化学反応中の電子循環モデル

に，ソリューションプラズマによる化学反応中の電子循環モデルを，ベンゼンを例にとり示す。ここで，電位 E_1^{plasma} は，溶液中の分子を酸化する電位であり，電位 E_2^{plasma} は，溶液中の分子を還元する電位である。分子の酸化還元電位がこれらの電位内にあるとき，その分子はプラズマによる反応が進む。これは，ソリューションプラズマの反応電位窓ともいうことができる。実際の系では，溶液やプラズマの状態により変化するが，おおよそ，E_1^{plasma} は7（eV）（vs 真空準位）程度，E_2^{plasma} は1（eV）（vs真空準位）程度である。E_1^{plasma} はプラズマの電位に，E_2^{plasma} は電子温度に依存する。この反応は，光触媒反応に類似しているが，そのエネルギー差は2倍以上である。

このように，ソリューションプラズマを用いることにより，溶液中の酸化還元反応を起こすことができる。このようなエネルギー差は，光触媒反応では，通常，得ることができないエネルギー範囲であり，新しい化学反応場を構築できる可能性がある。本稿では，ソリューションプラズマの反応（水系，有機系），ソリューションプラズマを用いた材料合成について説明する。

2. ソリューションプラズマの反応

まず，水中での化学反応について示す。

$$H_2O \rightarrow H_2O^{*+} + e \tag{1}$$

$$H_2O^{*+} + H_2O \rightarrow H_2O_2^+ + 1/2H_2 \tag{2}$$

$$H_2O_2^+ + e \rightarrow H_2O_2 \tag{3}$$

図1に示したように，プラズマにより溶液中の水分子から電子が引き抜かれ，水カチオンラジカル（H_2O^{*+}）が生成する。水カチオンラジカルは活性な反応中間体であり，すぐさま，水と反応し $H_2O_2^+$（hydridodioxygen(1+)）を生成する。この $H_2O_2^+$ は，プラズマから電子を獲得し，過酸化水素水（H_2O_2）となる。水ガス中でプラズマを形成すると OH ラジカルより会合反応により H_2O_2 が生成するが，水溶液中での H_2O_2 生成速度はガス中と比較し極めて高い。ガスプラズマでの H_2O_2 生成機構とは異なる機構により H_2O_2 が生成するとされているが，水溶液中では，前述の反応過程を経由すると考えられる。以下に H_2O_2 の生成量の経時変化を検討したものを示す。過酸化水素の検出には，チタン酸硫化物錯体8水和物4gを用意した。これを硫酸 250 ml に加熱しながら溶解させ，検出剤とした。

ソリューションプラズマの溶液として，純水 150 ml に塩化カリウムを加え，導電率を 500 µS/cm に調整したものを用意した。その溶液中で，1，2，3，9，15，30分間プラズマを発生させ，その処理後2mlの溶液を取り出した。それぞれの溶液に検出剤1mlを加え，UV-Vis で吸光度を測定し，過酸化水素濃度を計算した。その結果を図2に示す。プラズマ処理時間に伴い，過酸化水素が溶液中に生成していることがわかる。

次に，有機系の反応について，分子を構成する電子状態の特徴別に挙げ説明をする。ここでは，最も代表的な例として（1）σ結合分子，（2）π結合分子，（3）π共役系および（4）n電子系

— 158 —

分子を考える。図3に各結合形式とソリューションプラズマとの反応の様子を示す。

2.1 σ結合分子

σ結合からなる分子としては，ヘキサンなどの飽和炭化水素がある。ヘキサン中でソリューションプラズマを形成した場合，ヘキサンにほとんど変化は見られない。ソリューションプラズマ処理後，ガスクロマトグラフィー・質量分析装置により分析をすると，ヘキサンより質量数が小さい炭化水素系分子は検出できるが，その量は極めて少ない。つまり，ソリューションプラズマでは，ほとんど反応が進行しない。

2.2 π結合分子

π結合からなる分子としては，ヘキセンなどの不飽和炭化水素がある。ヘキセン中でソリューションプラズマを形成した場合，ヘキセンにはほとんど変化は見られない。ガスクロマトグフィー・質量分析装置による分析では，ヘキサン同様小さい分子が検出できるとともに，質量数が大きい分子も検出できる。これは，分子内のπ結合が開裂し，重合していくことを示唆している。しかし，それらの量は少ない。

2.3 π共役系分子[2]

π共役系分子，たとえば，ベンゼンの場合，π結合が開裂し，重合していく。この場合は，CH活性化反応が優勢に進むことになる。この反応機構を用いれば，ベンゼンなどから，カーボン材料が重合できる。また，この反応速度は極めて高い。

2.4 n電子系分子[3]

アミノ基などを有するn電子系分子の場合，たとえば，ε-アミノカプロン酸などは，アミ

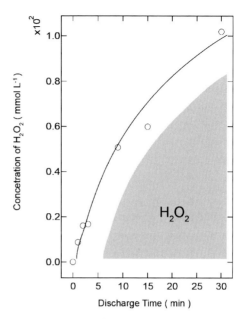

図2 UV-vis測定より算出したH_2O_2濃度と放電時間の関係

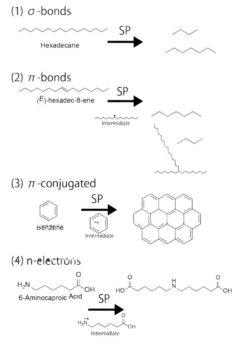

図3 （1）σ結合分子，（2）π結合分子，（3）π共役系分子，および（4）n電子系分子の各結合形式とソリューションプラズマとの反応の模式図

ノ基とカルボキシル基の反応から，アミド結合ができる。この反応は，π共役系分子の反応と比較すると遅いが，飽和炭化水素，不飽和炭化水素の反応と比較すると十分速い。

3. ソリューションプラズマによるカーボン材料の合成

　前述までにおいて，ソリューションプラズマの原理やソリューションプラズマにより誘発される水溶液中での基礎的な水をベースにした化学反応について説明した。我々のグループでは，ソリューションプラズマを利用して，ポリマーの表面改質，金属系ナノ粒子やカーボン材料の合成を行ってきた[4)-8)]。本稿では，π共役系分子を原料に用いたソリューションプラズマによるカーボン材料の合成に関する応用例について紹介する。

　カーボン材料は軽量で高い導電性を有し，物理的・化学的安定性が高く，高い比表面積を有する[9)]。特に，グラファイト，グラフェン，カーボンナノチューブ，フラーレンなどのナノカーボン材料はsp^2結合を有するため，π電子雲が表面に分布している材料である。このπ電子雲の存在が酸素の吸着能を誘発し，酸素還元反応（ORR：Oxygen Reduction Reaction）に対する活性を示す[10),11)]。しかし，電子雲が均一に広がっている電子状態では，ORRに対する活性が低い。このため，酸素の吸着能を向上させるために，表面の電子状態を変化させる必要がある[12)]。このために，炭素と電気陰性度が異なる窒素やホウ素などの元素をカーボン材料に添加し，電子雲に分極を生じさせようという試みが行われており[13)]，窒素を添加したカーボン材料が優れたORR活性を示すことが報告されている[14)]。このような背景から，sp^2結合を有する異種元素を含有したナノカーボン材料が，新たな触媒材料として注目されている。次に，ソリューションプラズマによる窒素含有カーボンナノシート[15)]と窒素含有カーボン複合材料の合成例について述べる。

3.1 窒素含有カーボンナノシートの合成

　窒素含有カーボンナノシートを合成するための原料として，N-methyl-2-pyrrolidone（NMP）（C_5H_9NO 99.0%，Kanto Chemical）を用いた。φ1 mmのタングステン電極を電極間距離が1.5 mmとなるように配置し，図4に示すような反応容器に200 mLのNMP溶液入れた

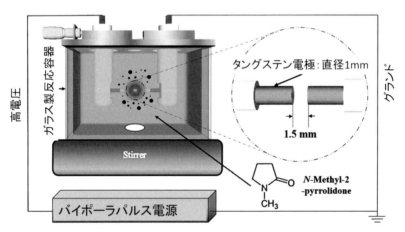

（Reproduced from Ref. 15) with permission from the Royal Society of Chemistry）
※口絵参照

図4　ソリューションプラズマのセットアップの模式図

後，バイポーラパルス電源を用いて，電極間にソリューションプラズマを発生させた。放電条件は，印加電圧を 2.0 kV，繰り返し周波数を 200 kHz，パルス幅を 1.0 μsec とし，放電時間は 5 分とした。

合成したカーボンの構造を調べるために，透過電子顕微鏡（TEM）を用いてカーボンサンプルを観察した。図 5 に示すように，TEM 像から，2 次元的なシート構造がしわのように形成されていた。このシート構造のカーボンの結晶性を XRD により評価した。

図 6 に，シート状カーボンの XRD パターンを示す。$2\theta = 26°$ と 43° 付近にグラファイトの 002 および 100/101 反射に起因するピークの存在が確認できる。002 反射のピーク位置とブラックの回折条件を用いて，シート構造カーボンの面間隔を算出した結果，その d_{002} は約 0.346 nm となり，バルクのグラファイトの d_{002} の値（0.335 nm）より僅かに大きな値になった。面内距離が大きくなったのは，合成したシート状カーボン内に乱れた構造が存在しているためである。また，シート状カーボンの表面積と平均ポアサイズを測定した結果，それらの値は，それぞれ 277 m²/g，14 nm であった。この結果から，合成したシート状カーボンはメソ孔を有していることがわかる。このようなメソ孔の存在は触媒反応の有効表面積を増加させるため，触媒材料としては効果的に機能することが期待できる。

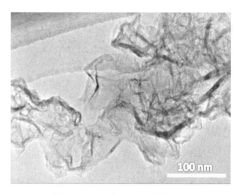

（Reproduced from Ref. 15) with permission from the Royal Society of Chemistry）

図 5　NMP から合成したカーボンの TEM 像

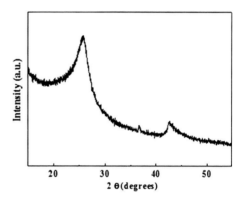

（Reproduced from Ref. 15) with permission from the Royal Society of Chemistry）

図 6　NMP から合成したカーボンの XRD パターン

次に，合成したシート状カーボン中に含まれる窒素の含有量および窒素に関連する化学結合状態を調べるために，X 線光電子分光（XPS）測定を行った。シート状カーボンの XPS の測定結果から，カーボン表面には，1.3 at.% の窒素が含まれているほか，2.5 at.% の酸素も存在していた。窒素含有カーボンの酸素還元に対する触媒性能は，カーボンと窒素の化学結合状態の種類により異なる。窒素含有カーボン（NC：Nitrogen-containing carbon）には，pyridinic-N（N_{py}），nitrile-N/amino-N（$N_{nt/am}$），pyrrolic-N（N_{pr}），graphitic-N（N_{gr}），oxide-N（N_{ox}）の 5 種類の窒素の結合状態が存在する[16]。窒素の結合状態の模式図を図 7 に示す。シート状カーボンの窒素の結合状態を調べるために，XPS N 1s スペクトルを測定した。その結果を図 8 に示す。XPS N 1s スペクトルの波形分離の結果から，合成したシート状カーボンの窒素に関する化学結合状態としては，pyridinic N（N-1, 398.5 eV），pyrrolic N（N-2, 400 eV），graphitic N

(N-3, 401.2 eV), oxidized N(N-4, 403.7 eV)の4種類が存在しており，それぞれの結合種の割合は28.9，49.8，19.4，1.9％であった。これらの結合種の中で，pyridinic N と graphitic N が ORR に対する触媒性能に関連する。合成した窒素含有シート状カーボンは，pyridinic N と graphitic N の結合種の存在割合が高いため，優れた触媒性能を示すことが期待できる。

合成した窒素含有シート状カーボンのORRに対する触媒活性および触媒性能を評価するために，0.1 M KOH水溶液中において電気化学的特性を評価した。KOH水溶液中には，測定前に窒素を20分間導入して溶存酸素を除去し，その後酸素を溶液内に20分導入した。合成したシート状カーボンを作用極に用い，0.1 M KOH水溶液中でのサイクリックボルタモグラム（CV）を図9に示す。窒素飽和状態のCV上（点線）には，ORR由来のピークは存在しないが，酸素飽和上のCV上（実線）には，－0.25 V付近にORRに起因するピークが存在しており，窒素含有シート状カーボン表面でORRが生じていることが確認できる。また，ORRの開始電位は－0.17 Vであり，バルクのグラファイトよりも優れたORRに対する触媒能を有していた。また，ソリューションプラズマで合成したナノ粒子状の窒素含有カーボンよりも優れた触媒能を示した。この原因としては，メソ孔を有するため触媒活性サイトが増大したことなどが考えられる。一方，市販の20 wt.％ Pt/Cと比較すると，その触媒性能は劣っていた。また，他の手法で合成された窒素含有グラフェンと比較しても，その触媒能は劣っていた[17]。この原因としては，窒素含有量が低いことや窒素の化学結合種である pyridinic N と graphitic N の存在割合が小さいことなどが考えられる。今後，窒素含有量や窒素に関する結合種の制御を実現させることで，優れたORR性能を有するシート状カーボンの合成が可能になると考えている。

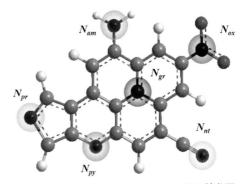

図7　カーボンに含まれる窒素の化学結合状態の模式図

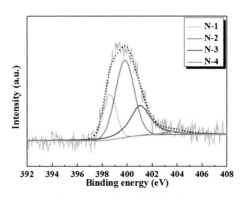

（Reproduced from Ref. 15) with permission from the Royal Society of Chemistry）
※口絵参照

図8　NMPから合成したカーボンのXPS N 1sスペクトル

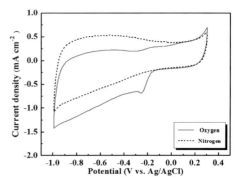

（Reproduced from Ref. 15) with permission from the Royal Society of Chemistry）

図9　NMPから合成したカーボンのCV曲線

3.2 窒素含有カーボン複合材料の合成

【3.1】では，窒素含有シート状カーボンの合成について述べた。ここでは，窒素含有カーボン複合体をソリューションプラズマで合成した例について紹介する[18]。

窒素含有カーボン複合体を合成するための原料には，100 mL の 2-Cyanopyridine と 100 mg のカーボンナノファイバー（CNF）を用いた。ϕ1 mm のタングステン電極を挿入した反応容器に CNF を分散させた 2-Cyanopyridine 溶液を入れた後，バイポーラパルス電源を用いて，電極間にソリューションプラズマを発生させた。放電条件は，印加電圧を 1.0〜1.2 kV，パルス周波数を 20 kHz，パルス幅を 0.8 μsec とし，放電時間は 30 分とした。

ソリューションプラズマで合成したカーボンの形状と微細構造を調べるために，電子顕微鏡（FESEM）および TEM を用いてカーボンサンプルを観察した。ソリューションプラズマで合成したカーボン複合体，未処理の CNF 単体，および窒素含有カーボンナノ粒子（NCNP）単体の FESEM および TEM 像を**図 10** にそれぞれ示す。未処理の CNF は高い結晶性を有しており，図 10 に示すように，内径 30〜40 nm，外径 70〜80 nm のチューブ構造であった。NCNP 単体のカーボンは，その結晶性が低く，アモルファス構造を有しており，その粒径は 20〜40 nm 程度であった。CNF と NCNP のカーボン複合体の FESEM および TEM 像から，CNF 表面上に粒径 20〜40 nm 程度の NCNP の凝集体が形成していることがわかる。

また，**図 11** にソリューションプラズマで合成したカーボン複合体，未処理の CNF 単体，および NCNP 単体の XRD パターンを示す。CNF 単体の場合，$2\theta = 26°$ 付近にグラファイトの 002 反射に起因するシャープなピークが確認できる。NCNP 単体の場合，$2\theta = 23°$ 付近にグラファイトの 002 反射に起因するブロードなピークが存在していた。CNF と NCNP のカー

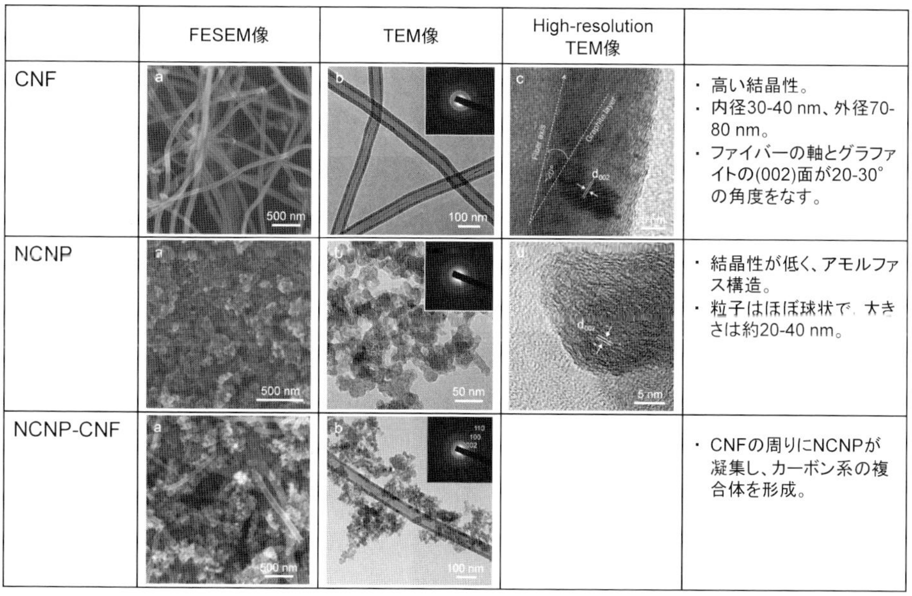

（Reproduced with permission from ref. 18）Copyright 2016 ACS）

図 10　未処理の CNF 単体，NCNP 単体，SP で合成したカーボン複合体（NCNP-CNF）の
SEM および TEM 像

ボン複合体の場合，CNF単体とNCNP単体で得られるピークが合算されたピークになっていた。このXRDパターンの結果からCNFとNCNPのカーボン複合体は，CNFとNCNPの特性を維持していることが推察される。合成したカーボン複合体中のNのドープ量を調べるためにXPSの測定を行った。XPSの測定結果から，NCNPとCNFとNCNPのカーボン複合体に含まれる窒素含有量は約1.3 at.%であり，これらのカーボン中のN含有量はほぼ同じであった。また，合成したNCNPとCNFとNCNPのカーボン複合体の窒素に関する化学結合状態としては，いずれもpyridinic N, pyrrolic N, graphitic N, pyridinic N oxideの4種類が存在しており，前述のシート状カーボンと同様の結合状態を有していた。合成したカーボン複合体，未処理のCNF単体，およびNCNP単体のORRに対する触媒活性および触媒性能を評価するために，0.1 M KOH水溶液中において電気化学的特性を評価した。図12に，合成したCNFとNCNPのカーボン複合体，未処理のCNF単体，およびNCNP単体を作用極に用い，0.1 M KOH水溶液中でのサイクリックボルタモグラム（CV）を示す。

CNF単体の場合と比較して，NCNP単体およびCNFとNCNPのカーボン複合体の酸素還元電位は貴化しているが，これらのカーボンの酸素還元電位はほぼ同じであった。還元電流に着目すると，CNFとNCNPのカーボン複合体の電流値がNCNP単体よりも大きい。これは，CNFの結晶性が高くグラファイト構造を有しており，CNFの電気伝導性がNCNPよりも良好であるため，これらを複合化させることでそ

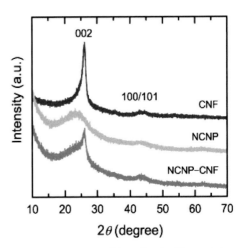

（Reproduced with permission from ref. 18）Copyright 2016 ACS）

図11　SPで合成したカーボン複合体（NCNP-CNF），未処理のCNF単体，NCNP単体のXRDパターン

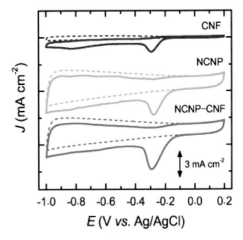

（Reproduced with permission from ref. 18）Copyright 2016 ACS）

図12　未処理のCNF単体，NCNP単体，SPで合成したカーボン複合体（NCNP-CNF）のCV曲線

れぞれの優れた特性を複合体に付与することができたためと推察される。これらの結果から，Nを添加することにより，酸素還元反応に対する触媒能が向上し，CNFとNCNPを複合化することで，酸素還元反応に対する触媒活性が向上することがわかる。合成したCNFとNCNPのカーボン複合体，未処理のCNF単体，およびNCNP単体の酸素還元に対する反応電子数を調べるために，回転－リング電極（RRDE）を用いた分極測定を行った。また，比較として，市

販のPt/C触媒材料の測定も行った。これらの結果を図13に示す。この結果から、カーボン複合体の酸素還元電流密度はPt/Cと同等であり、優れた触媒活性を示した。また、合成したCNFとNCNPのカーボン複合体、未処理のCNF単体、およびNCNP単体の酸素還元反応に対する反応電子数は、それぞれ3.2～3.5、2.5～3.3、2.9～3.1であった。一般的に、ORRには2電子反応と4電子反応が存在するが、触媒性の観点から、4電子反応が優先的に進行する方が望ましい。このため、反応電子数の値が4に近いほど、触媒性に優れているといえる。この結果から、CNFとNCNPのカーボン複合体の触媒性が最も優れており、4電子反応が支配的であることがわかる。これらの結果から、CNFとNCNPのカーボン複合体はORRに対して優れた触媒特性を示すといえる。

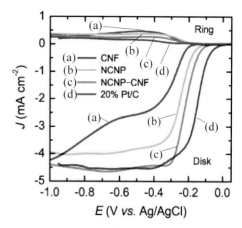

(Reproduced with permission from ref. 18) Copyright 2016 ACS)
※口絵参照

図13 未処理のCNF単体、NCNP単体、SPで合成したカーボン複合体(NCNP-CNF)のLSV曲線

4. おわりに

　本稿では、液相中でのグロー放電(非平衡プラズマ)を実現したソリューションプラズマの原理について述べ、ソリューションプラズマによる水溶液中における水の化学反応および有機溶媒中での化学反応について紹介した。また、ソリューションプラズマの材料合成に関する応用例として、窒素を含有させたシート状カーボン材料およびカーボン複合体の合成について論じ、その触媒材料としての可能性について説明した。

　本稿を通して、ソリューションプラズマが今後の材料合成において、有効な手段になり得ることがご理解頂けたであろう。ソリューションプラズマは、開発されてから10年程度しか経っておらず、まだまだ理解できていない現象もあり、それらの現象を理解することで、今後もプロセスの改善が期待できる。このような技術の発展により、新奇な高機能性材料の創製が期待できる。

　最後に、本技術の紹介が、今後の新しい触媒材料の開発の一助になることを切に願う。

謝　辞

　本研究の成果の一部は、JST、CREST「新機能創出を目指した分子技術の構築」、JPMJCR12L1の支援を受けて得られた。

文　献

1) S. Chae et al.：*J. Phys. Chem. C*, **121**, 23793 (2017).

2) T. Morishita et al.：*Sci. Rep.*, **6**, 36880 (2016).

3) S. Nemoto et al.：*Jpn. J. Appl. Phys.*, **56**, 096202 (2017).

4) T. Shirafuji et al.：*Jpn. J. Appl. Phys.*, **52**, 125101 (2013).

5) A. Watthanaphanit, G. Panomsuwan and N. Saito：*RSC Adv.*, **4**, 1622 (2014).

6) J. Kang et al.：*Nanoscale*, **5**, 6874 (2013).

7) G. Panomsuwan et al.：*J. Mater. Chem. A*, **2**, 18677 (2014).

8) A. Watthanaphanit and N. Saito：*Polym. Degrad. Stab.*, **98**, 1072 (2013).

9) Y. Wang et al.：*ACS Nano*, **4**, 1790 (2010).

10) D. Geng et al.：*Energy Environ. Sci.*, **4**, 760 (2011).

11) 白石誠司：グラフェンの性質とその応用，数研出版, 6 (2011).

12) T. Ishizaki et al.：*J. Mater. Chem. A*, **2**, 10589 (2014).

13) D. Wei et al.：*Nano Lett.*, **5**, 1752 (2009).

14) H. Peng et al.：*Sci. Rep.*, **3**, 1765 (2013).

15) K. Hyun et al.：*RSC Adv.*, **6**, 6990 (2016).

16) G. Panomsuwan et al.：*Phys. Chem. Chem. Phys.*, **17**, 6227 (2015).

17) Z. Xu et al.：*RSC Adv.*, **3**, 9344 (2013).

18) G. Panomsuwan et al.：*ACS Appl. Mater. Interfaces*, **8**, 6962 (2016).

第12節　パルスパワーと水素分離膜

岐阜大学　神原　信志　　岐阜大学　早川　幸男

1. はじめに

　パルスパワーを用いる大気圧プラズマは，高電圧パルス電源と放電装置の単純な構成で発生できる[1]。放電場（プラズマ）にガスを流すと，ガス中の分子は放電の電子エネルギーによりイオン化，電離，励起され，熱や触媒を用いることなく分解や酸化などの化学反応を起こすことができる[2,3]。この特異な現象をうまく利用すれば，革新的な反応場を創造できる。
　ここではパルスパワーと水素分離膜を組み合わせてアンモニアから高純度水素を製造する革新的な反応器「プラズマメンブレンリアクター」の原理および産業応用への展望を述べる。

2. パルスプラズマの装置構成

　大気圧プラズマは，その発生形態によりいくつかに分類され，コロナ放電，バリア放電，沿面放電がある。このうち，誘電体バリア放電（DBD：Dielectric Barrier Discharge）は，電極間に発生する高い電子温度をもつ微小放電によって，分子を効率的にイオン化，電離，励起できるため，化学反応器として適している。DBDは，電極間に石英ガラス等の誘電体（バリア）を挟むことによって放電を生じさせる。図1に化学反応器に用いられるDBDの構成を示す。(a)は高電圧電極と接地電極の両電極に誘電体を配置するタイプであり，腐食性ガスを反応物として用いる場合，ガスが直接電極に触れないという利点がある。(b)は高電圧電極または接地電極のいずれかに誘電体を配置するタイプであり，誘電体のない電極側を工夫し（たとえば，電極形状をぎざぎざにする），プラズマ状態を制御できる利点がある。後述の「プラズマメンブレンリアクター」は(b)タイプで，誘電体のない電極側が水素分離膜となっている。

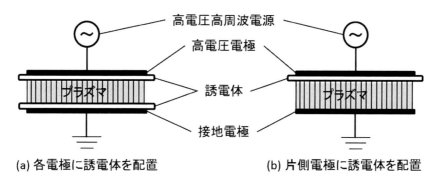

図1　誘電体バリア放電の構成

誘電体の存在によって微小放電が局所に集中することなく，見かけ上均一なプラズマが形成される。プラズマは電極－電極間の隙間（ギャップ）で生成するが，ギャップ長は長くても5mm程度であり，流すガス量には限界がある。スケールアップは，オゾナイザーのように多数のプラズマ装置を配置することで対応する。

プラズマの電源には，電圧が3～30kV程度，周波数がkHzオーダーの交流パルス波がよく用いられる。パルスプラズマ発生用の高周波高圧電源は市販されており，たとえば図2に示すような交流のパルス波を出力できる電源がある。図中 T_1 の逆数は周波数（繰返し数ともいう）である。T_0 はパルス幅，V_{pp} は印加電圧である。この図では，$1/T_1 = 10$ kHz, $T_0 = 10$ μs, $V_{pp} = 10$ kV である。放電は，図2に示したA～B間とC～D間で発生し，その様子はオシロスコープで $V-Q$ リサジュー図（図3）を表示させることによって観測できる[2]。$V-Q$ リサジューの内部面積が放電プラズマへの入力エネルギー[J]となる。印加電圧 V_{pp} を高くするほど，当然プラズマのエネルギーは増加する。入力エネルギーは，電源の種類やプラズマ反応器の構成によって大きく異なるが，概ね電源の消費電力（数百ワット程度）の50％程度である。

プラズマ反応器は，ガスを供給・排出しやすいように，図4に示すような円筒二重管形の構造とすることが多い。図4では，外管として石英製円筒管（誘電体）を用い，Oリングで金属製電極（高電圧電極）を石英管に固定している。石英円筒管の外側には金属板（接地電極）を巻き付けている。石英管から突き出ている2本の管はガス入口である。

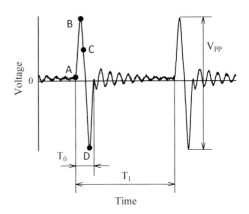

図2　高周波高圧電源のパルス正弦波の電圧波形

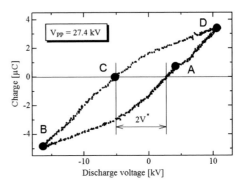

図3　パルス正弦波の $V-Q$ リサジュー

図4　円筒二重管構造のプラズマ反応器

3. プラズマ場での化学反応

プラズマでは，通常の熱化学反応とは全く異なる反応が起こる。表1にプラズマ特有の反応例を示す[3]。プラズマの電子エネルギーeによって分子の電離，励起，解離が起こることで化学反応が進行する。特に解離ではラジカル（反応中間体）が生成する。表1の解離反応ではAB_2分子からBラジカルが生成する例を示している。ラジカル同士の反応，あるいは分子とラジカルの反応は，活性化エネルギーが0である場合が多く，低温でも容易に反応が進行するため，プラズマ場は特殊な反応場と言える。

プラズマ場の化学反応が理解しやすい具体例として，水素の酸化反応について解説する[4][5]。熱化学反応における水素の酸化開始温度（発火温度）は574℃であるが，プラズマ場での水素酸化反応においては，水素ラジカルが発生することでガス温度が低温でも水素酸化反応が起こる。図5は空気に水素2%を含む混合ガスをプラズマに通過させた時，プラズマ点灯開始からの経過時間に対する水素濃度の変化(○)，酸素濃度の変化(△)，プラズマ反応器出口ガス温度の変化(□)，水素酸化率の変化(●)を示した図である。印加電圧は37.5 kV，パルス周波数10 kHzであり，混合ガス流量8.0 L/minである。出口ガス温度は，高電圧電極に電流が流れて発生するジュール熱（高電圧電極自体が温度上昇する）によって，経過時間とともに上昇する。図5は，経過時間800秒程度，出口ガス温度80℃程度の時，水素が完全酸化したことを示している。すなわち，ガス温度を80℃に加熱しただけでは水素酸化は起こらないが，プラズマ場では起こることを示している。

表2に水素酸化反応における素反応の全てを示す。水素酸化反応は巨視的には，

$$H_2 + (1/2)O_2 \rightarrow H_2O \tag{1}$$

で表記されるが，実際の反応は表2に示した19の素反応から成る。熱反応場では574℃付近で水素分子が解離しHラジカルを発生することで反応R1が開始，R2以降の反応が続く。それに対しプラズマ場では電子エネルギーeによりHラジカルが発生し反応R1が開始する。

$$H_2 + e \rightarrow H + H + e \tag{2}$$

表2中の定数A, β, Eは，反応速度定数kの速度パラメータであり，それぞれ頻度因子，修

表1　プラズマ特有の反応例

反応の種類	反応の例
1. 電　離	$A + e \rightarrow A^+ + e + e$
2. 励　起	$AB + e \rightarrow AB^* + e$
3. 解　離	$AB_2 + e \rightarrow AB + B + e$

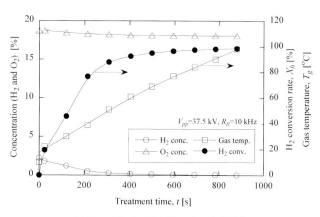

図5　プラズマ反応器による水素酸化

第2章 パルスパワーの応用

表2 水素酸化の素反応

No.	Reaction	β	A	E
R1	$H + O_2 = O + OH$	-0.82	5.1×10^{16}	16510
R2	$H_2 + O = H + OH$	1.0	1.8×10^{10}	8830
R3	$H_2 + OH = H_2O + H$	1.3	1.2×10^{09}	3630
R4	$OH + OH = H_2O + O$	1.3	6.0×10^{08}	0
R5	$H + OH + M = H_2O + M$	-2.6	7.5×10^{23}	0
R6	$O_2 + M = O + O + M$	0.5	1.9×10^{11}	95560
R7	$H_2 + M = H + H + M$	0.5	2.2×10^{12}	92600
R8	$H_2 + O_2 = OH + OH$	0.0	1.7×10^{13}	47780
R9	$H + O_2 + M = HO_2 + M$	-1.0	2.1×10^{18}	0
R10	$H + O_2 + O_2 = HO_2 + O_2$	-1.42	6.7×10^{19}	0
R11	$H + O_2 + N_2 = HO_2 + N_2$	-1.42	6.7×10^{19}	0
R12	$HO_2 + H = H_2 + O_2$	0.0	2.5×10^{13}	700
R13	$HO_2 + H = OH + OH$	0.0	2.5×10^{14}	1900
R14	$HO_2 + O = OH + O_2$	0.0	4.8×10^{13}	1000
R15	$HO_2 + OH = H_2O + O_2$	0.0	5.0×10^{13}	1000
R16	$HO_2 + HO_2 = H_2O_2 + O_2$	0.0	2.0×10^{12}	0
R17	$H_2O_2 + M = OH + OH + M$	0.0	1.2×10^{17}	45500
R18	$H_2O_2 + H = HO_2 + H_2$	0.0	1.7×10^{12}	3750
R19	$H_2O_2 + OH = H_2O + HO_2$	0.0	1.0×10^{13}	1800

正係数, 活性化エネルギーである。kはアレニウス式として, 温度 T, 気体定数 R を含む式(3)で表わされる。

$$k = AT^\beta \exp(-E/RT) \qquad (3)$$

これらの素反応式と速度パラメータを用いて, プラズマ場の反応シミュレーションを行なうことも可能である[2]。

4. プラズマ利用の水素製造

プラズマを利用して水素を含有する物質から水素を取り出すことができる。水素エネルギーシステムにおいて, 水素を含む化学物質(水素キャリア)で輸送・貯蔵し, 水素を利用する場所で必要な時に必要な量だけ水素製造するエネルギーシステムが提案されている[6]。水素キャリアの1つであるアンモニア(NH_3)は, 液化が容易なこと, 輸送・貯蔵法が確立していること, 分子内に炭素を含まないため脱水素時に二酸化炭素を排出しないこと, 重量基準のエネ

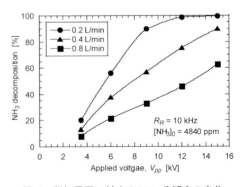

図6 印加電圧に対するNH_3分解率の変化

— 170 —

ギー密度(kWh/kg)と体積基準のエネルギー密度(kWh/m³)がともに化石燃料並みに高いことから,有望な物質である。

そこでプラズマを利用してアンモニアを分解して水素を取り出す実験を行なった[7]。図6は印加電圧に対するNH₃分解率の変化をNH₃/Arガス流量をパラメータとして示した。NH₃分解率は,印加電圧の増加およびガス流量の減少にともなって増加した。印加電圧の増加とガス流量の減少は,単位モルあたり,単位時間あたりにアンモニアガスが受ける電子エネルギー

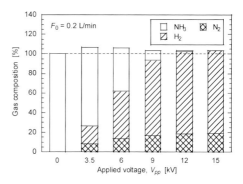

図7 印加電圧に対するプラズマ出口のガス組成の変化

[kJ mol⁻¹ s⁻¹]を増加させるため,NH₃分解率が増加したと説明できる。ガス流量0.2 L·min⁻¹,印加電圧15 kVでNH₃は完全に分解した。

熱反応場ではNH₃分解に800℃以上の温度が必要であるが,プラズマ場では式(4)–(7)により低温でも水素を製造できる。

$$NH_3 + e \rightleftarrows NH_2 + H + e \tag{4}$$

$$NH_3 + e \rightleftarrows NH + 2H + e \tag{5}$$

$$NH_2 + e \rightleftarrows N + 2H + e \tag{6}$$

$$NH + e \rightleftarrows N + H + e \tag{7}$$

$$N + N \rightleftarrows N_2 \tag{8}$$

NH₃が完全に分解する条件では,以下の総括反応が起こっていることを物質収支から確認できた(図7)。

$$NH_3 + e \rightleftarrows 0.5N_2 + 1.5H_2 + e \tag{9}$$

5. プラズマメンブレンリアクター

プラズマで水素を製造できても,そのガスには窒素が含まれており(図7)水素のみを分離できなければ燃料電池などに利用することはできない。水素分離技術としてPSAが一般的であるが,PSAの大きな消費電力を勘案するとその適用は困難である。そこでプラズマ反応器と水素分離膜とを組み合わせた「プラズマメンブレンリアクター」(PMR)を考案した。

図8にPMRの構造と原理を示す。PMRは外径42 mm,厚さ2 mm,長さ400 mmの石英ガラスを誘電体とし,管内に水素分離膜を同軸に配置した構造である。水素分離膜は膜厚

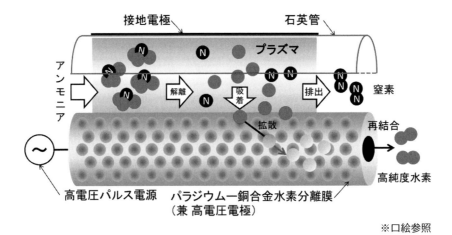

図8 プラズマメンブレンリアクターの構造と原理

20 μm，Pd-40%Cu 合金製であり，その膜を円筒型金属支持体に溶接してモジュール化している（図9）。水素分離膜モジュールは高電圧電極も兼ねている。石英ガラス管外周には長さ 300 mm の接地電極が巻かれており，プラズマはこの長さで発生する。アンモニアガスは石英ガラス管内壁と水素分離膜表面の間（ギャップ長 1.5 mm）を流れる。

アンモニアをプラズマに通過させると，式(4)-(8)によりHラジカルとNラジカルが発生する。Pd-Cu 合金の水素分離膜はHラジカルのみが透過するため[8]，HとNは分離される。膜を透過したHラジカルは分離膜出口で再結合して水素分子（H_2）となり，高純度水素として外部に取り出される。一方，Nはプラズマ出口で再結合して窒素分子（N_2）になり，大気へ排出される。PMRは水素製造と水素分離を1つの反応器内で行なえる革新的な反応器といえる。

図10 は PMR を用いてプラズマの点灯・消灯を繰り返して得た水素透過率の比較である。99.9% 水素（ボンベ水素）を PMR に流し，印加

図9 水素分離膜モジュール（兼高電圧電極）の外観

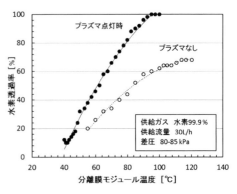

図10 プラズマの有無による水素透過率の比較

電圧 20 kV，パルス周波数 10 kHz でプラズマを点灯した時の水素透過率と，プラズマを消灯した時の水素透過率を比較した。この時の差圧は 0.1 MPa である。プラズマを点灯するとジュール熱により高電圧電極を兼ねている水素分離膜の温度は上昇するため，図10 は温度に

対する水素透過率の変化として示している。

温度上昇につれて水素透過率は増加する傾向となるが，プラズマなしの場合は120℃で透過率70％程度であるのに対し，プラズマ点灯時は96℃で透過率100％となり，プラズマが水素透過率を増加させる効果は明らかである。

水素分離膜の水素透過流束 J (mol m^{-2} s^{-1})は，

$$J = (D \cdot S/L) \exp(-E_a/RT)(P_f^{0.5} - P_o^{0.5}) \tag{10}$$

で表わされる。D は水素原子 H の拡散係数，S は水素原子 H の吸着速度，L は膜厚，P_f, P_o はそれぞれ膜のガス供給側と出口側のガス圧力，E_a は分離膜表面での水素原子 H 生成の活性化エネルギー，T は分離膜表面温度，R はガス定数である。

式(10)から高い透過率(水素供給流量に対する透過水素流量の割合)を得るには，温度と差圧を高くしなければならないことがわかる。プラズマを用いない熱反応場では，400〜450℃の温度と1MPa程度の差圧が必要とされる[8]。

一方，PMRではプラズマの電子エネルギーにより水素原子 H が生成するため，式(10)中 E_a，T を低減できる。また，プラズマ内で H が多量に生成するため S は増大する。このようにプラズマと水素分離膜の相乗効果により水素透過流束 J は増加することから，PMRのプラズマ場は特殊プラズマ場といえる。

PMRは水素透過率が増大する利点に加え，大気圧かつ低温雰囲気というマイルドな条件のため，膜の耐久性が向上するという利点もある。また，膜透過後の水素はアンモニアを含まない高純度水素(純度99.999％以上)であるため，燃料電池発電用水素として適している。この高純度水素を用いてJARI標準燃料電池セルを用い長期間の発電実験も行なったが，発電性能の変化は一切みられなかった。

6. プラズマメンブレンリアクターの産業応用

プラズマメンブレンリアクター(PMR)を用いる水素製造システムの産業応用例を図11に示す。アンモニアをルテニウム担持触媒で熱分解した後，プラズマメンブレンリアクターで残留アンモニアを完全分解しながら，生成した水素75％／窒素25％混合ガスから水素を分離し，高純度水素(99.999％以上)を得るシステムである。現状，実現している水素製造エネルギー効率 η_{H2} は約88％である。

$$\eta_{H2} = Q_{H2}/(Q_{NH3}+P) \times 100\% \tag{11}$$

ここで Q_{H2} は単位時間に生成した水素の低位発熱量(kWh)，Q_{NH3} は単位時間に供給したアンモニアの低位発熱量(kWh)，P は単位時間の消費電力(kWh)である。

液化アンモニアはすでに流通が確立しており，安定供給の拡充は見込むことができる。ま

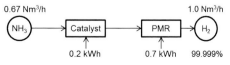

図11 PMRを用いた水素製造システムの構成

た，種々の工業プロセスから排出される廃アンモニアを回収・濃縮して利用することも考えられ，図11で示した水素製造システム以外にも多様な産業応用を考えることができる。PMRは水素精製装置としても用いることができる。たとえば，オフガスに低濃度の水素が含まれている場合，従来技術の水素分離は困難であるが，PMRを用いると水素回収が可能となる。

また，半導体製造プロセスでは，微量の反応ガスを含む大量の水素が排ガスとして排出されるが，PMRで排ガスから水素を分離・精製すれば，水素のリサイクル利用と排ガス処理系の簡素化が可能となり，低コスト化に寄与する。具体的には図12に示すMOCVD(有機金属気相成長法)プロセスにおける水素リサイクルシステムを考えることができる。

プロセスのスタートアップでは，図12中ラインAでアンモニアをPMRに供給し，高純度水素を製造する。それをラインBでサーバータンクに貯留しつつラインDでプロセス内を循環させる。高純度水素が所定量で定常に達したところでラインAとラインDをクローズ，ラインCをオープンにしてMOCVDプロセスのスタンバイとなる。

MOCVDリアクターの排出ガス(H_2+N_2+未反応NH_3+未反応トリメチルガリウム)はPMRに導入される。PMRではアンモニア流量に対し1.5倍の流量の水素が生成するため，PMR出口での超高純度水素流量は380 L/minとなる。200 L/minの超高純度水素がMOCVDプロセスにリサイクルされ，このリサイクルシステムによって，現行プロセスで消費されている高純度水素のほぼ全量を削減できる。

一方，リサイクルで余剰となった180 L/minの高純度水素を利用して燃料電池で発電すれば約22 kWの電力が得られる。これをプロセスの所用電力として使用すれば，プロセスの省エネルギーとなる。

PMR排出ガスはN_2+TMG(トリメチルガリウム)となるため，処理すべき排ガスは0.4 L/minのTMGのみとなり，排ガス処理量は大幅に減少するとともに，脱硝装置は不要となり，排ガス処理装置の簡素化・小型化による低コスト化と省エネルギー化，環境負荷低減が可能となる。

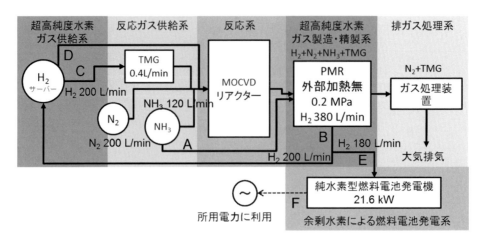

図12　PMR利用のMOCVDプロセス用水素リサイクルシステム

文　献

1) 行村建：放電プラズマ工学，25-26，オーム社 (2008).

2) 神原信志ほか：プラズマ反応工学ハンドブック，㈱エヌ・ティー・エス(2013).

3) 堤井信力，小野滋：プラズマ気相反応工学，内田老鶴圃(2000).

4) S. Kambara et al.：Hydrogen oxidation in $H_2/O_2/N_2$ gas mixture by pulsed DBD at atmospheric pressure, *Int. J. Hydrogen Energy*, **33**(22), 6792-6799(2008).

5) 刑部友敬ほか：大気圧非平衡プラズマによる水素の酸化特性，日本燃焼学会誌，**50**(152), 136-144(2008).

6) Jr L. Green：An ammonia energy vector for the hydrogen economy. *Int J Hydrog Energy*, 7, 355-359(1982).

7) 神原信志ほか：大気圧プラズマで励起したアンモニアの化学組成と脱硝特性の関係，日本機械学会論文集B編，**78**(789), 1038-1042 (2012).

8) 吉田平太郎，増井寛二：日本金属学会会報，**11**, 533-548(1972).

9) 神原信志，早川幸男：アンモニアを原料とする CO_2 フリー高純度水素製造装置の開発，クリーンエネルギー，**26**(12), 25-29(2017).

第2章 パルスパワーの応用

第13節　非破壊検査用小型電子加速器

国立研究開発法人産業技術総合研究所　豊川　弘之

1. 小型電子加速器

　パルスパワーを有効に活用した装置の一つに加速器がある。パルスパワーの特長は短時間に高い出力を発生できることであり，この特長を上手く使って，小規模な装置で電子に大きな運動エネルギーを与えることができる小型電子加速器が開発され，医療・医学をはじめ，半導体や放射線滅菌などの様々な産業に利用されている[1]。ハードウェア技術は概ね成熟しており，部品も規格化されているものが多い。現在では，総合技術力のある大企業だけでなく中小企業，工学系の大学や国立研究機関でも小型電子加速器を設計して組み立てることが可能である。もちろん市販品も入手できる。

　小型電子加速器は強力なX線照射装置として利用されることが多い。最も安価で簡便，かつ堅実なX線発生方法は電子を加速して金属製のターゲットへ照射することである。プラスチックや水などの軽い物質と比較して金属は原子番号が高く多くの軌道電子が存在するため，強い特性X線と制動X線を発生させることが可能である。また，入射した電子エネルギーの数％はX線に変換されるが，多くは熱に変わることから，融点が高く熱伝導率が良い金属がターゲット材として優れている。電子加速器だけでなく，市販のX線発生装置においても金属ターゲットが用いられており，材質にはタングステン，タンタル，銅などが一般的に用いられる。一部の特殊な応用にはモリブデンやクロムなどが用いられることがある。

　X線発生用ターゲットには，高エネルギー電子の運動エネルギーをすべて吸収する厚いターゲットを用いる反射型と，高エネルギー電子の最大飛程（電子が物質中を通過する最大長）程度の薄いターゲットを用いる透過型がある。前者は高エネルギー電子が入射した面からX線を取り出し，後者は高エネルギー電子の進行方向からX線を取り出す。いずれの方法でもターゲットに多くの熱流入があるため，必要十分な冷却機構を備えることが必要である。一般的に非破壊検査で使用されているX線発生装置などではターゲットにおいて数100ワットの除熱

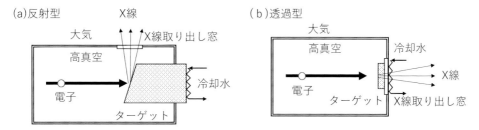

図1　X線発生装置の模式図

第2章　パルスパワーの応用

が必要である。また，電子加速器内部及びX線発生用金属ターゲットは通常，高い真空度に保たれた容器内部に封入されているため，X線を取り出す窓として厚さ数100マイクロメータから数ミリメータ程度のベリリウムやステンレスが用いられることが多い（**図1**）。

2. パルスパワーの応用例

本稿ではパルスパワーの応用例として，小型電子加速器を用いたX線非破壊検査を紹介する。X線発生装置を用いた非破壊検査は，一般にコンクリート壁内の配管検査や，断熱材を巻いた金属配管のX線透視画像を撮影するために用いられる。非破壊検査用X線撮影を事業化している企業も多くあり広く普及している。

X線発生装置において電子を加速する際に印加する電圧を管電圧という。市販のX線発生装置では，直流高電圧源を用いて電子を加速してターゲットに照射するが，電子加速器では高周波を用いて電子を加速することが異なる。非破壊検査で使用されるX線発生装置の管電圧は一般的に400キロボルト以下であり，多くの場合は管電圧100〜200キロボルトの小型で可搬性の良いX線発生装置が用いられている。管電圧400キロボルトのX線発生装置となると装置重量は数100キログラムにもなるため，設置や位置合わせも容易ではない。また，直流高電圧を発生させる電子回路は比較的振動に弱く装置の移動を慎重に行う必要がある上，数100キロボルトの直流高電圧が印加されている太くて硬いケーブルを現場で引き回さねばならないなどの難しさがある。しかし，高い管電圧のX線発生装置を用いるとX線の透過力が増すため，厚い壁や大きな配管に対しても内部が鮮明に撮影できるという利点があり，このような場合に高い管電圧のX線発生装置が使用される。

一方，パルスパワーの利点は前述したように短時間に高い出力が得られることであり，これを電子加速器に応用した場合，比較的小型な装置構成で電子を高いエネルギーまで加速できる。電子はパルス的に加速されるため，平均的な出力は直流高圧電源を用いたX線発生装置には劣るが，ピークパワーが高いために，高い管電圧のX線発生装置を小型な躯体で構築できることが特長である。直流高電圧を用いたX線発生装置は現在のところ最高で管電圧600キロボルトの装置が市販されているが，装置重量は数100キログラム（冷却装置なども入れると300キログラム近く）になる。可搬性を考えると実用的にはこのあたりが上限であろう。一方，パルスパワーを用いた小型電子加速器はこの程度の重量で900キロ電子ボルト以上の電子加速が可能である。なお，直流高電圧源を用いたX線発生装置では管電圧をボルト単位で表すが，高周波電子加速器では加速した電子のエネルギーを電子ボルト単位で表すことが一般的である。

3. 小型電子加速器の構成

マグネトロンや熱陰極電子銃などの市販部品を用いた，小型電子加速器の構成について説明する。パルス高電圧源を用いて，コンデンサなどへ充電した電力をIGBTなどの高速スイッチで一気に放電してパルス昇圧回路で数キロボルトとしてマグネトロンへ印加する。マグネト

— 178 —

ロンはパルス的に発振して高周波電力を出力し，この高周波電力を再度，電界（電圧）に変換して電場によって電子を加速するため，X線もパルス的に出力される（図2）。高周波電力を電圧に変換する部品を加速管という。電子が通過する領域（電子軌道と呼ぶ）に電界を集中させ，局所的に高い電場勾配を発生させるために，多くの設計手法や製作技術がある。どのような加速管を用いるかによって加速器の特徴や個性がほぼ決まるため，非常に重要な部品である。加速周波数，高周波導フランジ，真空フランジなどに規格はあるが，装置規模や加速電子の電力などによって仕様が異なるため，通常は装置毎に仕様を決めて個別に製作する。加速管は無酸素銅のバルク材で製作されているものが多く，内部を複雑な形状にくり抜いた外径10数センチメートルの円筒形状である。高周波加速管の加速エネルギーは1メートル当たり約10メガ電子ボルト以上が一般的であり，無酸素銅を使った電子加速管の重量は1メートルで50キログラム以上となる。非破壊検査用の電子加速器は法律上の制限から1メガ電子ボルト未満とすることが必要であるため，概ね長さ10センチメートル程度，重量5キログラム程度である。

その他の部品はマグネトロン（10～20キログラム），高周波の反射を防止するために用いるアイソレータあるいはサーキュレータ（5～10キログラム程度）などであり，高周波導波管や電子発生に用いる電子銃およびその駆動電源などを含めると，X線発生部（ヘッド部分）の重量は50キログラム程度となる。なお，ここに記した重量は国立研究開発法人産業技術総合研究所（以下，産総研と呼ぶ）の装置の値である。これに，各パーツを固定する治具，また周辺にX線が漏えいしないようにするための鉛などの遮蔽体が必要であり，これらの配置や設計によって総重量は大きく変化する。特に遮蔽体は加速管や金属ターゲットに可能な限り近接して配置することで，総体積を小さくできるため，軽量化を念頭に置いた装置設計を重視する場合には，

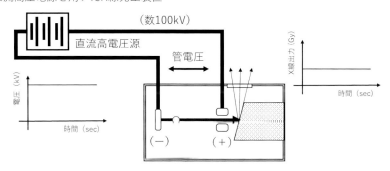

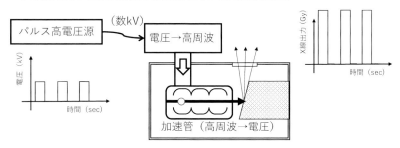

図2　X線発生装置の模式図

第2章　パルスパワーの応用

遮蔽設計を工夫するのがとても効果的である。小型電子加速器X線発生装置の模式図を**図3**に示す。参考までに，産総研の装置は900キロ電子ボルトで縦60 cm×横90 cm×高さ90 cm，重量は100 kg程度である。国内外のメーカーから市販されている装置はさらに一回り小型である[2]。この他に，冷却水装置とパルスパワー用の電力源が必要である。結果として，システム全体の装置規模としては概ね200～300キロボルトの直流高電圧を用いた市販のX線発生装置と同程度である。

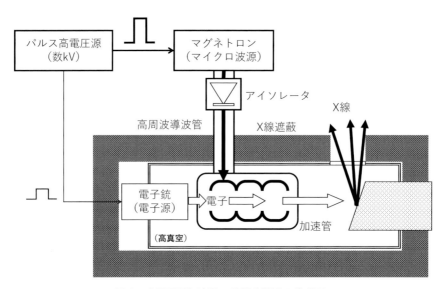

図3　小型電子加速器X線発生装置の模式図

医療用や工業用の小型電子加速器X線源では，ピーク出力数100キロワット～数メガワット，平均出力数100ワット～数キロワット，周波数2～10ギガヘルツ程度のマグネトロンが多く使われている（**表1**）。加速される電子の量はパルスあたり数100ミリアンペア，平均で数100マイクロアンペア程度である。電子からX線へのエネルギー変換効率はターゲットの設計などでさまざまな仕様となるが，非破壊検査用に作られた1メガ電子ボルト以下のX線発生装置では，X線出力は一時間当たり数グレイ（Gy）～数10グレイである。最大1メガ電子ボルト弱の高電圧X線発生装置が市販のX線発生装置と同程度の規模で実現できるので，大型構造物などのX線非破壊検査に利用価値がある。

野外でも長時間十分安定に稼働する高エネルギー・小型電子加速器X線発生装置が実際に

表1　小型電子加速器に使用可能なマグネトロン[3]-[5]
（2019年現在の公開資料に基づく）

メーカー名	型式	周波数（MHz）	ピーク出力（kW）
新日本無線	M1602	5250～5400	600
新日本無線	M1603	2993～3002	1500
新日本無線	M7621	9275～9325	2000
CPI	VMC3109	5690～5710	2500
Teledyne e2V	MG5349	2993～3002	3100

稼働し始めている。さまざまな現場でX線非破壊検査の実験と検証を繰り返しながら実用化研究を進めており，今後の産業界への普及が見込まれるところである。

一方で，小型電子加速器X線発生装置は，すでに確立された技術の組み合わせで構築されている部分が多いため各社によって技術や装置の差別化が難しいという問題がある。医療用の小型電子加速器X線源は米国企業のシェアが非常に高い状態が続いているが，国内企業には高い技術力がある。小型電子加速器は一つの部品の配置やシステムの最適化によって大きく性能が向上する上，配置その他の改良によっては数10パーセントの小型化や軽量化も十分に可能である。地道な改良と新技術開発を継続していくことで，いずれ革新的な小型装置が登場する可能性が高い。

普及に関しては，医療分野では治験や認証といった問題をクリアする必要があり，充分な準備と相応の資金力が必要である。非破壊検査への応用においては装置価格や重量といった極めて現実的な課題がある。さらに忘れてはならないのがX線を画像化するためのX線イメージングデバイス(X線検出器あるいはX線フィルムやイメージングプレートなど)である。透過力の高い高エネルギーX線に対しては，高エネルギーX線に対して高い検出効率があり，かつ散乱X線や可視光の内部拡散を上手く抑えたX線イメージングデバイスを使用すべきである。透過力の高いX線は厚いコンクリートを良く透過するが，X線イメージングデバイスも良く透過してしまう。そのため，せっかく透過力の高いX線を用いても，X線イメージングデバイスの受光量が少ないためにノイズの多い画像となることが多い。

小型電子加速器は制御変数の少ない簡便な構成となっているため，多くの変数は複数の機能を担っておりシステム全体としてかなり複雑な相関制御を行っている。そのため，現実的には，試運転の際に成功したあるパターンを固定し，それを毎回確実に再現するような制御を行っている。しかし利用者の意図を忖度して，完全にはパターンを固定しない柔軟な制御システムを構築できれば面白い。小型電子加速器の制御には新しい情報技術を積極的に取り入れる余地が多く残されており，そこには多くの興味深い研究開発要素や大きなビジネスチャンスがある。大学で電子回路，高周波，電磁気学，量子力学などの基礎知識を習得した後に，卒論や修論において電子加速器のハードウェアに関する研究を行い，加えて最新のAIやIoTなどの情報技術への興味と親和性が高い人材を育成するスキームが構築できれば理想的である。大学や研究機関において，人材育成に関する努力を継続していくことが最終的に最良の方法である。

文　献

1)　放射線利用の経済規模調査(平成27年度)，
　　平成29年8月29日，内閣府

2)　https://www.vareximaging.com/products/
　　security-industrial/linear-accelerators/
　　linatron-xp

3)　https://www.njr.co.jp/micro/

4)　https://www.cpii.com/product.cfm/8/2

5)　https://www.teledyne-e2v.com/products/
　　rf-power/medical-magnetrons/

第2章　パルスパワーの応用

第14節　内燃機関の点火と燃焼促進

大分大学　田上　公俊　　千葉大学　森吉　泰生　　東京工業大学名誉教授　堀田　栄喜

1.　緒　言

　本稿ではパルスパワーの内燃機関への適用例として「非平衡プラズマ」を利用したエンジンの点火手法やマイクロ波，レーザを用いた点火手法について解説する。現在，内燃機関技術には環境問題やエネルギー資源枯渇問題から，高効率化・低公害化が求められている。エンジンの高効率化・低公害化技術として，高圧縮・高過給化による「ダウンサイジング化」や，希薄燃焼技術が知られているが，一方で失火や燃焼速度の低下など未だ解決すべき問題を内包している。炭化水素燃料は圧力の増加や燃料希薄化に伴い燃焼速度が低下するため，実用化の技術確立には燃焼促進手法が必要となる。スワールやタンブルを用いた高乱流化による燃焼促進は，点火特性の悪化や局所的な消炎による初期燃焼速度の低下により，エンジン稼働時に出力の低下，燃費の悪化，排気特性の悪化，騒音の発生など，さまざまな問題を引き起こすため，革新的な点火装置の技術開発が必要とされており，これまでプラズマジェット点火[1]，レーザ点火[2]などの新たなコンセプトの点火装置が提案[3][4]されているが，いまだ実用化には至っていない。

　最新のエンジン技術に対応した点火装置の持つべき特徴としては，点火面積の空間的な拡張，高いエネルギーの生成，予混合気への高効率なエネルギー伝達が挙げられる。さらに，実用に際しては既存エンジンの設計変更が少なく，点火装置自身も低コストであることが望まれる。このような条件を満たす点火手法として，プラズマ支援燃焼[5]の領域で「非平衡プラズマ」を利用した点火装置が注目されており，著者らも含めていくつかの研究が行われている[6]-[9]。以下では非平衡プラズマを用いた内燃機関の点火および燃焼改善技術に関して，従来の熱プラズマと比較してその特徴およびメリットを述べる。

2.　非平衡プラズマ点火の利点

　非平衡プラズマの点火機構について，熱プラズマとの比較で説明し，そのメリットを述べる。「燃焼」とは，活性化学種の関与する素反応が連鎖して起きる化学反応であると考えると，反応を持続させるだけの活性化学種を外部エネルギーにより生成することを「点火」と見なすことができる。「熱プラズマ」では分子が熱エネルギーにより破壊されて活性化学種が生成し，その連鎖反応により「点火」に至る。一方「非平衡プラズマ」では，熱エネルギーへの変換が少ないため，高いエネルギーを有する電子が生成される。この場合，高エネルギー電子との衝突により，O，N，H，OH，NOといったラジカルが大量に生成され，これらラジカルにより連鎖反応が始まり，ついには点火に至る。以上の考察をより具体化して，Louら[10]は「(1)非平

— 183 —

衡プラズマにより燃料が酸化されてラジカルが生成される。(2)この酸化過程での発熱反応で温度が上昇し、(3)温度上昇と生成されたラジカルにより化学反応が開始・促進され、点火に至る」と説明した。すなわち、非平衡プラズマによる燃料の酸化と、それに伴う温度上昇により点火が起こると推察している。ただし、電子は原子に比べて小さいため、衝突により原子を破壊するためには相応の電子エネルギーレベルである必要がある。エネルギーレベルの高い電子を高効率に生成するためには電圧増加率 dV/dt が高く、パルス幅の短い(ナノパルス放電)電圧パルスを発生できる電子回路技術が必要となる。即ち、電圧増加率 dV/dt が大きければ高い印加電圧を維持した(電子エネルギーの高い)非平衡プラズマを生成できる。エネルギーの高い電子が多く存在すると、その衝突により生成される活性化学種が多くなり、点火に至ると考えられる。

　非平衡プラズマを利用した点火を熱プラズマと比較した場合のメリットは、気体温度が低いことでの熱損失低減(エネルギー伝達効率の向上)と、発生した多くのプラズマフィラメントにより、有効な点火面積を大幅に増加させることによる点火特性の改善が期待できることである。

　図1に南カリフォルニア大学のGundersonらのグループ[12]の円筒状点火源によるコロナ放電(パルス幅10-50 ns)の様子を、**図2**に放電によって生じる火炎をアーク放電(熱プラズマ)およびストリーマ放電(非平衡プラズマ)に対してそれぞれ示す。図1からアーク放電が一本のラインでの放電であるのに対して、ストリーマ放電では複数のプラズマフィラメントが確認できる。また放電によって生じる火炎は、アーク放電では点での点火源から広がる球状伝ぱ火炎であるのに対して、ストリーマ放電では複数箇所の点火源から同時に広がる乱流火炎のような複雑な火炎形状になることが分かる。この体積的点火は点火確率を向上させると同時に、火炎面積の増加による初期燃焼時間の短期化が期待でき、非平衡プラズマ点火の大きなアドバンテージとなる。Gundersenらの研究グループでは、コロナ放電を用いたプラズマ点火により着火遅れ時間が大幅に短縮することを報告している[11]。また同じ点火装置を用いたエンジン実験によりShiraishiらは実機での有効性を報告している[12)13]。**表1**に非平衡プラズマと熱プラズマとの違いをまとめて示す。

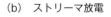

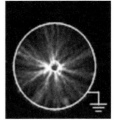

図1　放電形態[12]

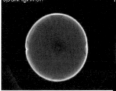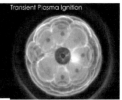

図2　火炎伝ぱ[13]

表1　非平衡プラズマと熱プラズマの特徴

非平衡プラズマ	熱プラズマ
電子温度のみが高温で熱的に非平衡	電子・イオン・分子の温度が熱的に平衡
・高エネルギー電子と酸素・燃料分子の衝突により活性ラジカルの生成 ・エネルギーの伝達効率高い ・広範囲の放電	・従来の点火システムに利用される ・ガス温度の上昇を伴う ・電極への熱損失 ・エネルギー伝達効率低い ・局所的な放電

3. 非平衡プラズマ点火の特徴

ここでは静電誘導サイリスタ(SIサイリスタ, SI Thy：Static Induction Thyristor)を主遮断スイッチとして使用した, 誘導エネルギー蓄積(IES：Inductive Energy Storage)型高繰り返しパルス電源[14]を用いて行った点火実験により, 熱プラズマ点火と比較した場合の非平衡プラズマ点火の特徴について述べる。

図3にパルス電源の回路図を示す。MOSFETを補助スイッチとして用いているが, 誘導エネルギー蓄積型のパルス電源であるため, MOSFETのON時間によって蓄積エネルギーが制御され, さらには放電部への印加パルス電圧も制御される。このため, 予めプログラムされたゲート信号をMOSFETに与えることによって, バースト出力中の各パルス電圧値を任意に変更することができる。IES回路のスイッチングメカニズムは下記のようになる。

図4(a)にSIサイリスタにおけるturn-on (on)からturn-off(off1), (off2)へのキャリアの動きを, 図4(b)にスイッチング波形を, 図4(c)に基本IES回路を示す。はじめにSIサイリスタのアノードはカソードに対して順バイアスされている。SIサイリスタは特別なゲート回路がない場合, ゲート順バイアス電圧($+Vg$)によってのみオン状態になる。したがって, FET1がオン状態に切り替わると, SIサイリスタのゲート電極はカソードに対して自動的に順バイアスされるため, チャネルのゲート電位が低下し, アノードのpエミッタから放出された正孔とカソードのnエミッタから放出された電子が対向する電極に流れる。主電流I_aの立ち上がり速度は次式のように, 回路インダクタンスL_0に反比例し, 直流電源電圧V_Eに比例する。

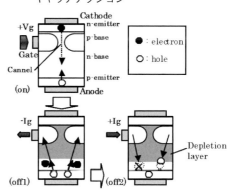

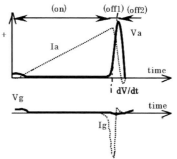

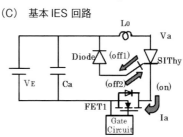

※注) (a)のcannelはchannelの間違い
(転載のため改変不可)

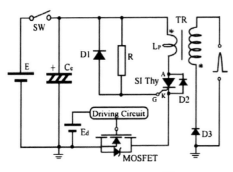

図3　IESパルス電源[14]　　図4　IES回路におけるSIサイリスタの挙動[14]

$$dI_a/dt \propto V_E/L_0 \tag{1}$$

したがって，主電流 I_a の最大値は FET1 のオン時間に比例して増大する．その後，FET1 をオフ(off1)することにより，SI サイリスタの主電流 I_a はカソードからゲート電極に転流し(ターンオフゲート電流がダイオードの順方向に流れ)，ホールが基板から引き出される．このとき，SI サイリスタにかかる電圧 V_a は高い dV/dt で急速に上昇するが，基板中の電子はアノード p エミッタ側の空乏層外側にとどまっている．続いて，ダイオードの逆回復特性と，LC 回路の共振によって，SI サイリスタのゲート電流が逆方向に変わる(off2)．このときゲート電流(I_g)はゲート電極からアノード方向に流れる．IES 回路では，次式により高電圧パルス幅(P_w)が決まる．

$$P_w \approx \pi(L_0 C_d)^{1/2} \tag{2}$$

ここで C_d は SI サイリスタの接合容量である．

本電源におけるパルス幅(電圧波形のFWHM)は約 300～330 ns，電圧は約 14 kV～20 kV，繰り返し周波数は 10～100 kHz である．

燃焼実験は図5に示すような2重の定容燃焼器[15]を用いた．本燃焼器は，外部容器(内容積約 18 L)の内部に図6に示すようなステンレス製で直径 120 mm，長さ 130 mm の円筒形の内部容器(内容積約 1 L)が設置されている．内部容器には直径 80 mm の石英観測窓を有しており，外部容器の観測窓を通して，燃焼が観察できる．

点火実験は図7に示すような市販の自動車用点火プラグを非平衡プラズマ点火用に加工したプラグ(以降 NTP と表示)を使用し，プロパン・空気予混合気を用い，当量比 $\Phi = 1.0$ の条件で行った．半径 0.6 mm のタングステン針を中心電極に取り付け，接地電極は 12 mm × 10 mm の銅板電極を対称に取り付けた．2つの接地電極板間の距離は 2.5 mm である．また，アーク放電への遷移を避けてストリーマ放電を保持するために絶縁体として薄い雲母板を接地電極に貼りつけた．図8にNTPの雲母がある場合(ストリーマ放電，図8(a))と雲母がない場合(アーク放電，図8(b))の放電の様子を示す．図からアーク放電では一本のラインによる放電であるのに対して，ストリーマ放電では広範囲の放電が確認できる．

実験は，繰り返し周波数を固定し，1パルス当たりのエネルギー(以降パルスエネルギー)とパルス数を変化させて，点火特性を調べた．

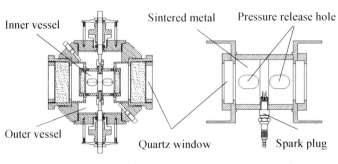

図5　定容燃焼器[15]　　図6　内部容器[15]

第14節　内燃機関の点火と燃焼促進

図9に初期圧力0.5 MPa，および1.0 MPaにおいて，繰り返し周波数を50 kHzに固定し，パルスエネルギーとパルス数を変化させた場合の点火特性を示す。ここで●印は点火に至った条件，×は点火できなかった条件を示す[9]。また図のTotal Energyとはパルスエネルギーとパルス数の積である。図9より，非平衡プラズマのみで従来の火花点火（熱プラズマ）と同様に可燃混合気を点火でき，その点火特性はパルスエネルギーに依存することがわかる。すなわち，基本的に熱プラズマ同様にトータルのエネルギーが増加すると点火性能は向上するが，非平衡プラズマ特有の点火特性として，「点火の能否」が「トータルのエネルギー」のみでなく，「パルスエネルギー」と「パルス数」に依存することがわかる。すなわち，パルスエネルギーが小さい領域で，単純にパルス数を増やしてトータルのエネルギーを大きくしても，点火しない条件がある一方，パルスエネルギーが大きい領域で，パルス数が少なくても（トータルのエネルギーが小さくても）点火に至る条件がある。たとえば0.5 MPaの場合，図9(a)より，7.0 mJ/pulseでは100回（Total Energy：700 mJ）でも点火しないが，8.0 mJ/pulseの場合10回（Total Energy：80 mJ）で点火可能である。この非平衡プラズマの点火特性は，基本的にトータルのエネルギーが増加すると，点火特性が向上する熱プラズマとは異なっている。

次に，パルス数を固定し，繰り返し周波数とパルスエネルギーを変化させて，点火特性に及ぼす繰り返し周波数の影響を調べた。

図10にパルス数を10に固定し，繰り返し周波数とパルスエネルギー（Total Energy＝パルスエネルギー×10）を変化させた場合の点火特性を示す[9]。図10より，初期圧力が高い場合，

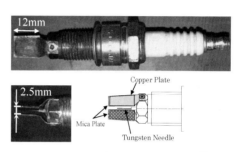

図7　非平衡プラズマ用点火プラグ[9]

(a)　ストリーマ放電
　　（非平衡プラズマ）

(b)　アーク放電
　　（熱プラズマ）
　　雲母なし

※口絵参照

図8　放電の様子

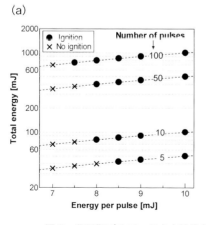
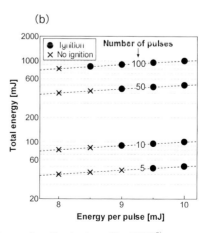

図9　非平衡プラズマの点火特性（パルスエネルギーとパルス数の影響）[9]

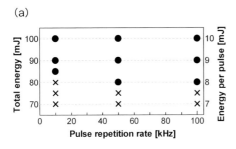 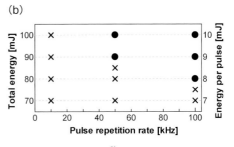

図10 非平衡プラズマの点火特性(周波数の影響)[9]

繰り返し周波数の影響が大きくなることがわかる。すなわち，初期圧力 0.5 MPa の場合は，繰り返し周波数に関係なく Total Energy が約 80 mJ (パルスエネルギー約 8 mJ)で点火している。この場合，点火特性に及ぼす繰り返し周波数の影響は小さい。一方，初期圧力 1.0 MPa の場合は，繰り返し周波数 10 kHz ではパルスエネルギーを大きくしても点火しないが，繰り返し周波数を大きくしていくことで点火に至っている。このことから，初期圧力 1.0 MPa の場合，繰り返し周波数が点火特性に影響していることがわかる。

4. 非平衡プラズマ点火装置のエンジンへの適用例[16]

ここでは非平衡プラズマ点火装置の実用ガスエンジンへの適用例を紹介する。現在，地球規模での環境問題，エネルギー資源枯渇問題が深刻化する中，環境低負荷な発電システムとして，多様な燃料から電気エネルギーと熱エネルギーを併給可能なコージェネレーション(コジェネ)が注目されている[17]。コジェネのさらなる普及のためには，設置台数で半数以上を占めるガスエンジンの高効率化が重要な課題となる。前述のようにエンジンの高効率化・低公害化のためには，高圧縮・高過給化による「ダウンサイジング化」や，希薄燃焼技術が挙げられるが，いずれの場合においても確実な点火技術の導入が必須である。また，ガスエンジン特有の要求として，プラグの長寿命化が挙げられる。ガスエンジンは 1 日 50%以上の稼働率であることと，ガソリンに比べ天然ガスは着火性が悪いためプラグに供給するエネルギー量が多いことから，使用されるプラグの寿命は短いのが現状である。点火プラグ以外のオイルやエアクリーナーなどは 2 年毎のメンテナンスで十分であり，点火プラグのメンテナンス期間を 2 倍にできれば，維持コストが大幅に低減できる。非平衡プラズマ点火装置は従来の点火プラグのアーク放電と異なり，ストリーマ放電を行うため，理論

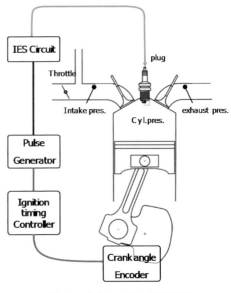

図11 点火システムの概略図

的にプラグ金属の摩耗はない(アーク放電では大量の電子の供給が必要で,電極の金属が溶損することで金属電子を供給している)。よって,プラグを大幅に長寿命化できる可能性がある。以下では「確実な点火」と「プラグの長寿命化」を満たす技術として「非平衡プラズマ」をガスエンジンに適用した著者らの研究例[16]を紹介する。

図11に前述のIES点火装置を用いた点火系の概略図を,**図12**に典型的な放電波形を示す。また,**表2**に使用したエンジンの諸元を,**表3**にエンジン実験条件を示す。放電周波数は8 kHz,パルス数は8回,電圧は22.5 kVで実験を行った。また,燃料は東京ガスの都市ガス13 Aを使用した

図13に新たに開発した非平衡プラズマ用点火プラグ(Floating cathode electrode plug(以下FEプラグ))を示す。本プラグはコイルからの電極に対し,4本のフローティングカソードと呼ばれる電極があり,それぞれの電極で同時に放電するため広い範囲での体積的な着火が可能となる。

図14にFEプラグと市販の点火プラグの放電写真を示す。市販の点火プラグでは1本の熱プラズマ放電が形成されているが,FEプラグでは4本の放電が確認できる。

図15に市販の点火回路(CIC)と非平衡プラズマ点火回路(RSD)のエンジン運転領域の図を示す。ここで横軸は空気過剰率λ,縦軸はCA50(50%の燃焼割合のクランク角度で,燃焼期間の中心値を表す)である。図から遅角側に,「Partial burn limit」が,進角側には「Ignition limit」が見られる。PRDではλが減少すると「Partial burn limit」より前に「Discharge limit」が運転限界を決定することがわかる。CICとRSDを比較すると,RSDの希薄運転限界が拡大していることがわかる。このことからRSDは希薄燃焼に適しているといえる。

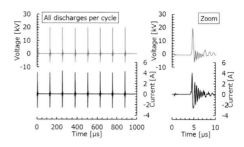

図12 ストリーマ放電(RSD)の放電波形例

表2 エンジン諸元

Type	4-Stroke single cylinder
Bore×Stroke	φ86×86[mm]
Displacement	500[cm³]
Compression ratio	12.3
Valve system	OHV 2 valves
Fuel	City gas(13 A)

表3 実験条件

Engine speed	500[rpm]
Net IMEP	390[kPa]at MBT
Excess air ratio	1.0 to Lean operation limit
Ignition timing	Advance〜MBT〜Retard

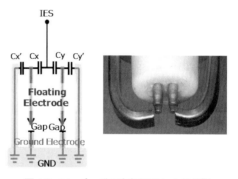

図13 FEプラグの内部構造および外観

(a) FEプラグ (b) 市販プラグ

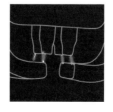

※口絵参照

図14 FEプラグと市販プラグの放電の違い

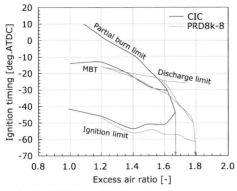

(a) 空気過剰率 vs 点火タイミング

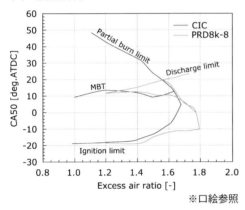

(b) 空気過剰率 vs CA50

※口絵参照

図15　希薄運転領域に及ぼす放電形態の影響

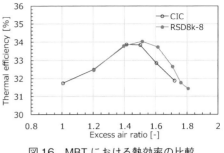

図16　MBTにおける熱効率の比較

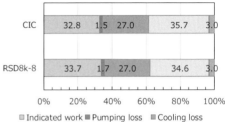

※口絵参照

図17　熱収支の比較（$\lambda=1.6$）

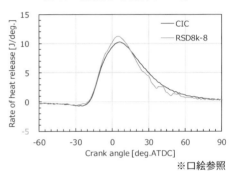

※口絵参照

図18　MBTにおける熱発生率（$\lambda=1.6$）

図16に最適点火時期（MBT：Minimum Spark Advance for Best Torque）時の熱効率の比較を示す。図からでは両者の差異がほとんど見られないが，ではRSDの熱効率はCICに比べて高くなることがわかる。

図17に$\lambda=1.6$における熱収支を，図18にこの場合の熱発生率をCIC，RSDそれぞれで示す。図からRSDはCICと比較して排気損失の割合が少ない。これは図18からRSDでは燃焼期間が短縮化しているからだと推察される。

以上のことから，RSDはCICと比較して希薄側で燃焼促進効果があり，これによって熱効率が向上した可能性があると推察される。

5. マイクロ波によるエンジン燃焼の改善

非平衡プラズマを用いたエンジン燃焼の改善方法の一つに，マイクロ波を用いる方法がある。高気圧等の小電力マイクロ波だけではプラズマ生成ができない環境下でも，マイクロ波の吸収が大きなプラズマを火花放電により生成し，これにマイクロ波をパルス照射することにより非平衡プラズマを生成持続することができる[18)-22)]。

通常の点火プラグを介してマイクロ波も燃焼室に導入できるように工夫したミキサー付点火プラグを図19に示す[21)22)]。ミキサー回路は，高電圧パルスとマイクロ波がそれぞれ他方の回路に逆流しないように設計されている。また，図19には放電ギャップに生成されたプラズマの写真を示すが，通常プラグによる点火では生成されたプラズマの体積は非常に小さいが，これにマイクロ波を照射することにより大きな体積の非平衡プラズマが得られ，体積着火が可能になる。

実機エンジンにマイクロ波プラズマ支援燃焼を適用した際に得られた熱発生量を図20に示す。空燃比（A/F）を量論混合比（14.7）より希薄化した条件（A/F＝23）で，連続した300サイクルの結果を示している。通常の火花点火（図20(a)）では熱発生の立ち上がりタイミングが大きく変動しており部分燃焼となるサイクルも見られる。一方，プラズマ支援燃焼（図20(b)）では熱発生の立ち上がりタイミングの変動が小さく，部分燃焼となるサイクルも見られない。

図21に図20と同じ条件における図示平均有効圧力（IMEP：Indicated Mean Effective Pressure）のサイクル変動を示す。通常の火花点火（Spark ignition）では，部分燃

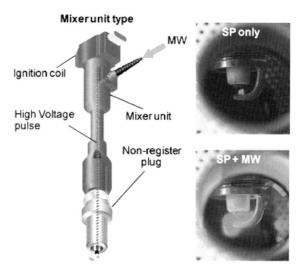

SP：Spark plug, MW：Microwave

図19　ミキサー回路付点火プラグおよび放電ギャップに生成されたプラズマ[22)]

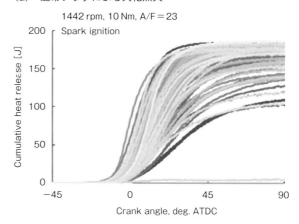

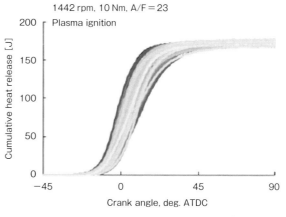

図20　熱発生量（連続300サイクル）[22)]

第2章 パルスパワーの応用

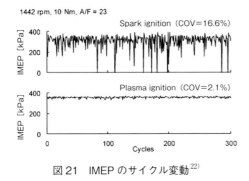

図21 IMEPのサイクル変動[22]

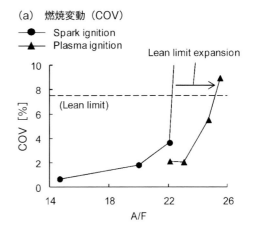

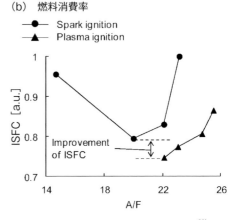

図22 空燃比と燃焼特性との関係[22]

焼さらには失火に至るサイクルも見られ，燃焼変動率（COV：Coefficient of variation）も16.6%と非常に高いが，プラズマ支援燃焼（Plasma ignition）ではIMEPが安定し，COVも2.1%と小さく安定した燃焼が得られている。

図22にA/FとCOVおよび図示燃料消費率（ISFC：Indicated Specific Fuel Consumption）との関係を示す。A/Fが大きくなると，ある値で燃焼が不安定になり，急激にCOVが増大する。COV＝5%を安定燃焼の閾値とした場合，火花点火ではA/F＝22程度で燃焼限界となるが，プラズマ支援燃焼ではA/F＝25程度まで燃焼限界が拡大する。また，A/F＝20程度まではISFCが低下しているが，これ以上希薄になると部分燃焼サイクルが発生しISFCが悪化する。これに対し，プラズマ支援燃焼では希薄条件でも安定燃焼が実現できるためA/F＝22程度までISFCが改善する。

以上のことから，マイクロ波によるプラズマ支援燃焼を用いると燃焼の安定性が改善され，希薄燃焼限界の拡大，ISFCの改善が実現できることが示された。

6. マイクロレーザによるエンジン点火

高出力パルスレーザの集光によるエンジン点火の研究が行われている[23)-29)]。レーザ点火では火花点火のような放電電極が不要で，点火位置の空間的自由度が高いために燃焼室中央付近で点火でき，燃焼室壁への熱損失を低減した高効率な燃焼を実現できる。さらに，レーザ光の照射方式によっては燃焼室内で多点同時の点火も可能になるため，燃焼時間の短縮と燃焼効率の大幅な改善が期待できる[27)28)]。

レーザ点火の課題は，点火に必要なエネルギーが500 mJ（火花点火の約10倍）にもなり，さらに電気からレーザへのエネルギー変換効率が0.5%と極めて低いこと[23)]，MW程度の高い尖頭値でサブナノ秒のパルス幅を有するレーザの実現が難しいことであり，レーザ点火は長い間

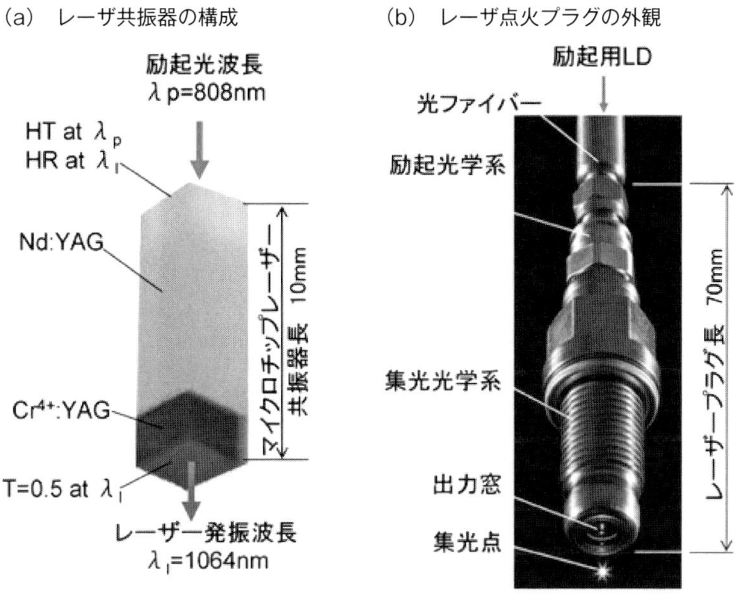

図23 レーザ点火プラグ[29]

基礎研究にとどまっていた。

　一方，固体レーザの単一モード化の観点から共振器をマイクロチップ化し，Qスイッチ動作により尖頭値を高めることなどにより，マイクロチップレーザによるMWパルスの直接発生が可能になり[30]，レーザによるエンジン点火の可能性が出てきた。

　平等らによって試作されたレーザ点火プラグのレーザ共振器の構成および外観を図23に示す。このレーザでは共振器のQ値切り替えにCr：YAG自身の可飽和吸収特性を利用しているため，スイッチング用の外部制御装置を必要とせず小型・省電力化が可能となっている。励起光(波長808 nm)はエンジン室外に設置されたファイバ出力型半導体レーザ(LD：Laser diode)からレーザ媒質端面に入射されている。レーザの特性としては，発振波長が1064 nmで，励起時間が500 μsの場合，パルス幅0.7 ns，1パルス当たりのエネルギー2.4 mJで4パルスのレーザを発振できる。励起時間の変更によりパルス数の制御が可能である。集光部のビーム径は8.4 μm，集光強度は5.5×10^{12} W/cm^{2}であり，光電離を誘発するに十分なエネルギー密度を有している。

　図24に1.8 L直列4気筒ガソリンエンジンに搭載したレーザ点火システムの写真を示す。励起光はトランクルームに設置したLD駆動回路から光ファイバを介して供給される。また，レーザ媒質の冷却のためには，エンジンの冷却水とは独立した冷却機構が設置されている。

　1200 rpm，73 Nmにて計測した，試作したレーザ点火プラグおよび火花点火プラグ(放電

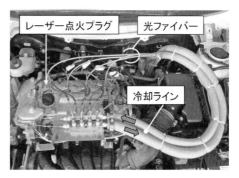

図24 ガソリンエンジンに搭載したレーザ点火システム[29]

エネルギー35 mJ)を使用したときの図示平均有効圧力(IMEP)および燃焼変動率(COV_{IMEP})を図25に示す。空燃比(A/F)が量論混合比(14.7)付近では，レーザ点火プラグと火花点火プラグの結果はほぼ同じであるが，希薄領域ではレーザ点火プラグのCOV_{IMEP}の方が小さくなり，安定燃焼限界を拡大できることが示された。

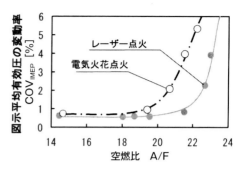

図25　空燃比と図示平均有効圧の変動率の関係[29]

7. 結 言

パルスパワーの内燃機関への適用例として，繰り返し短パルスストリーマ放電やマイクロ波放電による非平衡プラズマを利用したエンジンの点火・燃焼改善手法，レーザを用いた点火手法について解説した。実験により，燃焼安定性の改善による希薄燃焼限界の拡大や燃料消費率の改善が示されているが，ここで紹介した手法は未だ実機エンジンには適用されていない。近い将来，システムの改善によりここで紹介した手法が実機エンジンに適用されることを期待したい。

文 献

1) J. D. Dale and A. K. Oppenheim：*Trans. SAE*, Paper No.810146 90, 606(1981).
2) J. D. Dale et al.：*SAE*, Paper No.780329 (1978).
3) R. R. Maly：Fuel Economy in Road Vehicles Powered by Spark Ignition Engines, 91-148, Plenum Press(1984).
4) J. D. Dale et al.：*Prog. Energy Combust.*, 23, 379(1997).
5) A. Strikovskiy and N. Aleksandrov：*Progress in Energy and Combustion Science*, 39, 61 (2013).
6) K. Tanoue et al.：*International J. of Engine Research*, 10(6), 399(2009).
7) K. Tanoue et al.：*SAE International J. of Engines*, 2(1), 298(2009).
8) M. Watanabe et al.：*J. Plasma Fusion Res.*, 89, 229(2013).
9) K. Tanoue et al.：*J. Combust. Soc. Japan*, 56, 59(2014).
10) G. Lou et al.：Proc. Combust. Inst., 31, 3327 (2007).
11) D. Singleton et al.：*J. Phys. D: Appl. Phys.*, 44, 6(2011).
12) T. Shiraishi et al.：*J. Phys. D: Appl. Phys.*, 42, 12(2009).
13) T. Shiraishi et al.：*SAE Int. J. Engines*, 1(1), 399(2009).
14) N. Shimizu et al.：Proc. 2004 International Symposium on Power Semiconductor Devices & ICs, 281(2004).
15) K. Tanoue et al.：*Transactions of Society of Automotive Engineering of Japan*, 43, 1021 (2012).
16) Y. Moriyoshi et al.：*International Conference SIA Powertrain*, Versailles, France(2017).
17) 資源エネルギー庁，熱電併給推進室資料 (2003).

18) Y. Ikeda et al. : *SAE Technical Paper* 2009-01-1049(2009).

19) Y. Ikeda et al. : *SAE Technical Paper* 2009-01-1050(2009).

20) A. DeFilippo et al. : *SAE Technical Paper* 2011-01-0663(2011).

21) A. Nishiyama and Y. Ikeda : *SAE Technical Paper* 2012-01-1139(2012).

22) 池田裕二, 西山淳 : *J. Plasma Fusion Res.*, **89**(4), 234(2013).

23) R. Hickling and W. R. Smith : *SAE Technical Paper* 740114(1974).

24) H. Kofler et al. : *Laser Phys. Lett.*, **4**(4), 322

(2007).

25) 常包正樹ほか : レーザー研究, **37**(4), 283(2009).

26) M. Tsuekane et al. : *IEEE J. Quantum Electronics*, **46**(2), 277(2010).

27) N. Pavel et al. : *Optics Express*, **19**(10), 9378(2011).

28) 常包正樹ほか : レーザー研究, **41**(2), 119(2013).

29) 平等拓範ほか : *J. Plasma Fusion Res.*, **89**(4), 238(2013).

30) H. Sakai et al. : *Optics Express*, **16**(24), 19891(2008).

第2章 パルスパワーの応用

第15節 高エネルギー加速器

大学共同利用機関法人高エネルギー加速器研究機構　明本　光生

1. はじめに

　加速器は電子や陽子などの荷電粒子を高いエネルギーに加速するものである。一般的に荷電粒子の加速にはマイクロ波を使って加速する方式が用いられている。マイクロ波の増幅器として、クライストロンが多く用いられ、その電源には、パルスパワーを応用したパルス電源が使用される。ここでは、特に、高エネルギー線形加速器で使用されている大電力クライストロン用パルス電源を中心に実用例を紹介する。線形加速器には加速空洞の性質により、常伝導(銅を使用)と超伝導(ニオブを使用)に大別される。それぞれに使用されるクライストロンの特徴は、常伝導空洞では加速勾配が最大100 MV/mと高く、またマイクロ波の減衰が速いことから、大きなピーク出力(～数10 MW)と短いパルス幅(～数μs)をもったクライストロンが使われる。一方、超伝導空洞では加速勾配が30 MV/m以下で、マイクロ波の減衰が長いことから、ピーク出力が最大10 MWで長いパルス幅(～ms)のクライストロンが使われる。図1に現在、高エネルギー線形加速器で使われているクライストロンのピーク出力とパルス幅をプロットしたものを示す。従って、常伝導加速器では短パルスでピーク電圧が数100 KVのパルス電源が求められ、超伝導加速器では長パルスでピーク電圧が100 KV程度のパルス電源が求められる。また、クライストロンの出力と位相の安定度は粒子の加速エネルギー安定度に直接影響を与える。そのため、要求されるパルス電源の出力パルスの平坦度と安定度が0.3%(P-P)である。XFEL加速器では0.03%(P-P)とより高い安定度が求められる。

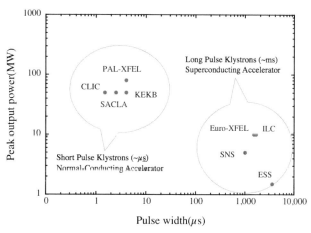

※口絵参照

図1　高エネルギー線形加速器で使われているクライストロンを出力ピーク電力とパルス幅で分類

2. 短パルス用クライストロン電源

　出力～数10 MWのクライストロンには印加電圧が数百KVで、パルス幅が～数μsの短パ

(a) クライストロン用パルス電源

(b) パルス電源の回路構成

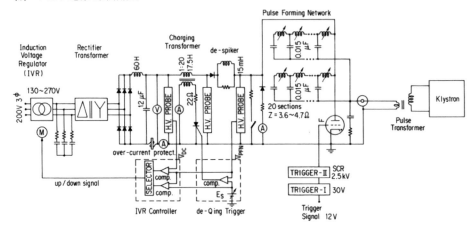

図2　KEK入射器のクライストロン用パルス電源とその回路構成

ルスのパルス電源が必要で，その回路方式としては，昇圧トランスを併用してパルス成形回路（PFN）とサイラトロンを組み合わせたラインタイプ方式のパルス電源が標準的である。図2にKEKB加速器の入射器で使用されている50 MWクライストロン用パルス電源の外観図と回路構成を示す[1]。商用AC200 V，3相から受電し入力電圧を調整する誘導電圧調整器（IVR）を通して3相全波整流され平滑回路に送られ，主コンデンサにDC充電される。PFNの充電は充電トランスとの共振によって主コンデンサの約2倍の電圧がPFNへ充電される。電圧の安定化は充電トランスの2次側に接続されているde-Qing回路で±0.1％（p-p）を実現している。PFNは特性インピーダンスが約4.5 Ωでパルス幅約6 μsを作るために20段2並列の

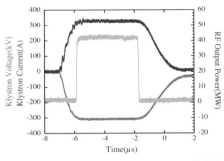

※口絵参照

図3　クライストロンの電圧，電流，RF波形

LCで構成し，蓄えられた電気エネルギーをサイラトロンスイッチで放電させて，それをパルストランスで13.5倍に昇圧してクライストロンにピーク電圧約−300 kV，ピーク電流342 A，パルス幅 5.6 μs，繰り返し50 Hzで供給される。クライストロンの波形を図3に示す。

図4にKEKB加速器の入射器で使用されたサイラトロン98台の寿命分布を示す[2]。平均寿命は約34,500時間である。このデータからサイラトロンの平均寿命は短く，品質のばらつきが大変大きいことが分かる。また，サイラトロンは放電管なので，安定に動作させるためには定期的なガス圧調整が必要で保守の面でも大変である。さらに，時代の趨勢から，この種類のサイラトロンを製造，供給できる会社が減り，将来，供給問題が起こりかねない状況になっている。そのため，信頼性の高い，長寿命なサイラトロン代替半導体スイッチの開発が急ピッチで進められている。現在開発が進められている半導体スイッチの例として，図5に半導体

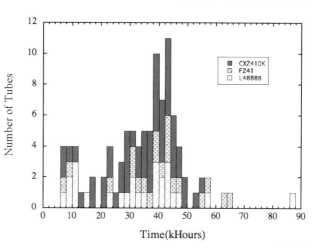

※口絵参照

図4　サイラトロンの寿命分布

図5　サイラトロン代替半導体スイッチ

スイッチ素子として，定格1.5 kVのサイリスタ素子を3並列40直列接続した半導体スイッチを示す。このスイッチは電圧43 kV，電流4.3 kA，最大di/dt 8 kA/μs，繰り返し50 Hz，パルス幅6 μsのスイッチを行なうことができ，サイラトロンに匹敵するスイッチ性能を実現している。また，サイラトロンでは必要なヒータ電源，ガス圧調整用リザーバ電源が必要ないので，より消費電力の少ないスイッチとなる。

3. 長パルス用クライストロン電源

出力〜10 MW のクライストロンには印加電圧が約 100 KV で，パルス幅が〜数 μs の短パルスのパルス電源が必要で，1 ms を超える長パルス波形を発生する回路方式として，充電したコンデンサを直接スイッチで ON/OFF してパルスを発生させるダイレクトスイッチ方式が最も標準的である。特に大電力で 1％以下の出力パルスの平坦度を要求する場合，この方式では充電コンデンサが大型化することになるので，電源の大型化，さらにコスト高が問題になる。

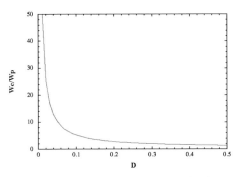

図6 充電コンデンサのエネルギー(Wc)と出力パルスエネルギー(Wp)の比

パルス出力波形の電圧低下(サグ率 D)は時定数 CR(充電コンデンサの容量 C, 出力負荷抵抗 R)が出力パルス幅(τ)より十分大きいとして，充電コンデンサのエネルギー(Wc)と出力パルスエネルギー(Wp)の比をサグ率の関数で表すと，

$$\frac{W_C}{W_P} = \frac{1}{2D - D^2}, \quad D = \frac{\tau}{CR} \tag{1}$$

となる。図6にそのエネルギー比を示す。サグ率が約 20％付近まで急激に減少し，それ以上では大きく変化しない。たとえば，サグ率 1％の場合，出力パルスのエネルギーの 50 倍の充電コンデンサにエネルギーを溜めなければならないが，20％の場合，2.8 倍でよいことになる。そこで，コンデンサの容量を減らす方法として，出力電圧のサグを打ち消す電圧を発生する波形補償回路と組み合わせることによって，出力波形を平坦化と電源を小型化するバウンサー型パルス電源[3]が開発された。

図7に ILC 用に開発されたバウンサー型電源の外観図と回路構成を示す[4]。主スイッチと

(a) 外観図

(b) 回路構成

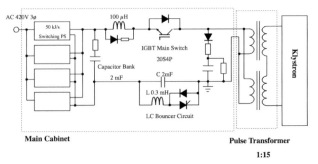

図7 バウンサー型パルス電源

してIGBTを使ったダイレクトスイッチ方式のパルス電源に波形補償回路としてサグ20％を補償する回路（LC共振回路で正弦波の直線部分を利用する）を組み込んで，コンデンサバンクの容量を約1/20に減らした。また，クライストロンの電圧，電流，RF波形を図8に示す。

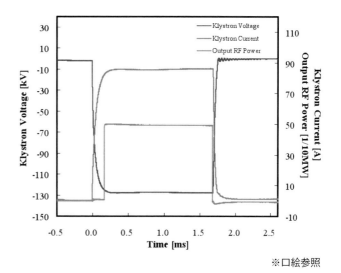

※口絵参照

図8　クライストロンの電圧，電流，RF波形

4. 最近のクライストロン電源

　最近のパワーエレクトロニクスの著しい発展で，電圧・電流耐量の大きい，また高速の半導体スイッチ素子が開発され，それを回路，制御技術と融合することでさらにクライストロン電源の小型化，高性能化，高信頼化に応用できるようになった。そのパルスパワーの応用例として，マルクス型発生回路を応用したMarx型パルス電源[5)6)]について紹介する。図9にMarx型パルス電源の構成図を示す。電源はセルを充電するための直流充電器，Marxセル群とクライストロン負荷から構成される。充電時には各セルのコンデンサは並列接続で充電し，パルス発生時には各セルは直列接続して放電するので，理論上セルの充電電圧の段数倍の高圧パルスを発生させることができる。

　Marx型の利点はモジュール式のため，規格化されたセルを多用できるので量産に向き，また組み立ても容易であること，また使用される電子部品，特に半導体スイッチ，コンデンサなどの耐圧は充電電圧値でよいので，汎用品が利用できることから電源の大幅な低コスト化ができる。一番の大きな利点は昇圧用パルストランスを使わないことである。これはサイズ，コストを削減するだけでなく，出力パルス立ち上がり，立ち下がり特性も大きく改善し，電源の効率を上げることができる。

　SLACで開発されたMarx型電源は32セルで構成されており，図10にMarxセルの回路を示す。このセル回路には二つの機能をもった回路が直列に結

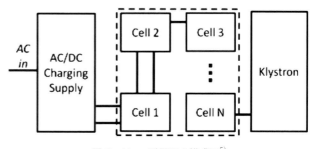

図9　Marx型電源の構成図[5)]

第2章　パルスパワーの応用

ばれている。一つは主パルスを発生する回路(コンデンサC1, サグ20％を持つ)と，もう一つはその20％のサグを補償するチョッパ回路(コンデンサC2)である。チョッパ回路はパルス幅変調(40 KHz PWM)制御でサグに合わせて電圧を上げて，パルスの平坦性を補償する。それぞれの回路には4.2 kVと1.2 kVの独立の充電ラインがある。

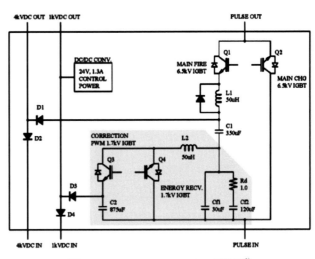

図10　SLAC P2のMarxセル回路図[6]

回路動作は，充電時にはスイッチQ2, Q4がON状態, スイッチQ1, Q3がOFF状態でコンデンサC1, C2が充電される。パルス発生時はスイッチQ2, Q4がOFF状態，スイッチQ1がON状態で主パルスを発生し，同時にスイッチQ3のPWM制御でサグの補償を行う。セル単位としては4 kVの矩形波パルスを発生する。パルス終了時はスイッチQ1がOFF状態になり，主パルスを止める。同時にスイッチQ3のPWM制御を止めサグの補償も止める。そのときサグ補償用コンデンサCf1, Cf2は約800 V充電されているので，0 Vに初期化するために，このエネルギーをC2に回収する。スイッチQ4をスイッチングして(昇圧チョッパ回路として動作)エネルギーをコンデンサC2に戻す。これが一サイクルの動作になる。

図11に32セルが収納されたP2 Marx型電源全体の外観写真を示す。電源筐体のサイズは3.5 mW, 1.7 mD, 2.4 mHである。各セルはアルミ製シールドケースに収納され，メンテナンス性を重視して，気中，強制空冷で使用する。重量は23 kgと一人で容易に交換できるようになっている。図12に水負荷で測定された出力パルス電圧波形を示す。パルスの立ち上がり，立ち下がり時間は15 μs以下で，波形の平坦度

図11　SLAC P2Marx型電源の外観

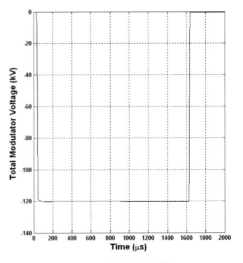

図12　出力電圧波形

— 202 —

は 0.1％（p-p）と大変良好なパルス特性が得られている。また，入力電力（DC）に対する有効な
出力パルス平坦部の電力比で計算した電源の効率は 95％である。

文　献

1) 明本光生ほか：“サイラトロンスイッチを使
用した大電力パルス電源の現状”，加速器学
会誌，**7**(1)，15-24(2010).

2) 明本光生ほか：“KEK 電子・陽電子入射器用
クライストロン電源の現状”，Proceedings of
Particle Accelerator Society Meeting(2018).

3) H. Pfeffer et al.：“A Long Pulse Modulator
for Reduced Size and Cost”, FERMILAB-
Cnf-94/182,(1994).

4) 明本光生ほか：“ILC 用バウンサー型パルス

電源の開発”，加速器学会誌，**6**(2)，130-138
(2009).

5) ILC Technical Design Report Volume 3 -
Accelerator, 2013,
http://www.linearcollider.org/ILC/
Publications/Technical-Design-Report

6) M. A. Kemp et al.：“The SLAC P2 Marx”,
Proceedings of Power Modulator and High
Voltage Conference,(2012).

第2章　パルスパワーの応用

第16節　核融合・高エネルギー密度科学

東京工業大学名誉教授　堀岡　一彦

1. はじめに

　パルスパワー技術を用いると，物質のエネルギー密度を高めることができる。また，パルスパワーは強力な電磁パルスや大強度のイオンビームに変換でき，大体積の標的に一様にエネルギーを付与することができる。さまざまな形式で供給される電磁パルスやイオンビームは種々の物質に高密度で制御されたエネルギー付与を可能にする。エネルギー密度を高められた物質は，新しい物質科学の創生や核融合への応用が期待されている[1]。

2. 高エネルギー密度状態とは

　熱平衡で均質な物質の巨視的な状態は，密度，温度，圧力などの3つの状態量で基本的には定義される。ただし，これらの状態量間に一つの関係式（状態方程式）を定義することができれば，物質の状態は2つの独立な状態量で表現することが可能である。たとえば，物質にはよく知られた次式の状態方程式が適用されることが多い。

$$p = \alpha(n, T) \cdot nkT \tag{1}$$

　ここで，pは圧力，nは粒子数密度，Tは温度，αは状態に依存する係数であり，理想気体の場合は$\alpha = 1$である。右辺は粒子あたりのエネルギーkTに数密度nをかけたものであり，単位体積当たりのエネルギー（エネルギー密度[J/m³]）とみなすことができる。したがって，高エネルギー密度状態とは高圧力状態と言い換えることもできる。

　固体状態の物質に強力なエネルギーを投入すると相変化や電離を伴ってエネルギー密度を高め，最終的には高温のプラズマ状態になるが，その過程で状態方程式や輸送係数が正確には定式化されていない高密度で比較的温度の高い領域を通過する。結晶性の固体や理想的な気体に関する科学はすでに物理学の一分野を成しているが，これらの中間の温度・密度の状態はWarm Dense Matter（WDM）と呼ばれ，慣性核融合や物質科学への応用に関連して最近活性化しつつある研究対象になっている[2][3]。

　一方，急激で局所的エネルギーの投入は標的物質の内部を超高圧・超高温状態にするとともに極端なエネルギー密度の勾配を作り出すため，輻射過程が支配する強い衝撃波や極超音速のジェットを誘起する。超高温，超高圧，極超音速流，輻射輸送などのキーワードで表現される現象に関連して，高エネルギー密度科学と呼ばれる新しい学術分野が構成されつつある[4]。

　パルス的にエネルギーを付与された物質は，熱伝導，流体運動，あるいは輻射で失われるパ

— 205 —

ワーと釣り合う状態までエネルギー密度を高める。パルスパワー技術の進展によって，さまざまな物質への高密度のエネルギー注入が可能になった。短パルスで高密度のエネルギーを投入する手段をドライバーと呼ぶ。プラズマ科学や慣性核融合の研究に関連してパルスパワー（強力な電磁パルス）や高強度のイオンビームを発生するドライバー技術が洗練され，高エネルギー密度状態の物質の生成・制御や高精度の計測が可能になってきた[4)5)]。

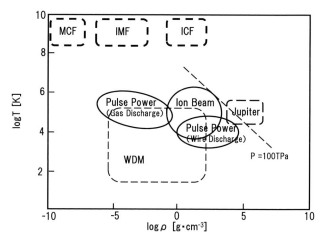

MCF：Magnetic Confinement Fusion, IMF：Intermediate Fusion, ICF：Inertial Confinement Fusion

図1　パルスパワー装置および高エネルギーイオンビームで達成できる物質状態

ドライバーや標的物質の形状を工夫すれば幅広い領域のエネルギー密度状態を形成することが可能である。**図1**の密度・温度平面に種々のドライバーを用いて生成できるパラメータ領域を示す。図1に示すように，状態量を対数で表示すると，高温の熱核融合プラズマや巨大惑星（Jupiter：木星）の内部に関連する高密度の物質状態をはじめ，あらゆる物質の状態を一つの平面上に表わすことができる。

前述したように密度×温度はエネルギー密度に対応するので，図1の右上にゆくほど物質のエネルギー密度が高くなる。高温・高密度，形状を制御された高エネルギー密度のプラズマは，短波長の輻射光源としても利用可能である。極端にエネルギー密度を高められた重水素などの物質は，核融合エネルギーの抽出に利用できる。また，核融合エネルギーのシステム条件を満たすほどの高いエネルギー密度は，大電力のパルスパワー装置やパルスパワー技術をベースにした高出力の重粒子線の照射によって達成できると予想されている。

一方，ドライバーによって実験室で形成された高エネルギー密度状態の物質の挙動を観測することは，巨大惑星の内部構造や水素の金属転移の物理の解明，高温プラズマ中の輻射輸送の定式化，あるいは宇宙空間で観測される高マッハ数のジェット，プラズマ衝撃波の構造や粒子加速機構を解明することにつながるため，これらの極端な現象を実験室で調べる道具としても期待されている[1)]。

3. 核融合

3.1 エネルギー源としての熱核融合

重水素などの軽元素を加速しクーロン障壁を超えて核力が支配する距離まで接近させると，核融合反応が誘起されエネルギーが放出される。エネルギーを付与された粒子の核融合反応生

成率は数密度に比例する。エネルギー収支を正にするには，軽元素イオンを加速するのに要した総エネルギーと核融合反応による生成エネルギーの比（増倍率＝Q値）を1よりも大きくする必要がある。したがって，エネルギー源としての核融合システムの評価には，高速粒子（イオン）の数密度（n）とエネルギー保持（閉じ込め）時間（τ）の積（$n\tau$：反応率×閉じ込め時間）が重要な指標になる。一方，核融合生成粒子自身の媒体の加熱によって，高温・高密度状態を維持できる状態を点火条件と呼んでいる。点火条件が満たされると，Q値は飛躍的に大きくなる。

粒子を加熱，クーロン障壁を超えるエネルギーを熱運動によって付与することよって継続的に核融合反応を維持しようというのが，熱核融合の基本概念である。反応を維持するためには一億度以上の高温が，反応率を高めるためには高い粒子密度が要求されるので，核融合システムには高いエネルギー密度を維持することが必要である。

式(1)が示すように，高温で高密度状態は高圧力状態でもあるので，高エネルギー密度状態を維持して核融合エネルギーを利用するには高い圧力に抗して媒体を閉じ込める手段が不可欠である。磁場を用いて閉じ込め，定常的に媒体プラズマを維持しようとするのがトカマク型に代表される磁場閉じ込め核融合（MCF：Magnetic Confinement Fusion）である。一方，燃料媒体を高温・超高密度に圧縮加熱，反応率を高めて，媒体そのものの慣性力で維持される時間内に核融合反応を誘起させるのが，慣性核融合（ICF：Inertial Confinement Fusion）の基本概念である。

磁場閉じ込め核融合は，高温プラズマを磁器容器に閉じ込めて基本的には定常動作を目指すのに対して，慣性核融合はナノ秒程度の時間スケールのパルス的な核融合出力を利用する。磁場閉じ込め核融合には，高い熱負荷や高速中性子による炉壁や構造物の損傷を克服するという困難な課題がある。一方，慣性核融合にはMJ級のエネルギーを球対称照射することに加えて，高繰り返しで燃料に投入可能なドライバー技術の開発の課題がある。

核融合システムの成立条件には，イオン密度×閉じ込め時間が重要な因子である。図2に各種の核融合方式のパラメータ領域を示す。磁場閉じ込め核融合や慣性核融合の課題を回避するために，パルスパワー技術をベースにして磁場閉じ込め（MCF）と慣性閉じ込め核融合（ICF）との中間領域の粒子数密度（10^{17}cm^{-3}から10^{20}cm^{-3}）と時間スケール（μ秒からミリ秒）で核融合条件を達成しようとする試み（IMF：Intermediate Fusion）がある[6]。

従来の核融合は反応断面積の大きいD-T（重水素-三重水素）核融合が想定されているが，反応に伴って生成する高速・高フラックスの中性子が炉壁を損傷させるため，反応炉の構成と維持作業をいちじるしく困難にしている。パルスパワーを利用してプラズマを電磁的に加速し，衝突・融合・閉じ込める方法が確立できれば，高速中性子を生成しないp-B（プロトン-ボロン）反応を利用した核融合も実現できる可能性があると考えられている。また，パルスパワー技術をベースにした核融合システムでは，

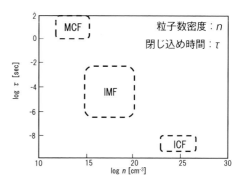

図2 スケールで表現した種々の核融合方式のパラメータ領域

第2章　パルスパワーの応用

点火燃焼に拘泥しないでQ値を1よりも大きくする条件の下でパラメータを設定することが可能であり，従来のMCFやICFの実証プラントと比較すると1000分の1程度の規模で実証実験が可能であるとされている。中間領域のパラメータ領域で動作するそのような核融合システムには，サブμ秒でkAからMA級のパルスを形成する古典的なパルスパワー技術が大きな役割を果たすと予想される。

3.2　パルスパワー核融合

　大型のパルスパワー装置で生成されるTW級の電磁パルスをプラズマに付与することによって，軟X線領域の強力な輻射を発生できる。米国サンディア研究所のZマシンは世界最大のパルスパワー装置である[7]。Zマシンの出力端に同心円状に装着したワイヤーアレイ負荷に20MA級のパルス放電を駆動すると，強力なZピンチ効果によって高エネルギー密度のプラズマが形成される。同心円状に配置されたワイヤープラズマは強力な電磁力によって加速，中心軸上に収束される。中心軸上で衝突・滞留した高速プラズマは，イオンの運動エネルギーに相当する温度まで加熱されるとともに自己磁場によって再び膨張することを抑制される。

　Zマシンで形成されるピンチプラズマからの軟X線領域の放射出力は，300TW以上に達すると報告されている。電磁パルス波形やプラズマ形状を工夫すれば，高効率で高輝度のTW級の輻射源となる。Zマシンではパルスパワー技術を用いて発生される強力な輻射を収束照射することによって，燃料標的を圧縮・加熱，慣性核融合のエネルギー出力を抽出することが試みられている。

　プラズマ源として重水素を含侵させたワイヤーを用いれば，そのようなZピンチ効果そのもので核融合反応を誘起することも可能である。パルスパワーで駆動されるZピンチプラズマは，中間領域のパラメータ領域で核融合中性子を発生できる古典的な手段となっている[8]。

3.3　粒子ビーム核融合

　慣性核融合は，レーザー核融合と総称されることが多い。このことが示すように，慣性核融合の科学的な実証実験のドライバーには主として高出力のレーザーが用いられている。しかしながら，高効率化や高繰り返し化など，レーザーには核融合システムのドライバーとしては多くの困難な課題がある。

　大型のパルスパワー装置で発生できる高出力の電磁パルスを電子ビームに変換して燃料標的を照射，圧縮・加熱する慣性核融合方式の研究が1970年代に米国サンディア国立研究所で開始された。パルスパワー電源を用いて発生される電磁パルスから電子ビームへの変換は比較的に容易で高効率であるため，当初はレーザーに代わる核融合システムのドライバーとして期待された。しかしながら，大電流の荷電粒子ビームは自己電磁場に支配され，伝送も制御も困難であることが明らかになった[9]。粒子ビームドライバーの場合，質量の大きいイオンを用いるほど必要なビーム電流値を減らすことができ，イオン源や伝送部の制御性が改善される。そのような背景があって，粒子ビーム核融合は次第に質量の大きいイオンビームを用いる加速器方式にシフトしてきた[10]。

　加速器の開発は長い歴史を持つため，高繰り返しで着実にビームを発生させる技術は確立し

— 208 —

第16節　核融合・高エネルギー密度科学

ている。慣性核融合のドライバーには TW 級の高出力ビームが必要であるため，パルスパワー電源の工夫や非常に大規模な設備が必要になる。高出力加速器システムの経済性を改善するために，多重ビーム加速やビームの圧縮技術などが模索されている。現在では，加速器技術をベースにして発生される Pb（鉛）や Au（金）などの高フラックス（大電流）重イオンビームやクラスターを加速して得られる超重イオンビームが，慣性核融合システムの有力なドライバーとして検討されている[11)12)]。

3.4　その他の核融合応用

　エネルギーを取り出すための手段としての核融合プラズマには，密度と閉じ込め時間に厳しい条件がある。一方，衝突速度がクーロン障壁を超えさえすれば，核融合反応を誘起させることそのものは可能である。したがって，エネルギー収支をプラス（Q≫1）にするという条件を緩和すれば，高エネルギー密度プラズマは高速粒子や中性子，あるいは高輝度の短波長輻射の供給手段として有効であり，比較的小型の簡便な装置を用いた核融合粒子源が検討されている。核融合反応によって生成される高速陽子や中性子源は，医療，半導体や非破壊検査などへの応用が期待されている。

4.　高エネルギー密度科学

　固体状態の物質にパルス的にエネルギーを投入してエネルギー密度を上げてゆくと，溶融，蒸発，解離・電離し，高温プラズマへと時間発展してゆく過程で WDM 領域を通過する。WDM と呼ばれる状態では，式(1)に示した係数 α が未確定で状態方程式が確立していない。また，高エネルギー密度（高圧）状態の物質は，一般的に流体運動を伴って激しく変動するうえに，高温プラズマの輻射エネルギー密度が運動論的な圧力に対して無視できなくなると，輻射による電離やエネルギー輸送と物質の挙動を自己無撞着に解析することが必要になる。そのような状態を，定量的に調べるためには良く定義された条件下で研究することが必要であり，結晶性の固体や理想的な気体の中間の温度・密度領域にある物質の状態（WDM）の科学は，核融合や物質科学への応用を目指して最近活発化しつつある研究分野になっている。

　実験室で測定対象の試料として WDM や輻射プラズマを形成するには，制御された形でエネルギーを投入する手段（ドライバー）が必要である。従来は短パルス・レーザーが唯一のドライバーであったが，高強度電磁パルス発生装置や大出力粒子ビームの発生・制御技術が発展し，それらの手段を用いて高温・高密度（高エネルギー密度）状態を容易に形成できるようになった。

4.1　高エネルギー密度状態の形成手段と応用

　短パルス・レーザーは超高エネルギー密度状態の形成に適したエネルギー・ドライバーである。パルス圧縮に加えて鏡やレンズで集光することによってパワー密度を簡単に高めることができ，TPa を超える超高圧（高エネルギー密度）を容易に発生できる。実際，米国で稼働中の慣性核融合・点火実証装置（NIF：National Ignition Facility）のレーザーが発生できる圧力は

— 209 —

100 TPa のレベルに達する。しかしながら，試料体積は小さく持続時間は極端に短いうえに，レーザー照射された標的には吸収領域，エネルギー輸送領域，加熱領域などを持つ非対称・非定常で複雑な構造が形成される。そのような状態を作ることはできても，パラメータを正確に評価して利用することは容易ではない。複雑な現象を調べ，そのような状態を物質科学に応用するためには，幾何学的に単純で良く定義された状態を形成し，精度の高い実験データの収集が不可欠である。

4.2 パルス放電を用いた WDM 生成実験

パルスパワー技術をベースにしたドライバーは，レーザーと比較するとパワー密度は低いが大体積で対称性の良い試料を比較的長い時間スケールで形成できる。均一で幾何学的に対称性の良い密度分布と良く知られた内部エネルギー付与を利用して精度良い計測ができる。大学の研究室でも自作可能な小型の装置を用いて，精度の高い状態方程式や導電率のデータを得ることができる[13]。

例として，図3に小型で簡便なパルスパワー装置で形成される高エネルギー密度状態形成実験装置を示す。石英の Capillary（キャピラリー：小口径菅）内に設置した金属細線（Wire）は小型のパルスパワー電源で駆動され，細線爆発放電方式によって個体密度に近い高密度プラズマを形成する。形成された高密度プラズマは，キャピラリーの形状が維持されている時間に亘って均一な同軸形状と体積を維持する。細線プラズマへのエネルギー入力の履歴は，負荷電圧と放電電流の時間変化を測定することで評価できる。投入エネルギーに対する導電率の変化は，端子電圧と電流から直接評価され，プラズマからの自発光を分光分析することにより温度の評価ができる。

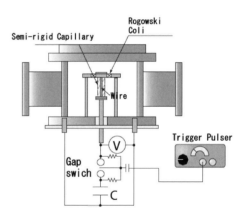

図3 パルスパワー・ワイヤー放電で駆動される WDM 生成実験の例

4.3 イオンビーム照射による高エネルギー密度標的の生成

高速のイオンビームは照射標的への一様なエネルギー付与を可能にする。図4は，高エネルギー密度状態の物質形成に用いるビーム照射用標的のイメージを示している。円筒状のアルミニウム・フォーム標的の周囲は高密度の Au 層で覆われており，タンパー（膨張抑制）効果により標的の膨張を抑制する。標的のビーム方向の実効長：L を高速イオンビームの飛程よりも十分に短くすると，標的を貫通するビームによって軸方向にはほぼ一様なエネルギー付与が可能になる。一方，半径方向の密度と温度の分

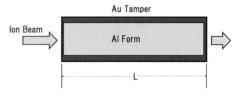

図4 高速・高出力イオンビーム照射によって形成される高エネルギー密度状態の概念

布は中心付近の圧力の高い領域と標的周囲の Au タンパー層との間に形成される圧力波の多重反射によって均一化される[14]。

高出力で高速のイオンビームを生成できる技術が確立すると，図4に示すような標的を照射することによって大体積，一様で対称性の良い高エネルギー密度状態の物質を形成できる。図1に Wire Discharge と表示した領域は細線爆発によって，Ion Beam と表示した領域は，標的への高速イオンビーム照射によって達成できる高エネルギー密度状態のパラメータ領域を示している。

4.4　パルスパワー技術を利用した新しい物質科学

超高圧力，高温と輻射輸送，励起や電離，相変化，非平衡，非定常と緩和過程，衝撃波や高速ジェットの形成などのキーワードは，流体運動を伴って激しく変化する高エネルギー密度状態の物質科学を特徴づけている。

従来の物質科学は，温度や密度といった状態量を長い時間スケールで変化させ，既存の状態方程式を基にして主として平衡な状態の物性を議論してきた。また，従来の手段には達成できるエネルギー密度には制限があった。パルスパワー技術を用いて生成される電磁パルスやイオンビームを用いると，さまざまな物質に制御された高密度のエネルギー付与が可能になる。流体運動を抑制した大体積で良く定義された試料を用いることによって，高エネルギー密度状態の物質の状態方程式や輸送係数を精度よく調べることができる。また，相変化，輻射による電離過程や種々の緩和過程に対する特徴的な持続時間をパラメータにして，非平衡状態からの緩和過程を調べることが可能である。

高エネルギー密度で極端に非平衡状態の物質の緩和過程の道筋には，未知で有用な準安定状態が存在する可能性がある。その際に検討される相図には，密度，温度，圧力といった代表的な状態量で定義される空間に時間軸という新しい座標が加えられるに違いない。従来の物質科学は主として平衡状態の相図に基づいて議論されてきたが，パルスパワー技術は高エネルギー密度科学の開拓そのものに加えて，物質科学の枠組みを拡大するとともに新物質の開発を時間軸を加えた広大な相空間で議論することを可能にすると考えられる。

文　献

1) 堀岡一彦：パルスパワー技術に基づいた高エネルギー密度科学の展開，日本物理学会誌，**67**(4)，252(2012).

2) 米田仁紀：Warm Dense Matter 物性，プラズマ・核融合学会誌，**81**(増刊)，172(2009).

3) 堀岡一彦ほか：パルスパワー技術による Warm Dense Matter 実験，プラズマ・核融合学会誌，**86**(5)，269(2010).

4) 堀岡一彦：高エネルギー密度プラズマとその応用，プラズマ・核融合学会誌，**75**(2)，69(1999).

5) 堀岡一彦：パルスパワープラズマの計測，プラズマ・核融合学会誌，**92**(4)，289(2016).

6) 宮本　徹：Z ピンチと自己磁場閉じ込め核融合，プラズマ・核融合学会誌，**74**(8)，855(1998).

7) 堀岡一彦：パルスパワー慣性核融合，パワーエレクトロニクスハンドブック，1159-1163，

エヌ・ティー・エス(2005).

8) G. Yonas(宮本徹訳):急浮上するZピンチ核融合, 日経サイエンス, (11), 30(1998).

9) J. P. Vandevender:Light-ion beams for inertial confinement fusion, Nuclear Fusion, **25**(9), 1373(1985).

10) K. Horioka:Matter and Radiation Extreme, Elsevier, 3, 12(2018).

11) 堀岡一彦ほか:重イオン慣性核融合のためのエネルギードライバー開発の進展, プラズマ・核融合学会誌, **89**(2), 87(2013).

12) K. Takayama and K. Horioka:A quantum beam driver for future inertial fusion, 21st Sym. Heavy Ion Fusion, Astana, Kazakhstan, (2016).

13) T. Sasaki et al.:*Phys. Plasmas*, 17, 084501 (2010).

14) T. Sasaki et al.:Target design for high energy density physics experiment using heavy ion beams, *J. Phys. Conf. Ser.*, 244 042019(2010).

▶ 索 引 ◀

英数・記号

Ba(バリウム)含浸型タングステン	70
Caenorhabditis elegans	130
CAS 冷凍	115
CH 活性化	159
DAMPs	103
de-Qing 回路	198
DNA	
導入法	**95**
ワクチン	96
DSRD	20
EOG 滅菌	67
ESOPE	**99**
GaN	17
IES	185
IGBT	**18, 201**
ILC	**200**
Immunogenic cell death	103
iPS 細胞	96
LaB6	70
＝六ホウ化ランタン	
LC 共振回路	201
Linear Transformer Driver	37
LTD	**37**
MARX 回路	**27**
Marx 型パルス電源	**201**
MOCVD リアクター	**174**
MOS-FET	19
MOS ゲートサイリスタ	22
n 電子系分子	158

OH ラジカル	68
P2 Marx 型電源	202
PEF 殺菌	123
PFN	21
Preharvest	108
PWM	202
Q	
値	193
スイッチ	192
Sandia National Laboratories	3
SiC	17
SI サイリスタ	22, 185
SOS	20
方式	**44**
TOC	135
Warm Dense Matter	205
X 線	**177**
イメージング	181
検出器	181
光電子分光	161
撮影	178
発生装置	180
Z マシン	208
π	
共役系	158
結合分子	158
σ 結合分子	158

あ行

アーク放電	184

索-1

アポトーシス	102
アモルファス	163
アレニウス式	170
安全性	94
アンモニア	172
イオナイザ	114
遺伝子改変生物	96
医療応用	**93**
印加電圧	168
インジゴカルミン	56
インダクタンス	87
インパルス	52
インピーダンスマッチング	52
ウイルス	129
液中 PWD	89, 91
液滴	65
エチレン	113

エネルギー

変換効率	86
密度	171

エレクトロ

スプレー	**61**
ポレーション	**93, 95**
応用分野	4
オゾン	134
処理	112
オリーブ油	134
織物電極	126
オレンジジュース	127
温度依存性	124

か行

カーボンナノ

チューブ	160

ファイバー	163
回転－リング電極	164
解離反応	169
化学療法	98

架橋

タンパク質	102
反応	102
過酸化水素水	158

ガス

エンジン	188
～中	91
～中 PWD	88

加速

管	74
器	**177, 197**
活性化エネルギー	170
可飽和インダクター	11
ガリウムナイトライド	**17**
カルシウムエレクトロポレーション	100
慣性核融合	205
間接作用	68
官能評価試験	127
癌	97
細胞	**97, 102**
治療	**97, 103**
ガンマ線滅菌	67
緩和過程	211
キナーゼ	101
キノコ増産	**110**
希薄燃焼限界	**192**
揮発性有機化合物	79
忌避作用	132
キャビテーション	52
牛乳	128
休眠	120

打破効果 …… 120	極短パルス
虚血性心疾患 …… 103	高電界 …… 5
クーロン障壁 …… 206	大電流 …… 5
空間電荷 …… 55	枯草菌 …… 61
クライストロン …… 73	コバルト60 …… 69
クラスター …… 209	固有振動周波数 …… 62
グラファイト …… 160, 161	コロナ放電 …… 184
グラフェン …… 160	混載輸送 …… 113
グリセロール …… 134	
グロー放電 …… 157	

さ行

形成遅れ時間 …… 54	サイクリックボルタモグラム …… 162
軽量化 …… 181	再生医療 …… 96
血管新生 …… 104	細線爆発 …… 210
血小板凝集 …… 104	法 …… 86
ゲノム編集 …… 96	最適点火時期 …… 190
コージェネレーション …… 188	細胞 …… 93
高圧蒸気滅菌 …… 67	**死** 98, 102
高エネルギー …… 180	増殖 …… 97
密度科学 …… 205	**～内応答** …… 100
合金 …… 86	**～内カルシウム** 100, 102
高繰り返しパルス電源 …… 185	～内導入 …… 93
抗酸化物質 …… 140	膜 …… 93, 100, 123
高周波 …… 178	**サイラトロン** 17, 198
型 …… 70	**サイリスタ素子** 199
高圧電源 …… 168	サグ率 …… 200
電力 …… 74	殺カビ …… 112
高静水圧加圧抽出 …… 140	雑草防除 …… 109
酵素抽出 …… 140	酸化
高電圧パルス	ガリウム …… 46
殺菌 …… 32	還元反応 …… 157
電源 **17**	物 …… 86
光電子増倍管 …… 55	防止 …… 88
小型	酸素還元反応 …… 160
化 …… 76, 181	残留性有機汚染物質 …… 79
電子加速器 **177**	

磁気
　スイッチ ……………………………… 11
　パルス圧縮方式パルスパワー電源 …… 4
シグナル伝達経路 …………………… 101
自己電磁場 …………………………… 208
シスプラチン …………………………… 98
脂肪酸 ………………………………… 134
ジュール熱 …………………………… 172
重粒子線 ……………………………… 206
受託照射サービス ……………………… 75
腫瘍 …………………………………… 97
準静電界 ……………………………… 148
衝撃波 ……………………………… 5, 51, 205
状態方程式 …………………………… 205
常伝導 ………………………………… 197
食品
　鮮度保持 …………………………… 111
　排水 ………………………………… 134
食用油 ………………………………… 134
処理温度依存性 ……………………… 127
シリコンカーバイド ……………… **17**
神経変性疾患 ………………………… 102
浸潤 …………………………………… 97
心臓 …………………………………… 94
心電図 ………………………………… 94
進展速度 ……………………………… 57
深度線量分布 ………………………… 69
スーパーオキシドディスムターゼ …… 140
水上沿面放電 ……………………… **56**
水素
　キャリア ………………………… **170**
　精製装置 …………………………… 174
　透過流束 …………………………… 173
　～の酸化反応 ……………………… 169
　～のリサイクル …………………… 174

　分離膜 ……………………………… 171
分離膜モジュール ………………… **172**
　ラジカル …………………………… 169
水中放電 …………………………… **51**
スキャンホーン ………………………… 71
図示燃料消費率 ……………………… 192
図示平均有効圧力 …………………… 191
ストリーマ放電 ………………… **51, 184**
ストレス ……………………………… 101
　応答 ……………………………… **101**
　センサー …………………………… 101
整合抵抗 ……………………………… 53
生体電位 ……………………………… 152
静電
　エネルギー ………………………… 59
　型 …………………………………… 70
　農薬散布 …………………………… 109
　噴霧 ……………………………… **61**
　誘導サイリスタ ……………… **22, 185**
生乳 …………………………………… 127
絶縁
　ゲート型バイポーラトランジスタ …… 18
　破壊電圧 …………………………… 81
線形加速器 ………………………… **74**
線虫 …………………………………… 130
　頭数 ………………………………… 132
　防除 ………………………………… 134
線量率 ………………………………… 69
総括反応 ……………………………… 171
素反応 ………………………………… 169
ソリューションプラズマ ………… **157**

た行

第一種放射線取扱主任者 ……………… 76

大気圧プラズマ	167	重畳回路	40
耐酸化皮膜	87	電界	
ダイヤモンド半導体	46	強度	131
ダイレクトスイッチ方式	200	効果トランジスタ	19
脱色	79	シミュレータ	131
炭化物	89, 91	電気	
短・中鎖脂肪酸	136	陰性度	160
タンパー効果	210	化学治療	98
タンパク質		燻製	110
合成	101	柵	6
〜のリン酸化	101	集じん	110
チタン箔	71	穿孔	107
窒素固定化	109	ダイポールモデル	147
茶葉の選別	109	電子	
注射針	62	エネルギー	169
中性子	207	温度	158
超音波破砕	141	銃	70, 178
長鎖不飽和脂肪酸	136	線滅菌	67
重畳	63	なだれ	54
超伝導	197	ボルト	178
超微粒子	85, 89, 91	電磁	
超臨界二酸化炭素	81	エネルギー	147
直接作用	68	パルス	205
チョッパーMARX 方式	33	伝搬速度	13
チョッパ回路	202	電離放射線障害防止規則	76
通電解凍	110	透過	
低温要求	120	率	173
低価格化	76	力	69, 181
テイラコーン	62	同軸ケーブル	53
転移	97	導電率	126
点火	183	特性インピーダンス	13
条件	207	ドジメトリックリリース	69
特性	186	土壌病原虫	131
電圧		トマト苗	132
増加率	184	ドライバー	206

トランス
  グルタミナーゼ2 ……………… 102
  フェクション ……………………… 95
ドリップ …………………………… 108
ドリフト・ステップ・リカバリー・ダイオード
  ………………………………………… 20

な行

ナノ
  パルス放電 ……………………… 184
  秒パルス高電界 ……………… **100**
  ポア ……………………………… 93, 100
難分解性物質 ……………………… 60
二次電子 …………………………… 157
二重らせん電極 …………………… 125
乳酸菌 ……………………………… 129
ネクローシス ……………………… 99
ネジ対平板電極 …………………… 59
根重量 ……………………………… 132
熱
  陰極 ……………………………… 70
  核融合 …………………………… 207
燃焼 ………………………………… 183
  変動率 …………………………… 192

は行

バイオエレクトリクス …………… 7
バイポーラパルス ………………… 161
バクテリオファージ ……………… 129
波形成形回路網 …………………… 21
針対平板電極間 …………………… 54
パルス
  圧縮 ……………………………… 11

イオンビーム法 …………………… 85
高電界 ……………………………… 93
細線放電法 ……………………… **86**
殺菌 ………………………………… 123
シャペナー ………………………… 15
成形回路 ………………………… **198**
  大電力 …………………………… 5
  トランス ………………………… 73
  幅 ………………………………… 87
  幅変調 …………………………… 202
パワー・エレクトロニクス ……… 17
パワー科学 ………………………… 3
パワー技術 ………………………… 3
パワー工学 ………………………… 3
パワー電源 ………………………… 3
パワーの特徴 …………………… **4**
  パワー発生装置 ………………… 3
  フォーミングネットワーク …… 10
  フォーミングライン …………… 13
  放電 ……………………………… 79
  レーザ …………………………… 192
  レーザー堆積法 ………………… 85
半導体
  オープニングスイッチ ………… 20
  スイッチ ……………………… **199**
  製造プロセス ………………… **174**
  露光装置 ………………………… 6
反応電子数 ………………………… 164
光パワーメータ …………………… 56
卑金属 …………………………… 85, 89, 91
微生物捕集 ………………………… 111
非破壊検査 ………………………… 178
火花
  点火プラグ ……………………… 193
  放電 ……………………………… 149

非平衡
　プラズマ ……………………… 157, 183
　プラズマ用点火プラグ ……… 189
表面張力 ……………………………… 61
頻度因子 …………………………… 169
ファージ粒子 ……………………… 130
ファイバ出力型半導体レーザ …… 193
不可逆エレクトロポレーション …… **99**
不活性化 …………………………… 131
不整脈 ……………………………… 94
フラーレン ………………………… 160
プラズマ ………………………… **57**
　支援燃焼 ……………………… **183**
　反応器 ………………………… **168**
　メンブレンリアクター …… 167, 171
ブラックの回折 …………………… 161
フリーラジカル …………………… 68
ブレオマイシン …………………… **98**
フローティングカソード ………… 189
分極測定 …………………………… 164
分光器 ……………………………… 56
平板対平板電極 …………………… 124
ポインティングベクトル ………… 12
放射界 ……………………………… 148
放射線
　応用技術 …………………………… 77
　障害防止法 ……………………… 75
放電
　開始遅れ時間 …………………… 54
　開始電圧 ………………………… 51
　管 ……………………………… **199**
保持時間 …………………………… 128
ポストハーベスト ………………… 107
ポリアクリルアミドゲル電気泳動 …… 116
ポリフェノール …………………… 139

　抽出 ……………………………… 116

ま行

マイクロ
　キャビティ ……………………… 52
　トロン …………………………… 72
　波 ……………………………… **190**
　波プラズマ支援燃焼 …………… 191
　秒パルス高電界 …………… **95, 97**
マグネトロン ……………………… 178
マルクス型発生回路 ……………… **201**
ミキサー付点火プラグ …………… 191
水カチオンラジカル ……………… 158
霧中放電 …………………………… **61**
滅菌バリデーション ……………… **68**
免疫系 ……………………………… 103

や行

有機物被覆 ……………………… 87, 91
有効飛程 …………………………… **70**
誘電体バリア放電 ………………… 167
誘導
　エネルギー蓄積 ………………… 185
　界 ………………………………… 148
　性エネルギー …………………… 9
有用成分
　抽出 ……………………………… 139
　〜の注入 ………………………… 141
輸送係数 …………………………… 211
溶菌 ………………………………… 129
容量性エネルギー ………………… 9

ら行

ライフサイクル ……………………… 130

ラインタイプ方式 …………………… **198**

ラジカル ……………………………… 172

リサイクルシステム ………………… 174

リサジュー …………………………… 168

リポフェクション …………………… 95

粒径 …………………………………… 86, 87

粒子

　加速 ………………………………… 206

　ビーム核融合 ……………………… 208

流動モザイクモデル ………………… 124

両面照射 ……………………………… 70

緑茶 …………………………………… 127

累積投入エネルギー密度 …………… 59

レーザ

　共振器 ……………………………… 193

　点火 ………………………………… **192**

　点火プラグ ………………………… 194

ロードトロン ………………………… 72

老化抑制 ……………………………… 108

六ホウ化ランタン …………………… 70

　＝ LaB6

パルスパワーの基礎と産業応用

環境浄化、殺菌、材料合成、医療、農業、食品、生体、エネルギー

発行日	2019年8月12日　初版第一刷発行
監修者	堀越　智
発行者	吉田　隆
発行所	株式会社 エヌ・ティー・エス
	〒102-0091 東京都千代田区北の丸公園2-1　科学技術館2階
	TEL.03-5224-5430　http://www.nts-book.co.jp
印刷・製本	倉敷印刷株式会社

ISBN978-4-86043-556-1

©2019　堀越智, 秋山秀典, 江偉華, 徳地明, 門脇一則, 吉田昌弘, 佐々木満, 末松久幸, 鈴木常生, 菅島健太, 中山忠親, 新原晧一, 矢野憲一, 諸冨桂子, 高木浩一, 猪原哲, 大嶋孝之, 南谷靖史, 馬杉正男, 齋藤永宏, 石崎貴裕, 牟田幸浩, 蔡尚佑, 神原信志, 早川幸男, 豊川弘之, 田上公俊, 森吉泰生, 堀田栄喜, 明本光生, 堀岡一彦.

落丁・乱丁本はお取り替えいたします。無断複写・転写を禁じます。定価はケースに表示しております。本書の内容に関し追加・訂正情報が生じた場合は、㈱エヌ・ティー・エスホームページにて掲載いたします。
※ホームページを閲覧する環境のない方は、当社営業部(03-5224-5430)へお問い合わせください。

関連図書

書籍名	発刊年	体裁	本体価格
1 最新 実用真空技術総覧	2019年	B5 1096頁	58,000円
2 サーマルデバイス ～新素材・新技術による熱の高度制御と高効率利用～	2019年	B5 448頁	48,000円
3 刺激応答性高分子ハンドブック	2018年	B5 864頁	60,000円
4 多形現象と制御技術 ～晶析と多形の基礎から多形制御の実際まで～	2018年	B5 354頁	30,000円
5 ALD(原子層堆積)によるエネルギー変換デバイス	2018年	B5 328頁	32,000円
6 フォノンエンジニアリング ～マイクロ・ナノスケールの次世代熱制御技術～	2017年	B5 280頁	35,000円
7 レビュー 超高真空技術の新展開 ～数式による解析から真空回路・分子流ネットワークへ～	2017年	B5 338頁	35,000円
8 Brown粒子の運動理論 ～材料科学における拡散理論の新知見～	2017年	B5 224頁	20,000円
9 次世代がん治療 ～発症・転移メカニズムからがん免疫療法・ウイルス療法、診断法まで～	2017年	B5 386頁	46,000円
10 表面・界面技術ハンドブック ～材料創製・分析・評価の最新技術から先端産業への適用、環境配慮まで～	2016年	B5 858頁	58,000円
11 ナノ空間材料ハンドブック ～ナノ多孔性材料、ナノ層状物質等が切り開く新たな応用展開～	2016年	B5 548頁	52,500円
12 糖鎖の新機能開発・応用ハンドブック ～創薬・医療から食品開発まで～	2015年	B5 678頁	58,000円
13 光合成研究と産業応用最前線	2014年	B5 446頁	35,000円
14 大気圧プラズマ反応工学ハンドブック ～反応過程の基礎とシミュレーションの実際～	2013年	B5 506頁	46,400円
15 排水・汚水処理技術集成vol.2	2013年	B5 436頁	38,000円
16 微生物燃料電池による廃水処理システム最前線	2013年	B5 254頁	35,000円
17 二酸化炭素の直接利用最新技術	2013年	B5 372頁	42,000円
18 微生物コントロールによる食品衛生管理 ～食の安全・危機管理から予測微生物学の活用まで～	2013年	B5 288頁	34,000円
19 ワイヤレス・エネルギー伝送技術の最前線	2011年	B5 432頁	46,800円
20 自己組織化ハンドブック	2009年	B5 940頁	63,000円
21 次世代パワー半導体 ～省エネルギー社会に向けたデバイス開発の最前線～	2009年	B5 400頁	47,000円
22 マイクロ・ナノ熱流体ハンドブック	2006年	B5 696頁	52,400円

※本体価格には消費税は含まれておりません。